超越羞耻感

Shame
Free Yourself, Find Joy,
and Build True Self-Esteem

[美] 约瑟夫·布尔戈 著
（Joseph Burgo）
姜帆 译

培养心理弹性，
重塑自信

图书在版编目（CIP）数据

超越羞耻感：培养心理弹性，重塑自信 /（美）约瑟夫·布尔戈（Joseph Burgo）著；姜帆译. —北京：机械工业出版社，2020.10（2025.1 重印）

书名原文：Shame: Free Yourself, Find Joy, and Build True Self-Esteem

ISBN 978-7-111-66605-9

I. 超… II. ① 约… ② 姜… III. 情绪 – 自我控制 – 通俗读物 IV. B842.6-49

中国版本图书馆 CIP 数据核字（2020）第 232173 号

北京市版权局著作权合同登记　图字：01-2020-1965 号。

Joseph Burgo. Shame: Free Yourself, Find Joy, and Build True Self-Esteem.
Copyright © 2018 by Joseph Burgo.
Simplified Chinese Translation Copyright © 2021 by China Machine Press.
This edition arranged with The Marsh Agency LTD & Mackenzie Wolf through BIG APPLE AGENCY. This edition is authorized for sale in the Chinese mainland (excluding Hong Kong SAR, Macao SAR and Taiwan).
No part of this book may be reproduced or transmitted in any form or by any means, electronic or mechanical, including photocopying, recording or any information storage and retrieval system, without permission, in writing, from the publisher.
All rights reserved.

本书中文简体字版由 The Marsh Agency LTD & Mackenzie Wolf 通过 BIG APPLE AGENCY 授权机械工业出版社在中国大陆地区（不包括香港、澳门特别行政区及台湾地区）独家出版发行。未经出版者书面许可，不得以任何方式抄袭、复制或节录本书中的任何部分。

超越羞耻感：培养心理弹性，重塑自信

出版发行：机械工业出版社（北京市西城区百万庄大街 22 号　邮政编码：100037）
责任编辑：邵啊敏
责任校对：殷　虹
印　　刷：北京富资园科技发展有限公司
版　　次：2025 年 1 月第 1 版第 3 次印刷
开　　本：147mm × 210mm　1/32
印　　张：10.25
书　　号：ISBN 978-7-111-66605-9
定　　价：59.00 元

客服电话：（010）88361066　88379833　68326294

版权所有·侵权必究
封底无防伪标均为盗版

赞 誉
Praise

布尔戈博士希望我们别再因羞耻感而感到羞耻了！他的这本书指出，产生羞耻感是生活中的正常现象，可以对我们有所启发，而不是"毒害"我们。羞耻感是一种普遍的情绪，应当得到承认和理解，而不是被拒绝和压制。布尔戈博士分享了他的亲身经历以及与患者的互动过程，说明了羞耻感会如何摧毁我们的自尊，增强我们的焦虑。本书也记录了能帮你克服有害羞耻感的练习方法，并提供了利用这种情绪来建立自尊和分享喜悦的方式。

——杰罗德·J. 克雷斯曼（Jerold J. Kreisman），
《边缘型人格障碍》（*I Hate You—Don't Leave Me*）的作者

约瑟夫·布尔戈博士写的这本书充满力量，能惠及世界各地的广大读者。在当前研究成果和35年的治疗实践经验的基础上，他严谨地阐释了我们为什么不应再把羞耻感当作一种单一的、有害的情绪，而应当将它理解为一组复杂的情绪集合。有悖于直觉的是，这种情绪集合能帮助我们拥抱真实的自我，并在生活中体验到更多的快乐。布尔戈极其擅长讲故事，并且富有同理心。他及其来访者的故事向我们生动地展示了为何直面羞耻感能带来真正的自尊和自豪。他指出，不断地赞扬而不给予批评，在此基础上建立起来的是一种误入歧途的自尊，最终将导致毁灭性的后果。在这方面，他的论证是目前为止最有说服力的。布尔戈一步步地向我们展示了，如何为一直拖我们后腿的羞耻感发声，如何增强我们准确识别这种感受的能力。在每一页中（尤其是在附录 B 中），本书都在一遍遍地鼓励我们，不仅要看到令我们感到羞耻的事物，还要看到我们有此感受的原因，并真诚地面对这两个部分。我愿意向我的读者力荐这本书。

——佩格·斯特里普（Peg Streep），
《为女儿解毒》（*Daughter Detox*）的作者

本书回应了无数在痛苦中默默忍受之人的祈祷。书中对人类身份认同做出的区分以及探索犹如天赐。本书不仅能让你更了解自己，还能让你更了解家庭和工作场合中的羞耻感范式。读完本书，卸下羞耻的负担，进而感受自由吧！

——劳拉·伯曼·福尔特冈（Laura Berman Fortgang），
《现在该怎么办：90 天发现生活的新方向》
（*Now What?: 90 Days to a New Life Direction*）的作者

前言
Preface

请想象自己正在一场社交聚会上，周围是自己新认识的朋友，而且你很喜欢和他们谈天说地。你们聊得热火朝天，每个人似乎都很愉快。此时，某个客人的一句话让你想起了曾经听过的一个故事（当你第一次听到这个故事时，你笑得前仰后合），你很自然地借此机会开始讲述这个故事，你很期待将自己的快乐分享给朋友。

讲到故事结尾时，你特地留意大家的表情，期待他们也笑出声来。

一阵沉默。

过了一会儿，有人打破了沉默："哦，我懂了！太好笑了。"依然没人笑出声来。

顷刻间，你感到脸烧得通红。你低下头，回避和大家的眼神接触。你感到有些困惑，思绪混乱，难以集中精神。你暗自后悔，希望自己没讲过这个故事，要是地上有个缝隙能让你钻进去就再好不过了。当另一个客人换了话题之后，大家继续聊了起来，此时你感到松了口气——大家的注意力终于不在你身上了，你也很快恢复了正常。此时距离你讲完故事不过七八秒钟的时间。

你在讲述这个冷场的故事时，你体验到的情绪是什么？

如果我说，你体验到的是一种羞耻感，那么你大概会不同意："那不是羞耻感，而是尴尬。"当我使用"羞耻感"这个词来描述这种经历的时候，多数人会有类似的反应。他们可能会坚称，对于这种小事，没必要感到羞耻。每个人偶尔都会讲个冷笑话。尴尬吗？当然，但并没什么可羞耻的。

然而，从达尔文开始，情绪生理机制的研究者普遍认为，你在那些尴尬的时刻所体验到的心理和生理反应，毫无疑问地表明了羞耻的情绪。世界各地的人们，不论身处哪种文化环境、哪个大洲，体验羞耻感的方式都是相同的：目光回避、短暂的精神紊乱、希望离开现场，通常还伴有脸部、颈部或胸部发红。

科学家对羞耻感的理解和想法，与普通人持有的观念大不相同。多数人倾向于把羞耻感看作一种重大、糟糕甚至"有害"的情绪，我们希望自己永远不要体会到有害的羞耻感。

有害的羞耻感会摧毁一个人的幸福感。

有害的羞耻感是"当父母虐待孩子时，孩子才会有的情绪"。

有害的羞耻感是"当社会排斥那些不得不表现得与众不同的人时，这些可怜人才会有的情绪"。

相反，情绪的研究者（包括我）认为，羞耻感的本质是更为多样化的，其程度并不总是那么严重——正如莱昂·维尔姆泽（Léon Wurmser）在《羞耻的面具》（*The Mask of Shame*）一书中所说，羞耻感是一个情绪家族。羞耻感既可能让人极度痛苦，也可能仅仅使人感到轻微不快，既可能很短暂，也可能很持久。

我在本书中提到的羞耻感是广义的，它包含诸多具体情绪。大多数流行心理学领域的著作（你可能读过其中一些）关注的是具有毁灭性的羞耻感，而本书会为你介绍整个羞耻感家族（包括尴尬、内疚等涉及自我意识的情绪），其中的情绪在日常生活中是难以避免的。你会逐渐发现，我们会在不说"羞耻感"这个词的时候谈到"羞耻"情绪。当我们说，我们对自己的某些方面（例如，身体、行为或失败的事情）感觉不好时，通常会不经意地提到羞耻感家族中的某种情绪。

人们对羞耻感的反应也各不相同，因为这与他们小时候的社交方式，以及他们学会的应对痛苦的方式有关。人们的反应差异也取决于人们对于自身价值的自信程度：那些成长在不尽如人意的环境里自我感觉不好的人就可能会觉得"讲了个糟糕的笑话"，会产生有害的羞耻感，而这对其他人来说，也许只会略显尴尬。

不论我们对羞耻感的反应如何，我们每个人都会天天面对羞耻感家族中的情绪。尽管我们不一定总是能意识到羞耻感，但我们总是不断地预期自己会在人际互动中遭遇潜在的羞耻感，并尽可能地回避它。"其他人会穿成什么样呢？我该穿什么去参加聚会呢？""老板在给我做绩效考核时，会说些什么呢？""如果我在下班后约桑德拉出来喝点儿饮料，她会拒绝我吗？"作为精神分析师和研究羞耻感的专家，唐纳德·内桑森（Donald Nathanson）说，各种形式的羞耻感"是在日常生活中主导我们行为的看不见的力量"[1]。

为了帮助你更好地理解这种观点，我邀请你思考并抛弃一些我们大多数人会有的对于羞耻感的偏见。也许你会对有害的羞耻感存在一些偏见，而接纳那些常见的、不可避免的羞耻感。

偏见1：羞耻感是坏的

大多数人很难承认，自己感到了"羞耻"。光是这个词就让大多数人不舒服了。约翰·布雷萧（John Bradshaw）是诸多研究羞耻感的学者之一，他写道："羞耻本身就会带来羞耻感。虽然人们愿意承认自己内疚、受伤或恐惧,但不愿承认自己产生了羞耻感。"[2] 尤其是在这个自恋的年代,有那么多人迫切地想成为社交媒体上的赢家。如果你承认自己感到了羞耻,你就有可能变成可悲的失败者。我见过的大多数人都不愿承认自己的羞耻感,他们更倾向于否认羞耻感的存在,或用其他没那么多负能量的字眼来称呼它,以此来与羞耻感保持距离。研究羞耻感的学者迈克尔·刘易斯(Michael Lewis)说:"我们通常用'尴尬'这个词来避免承认羞耻感。"[3]

你可能会发觉自己对本书的核心观点心怀抵触,不相信羞耻感其实是日常生活中司空见惯、无处不在的体验。尽管你可能愿意承认在公共场合犯错时会感到尴尬,但你会反对我把它称作羞耻感。"人人都会犯错,这有什么大不了的?这没什么可羞耻的。"此时,请尝试回想那有害的、极具破坏性的羞耻感,与作为一个情绪家族的羞耻感之间的区别。羞耻感家族中的许多情绪是轻微而短暂的,是日常生活中不可避免的一部分。

偏见 2:羞耻感是我们的敌人

自从约翰·布雷萧在 1988 年出版了他的开创性著作,了解心理学的大众就基本上把羞耻感与他提出的"有害的羞耻感"这一概念等同起来。有害的羞耻感是由父母、教育者和儿童生活中其他重要的成年人传递给孩子的毁灭性信息,让孩子感到自身是有缺陷的,不值得被爱。布琳·布朗(Brené Brown)认为,社会鼓吹和标榜自相矛盾的角色期待,给女性强加了许多难以达到的理想化标准(这些标准最终会导致羞耻感),她的相关著作也强化了对于羞耻感的这类观点,即把羞耻感看作外部有害影响的结果。

如果你也像大多数人一样接纳了这种观点，你可能就会把羞耻感当作敌人。你可能会认为无论何时何地，羞耻感都是一种来自外部（社会、伤人的父母，或想要你怀疑自己并掏钱购买他们产品的广告商）的负面体验。如果你相信抵制羞耻感、摆脱羞耻感的束缚是必要的，那么你可能很难接受我关于"羞耻感是日常生活中不可避免的一部分"的观点。尽管某些羞耻感的表现形式毫无疑问是有害的（我会在后面的章节讨论这些感受），但请你尽量保持开放的态度，尝试理解其他形式的羞耻感可能并不是那么大的威胁，甚至可能对我们是有用的、有启发性的。

我相信，羞耻的体验有时包含着重要的课题，能帮助我们认识到我们是谁，或我们想要成为什么样的人；如果我们忽略或抵制羞耻感，我们就会失去成长的机会。

偏见 3：羞耻感是自尊的对立面

如果你把羞耻感等同于"有害的羞耻感"，那么你当然会认为它有损于自我价值感。一个感到自身满是缺陷、不值得被爱的人，怎么会觉得自己好呢？在自尊研究领域，多数受欢迎的文章都持有这种观点：强调自我肯定、激进的自我接纳，抵制社会中充斥的带有羞耻基调的信息，提供培养自爱的方法。

一旦你将羞耻感理解为日常生活中不可避免的一部分，而不一定是一种外界施加的有害的体验，羞耻感和自尊看上去就不那么水火不容了。我会在后续章节阐明，当孩子 1～2 岁时，羞耻感（不是有害的羞耻感）的出现对于其真正自尊的发展起到了关键的作用。在我看来，自尊和羞耻感不是对立的，而是相互关联的体验，二者彼此依存、相互影响。

我写作本书的最终目标是解释我们怎样做才能自我感觉良好，也就是说，我们怎样做才能在生命的每个阶段发展出真正且持续的自尊，我邀请你再思考另一个偏见。

偏见 4：自尊只与自己有关

"自尊"这个术语似乎表明了它是一种独立的体验，与外界无关。你对自己的感觉似乎与他人无关，自尊体现了你与你心目中的自己之间的关系。高自尊表明了一种积极的关系：我喜爱并尊重我这个人。在自恋时期，我们尤其会产生高自尊。

人类是一种社会性动物，我们的身份认同在很大程度上与他人有关，即与我们所在部落的成员有关。我们是子女，也是父母，与重要的人有着亲缘关系和情感联结，即便我们的自我概念极其清晰，重要的人对我们的感受和看法也总会影响我们的自我感觉。有观点认为，孤立的自我是存在的，并且我们无须以他人的意见为参考就能理解自我。这种观点是不成立的，正如精神病学家弗朗西斯·布鲁切克（Francis Broucek）所说，"在人际关系的领域里，原子论⊖意义上的孤立自我是一个不真实的概念"[4]。

真正且持久的自尊发展最终取决于人际关系，具体而言，取决于那些共享快乐体验的关系。

这四种偏见在社会中非常普遍、根深蒂固。我并不指望你在读完这短短的论述之后就突然抛弃了这些偏见，我偶尔会提醒你有害的羞耻感

⊖ 原子论（atomism）是关于原子概念的哲学思想。古希腊原子论者认为，自然万物有两种本原：原子和虚空。原子不可分割，被虚空环绕，在虚空中运动。——译者注

和本书的羞耻感之间的区别。如果你对我的观点持开放态度，充分理解羞耻感在你的生活中出人意料的作用，那么我向你保证，你最终会有所收获。如果你有自尊问题的困扰，你就会收获更多。

在我从事心理治疗实践的35年里，最重要的收获是，羞耻感的原野横亘在通往真正自尊的必经之路上，寻求自尊的旅人永远不会完全走出这片原野。一路上，我们会收获喜悦与自豪，尤其是与最重要的人分享过后，这些喜悦与自豪会改变我们遭遇的羞耻感，把它们从痛苦的挫败变作成长和自我实现的机会。

羞耻感意识调查问卷

这份调查问卷的目的是唤醒你的记忆，并让你对生活中的日常经历更为敏感，这些经历可能会引起某些属于羞耻感家族中的情绪。在你继续阅读本书之前，请先完成这份调查问卷，再阅读附录A，我会在那部分说明该问卷研究样本的调查结果。

在你的一生中，你遭遇下列经历的频率如何？

1. 听到有关自己的流言蜚语。

☐从来没有　　☐很少　　☐有时　　☐经常　　☐非常频繁

2. 在学校或工作场所大声说出错误的答案。

☐从来没有　　☐很少　　☐有时　　☐经常　　☐非常频繁

3. 申请加入某个团体或组织时遭到了拒绝。

☐从来没有　　☐很少　　☐有时　　☐经常　　☐非常频繁

4. 朋友或所爱之人告诉你，你让他们失望了。

☐从来没有　　☐很少　　☐有时　　☐经常　　☐非常频繁

5. 得知伴侣对自己不忠。

☐从来没有　　☐很少　　☐有时　　☐经常　　☐非常频繁

6. 觉得自己不得老板的偏爱。

☐从来没有　　☐很少　　☐有时　　☐经常　　☐非常频繁

7. 为某人购买节日礼物,但对方并未回礼。

　　□从来没有　　□很少　　□有时　　□经常　　□非常频繁

8. 某个你以为是朋友的人不再与你联系了。

　　□从来没有　　□很少　　□有时　　□经常　　□非常频繁

9. 身处与你观点迥异的群体中,你会感到孤独。

　　□从来没有　　□很少　　□有时　　□经常　　□非常频繁

10. 在公共场合出丑。

　　□从来没有　　□很少　　□有时　　□经常　　□非常频繁

11. 在公开的竞争中落败。

　　□从来没有　　□很少　　□有时　　□经常　　□非常频繁

12. 没有获得自己期望中的晋升。

　　□从来没有　　□很少　　□有时　　□经常　　□非常频繁

13. 没能实现自己的新年计划。

　　□从来没有　　□很少　　□有时　　□经常　　□非常频繁

14. 在聚会上喝多了,并在第二天觉得自己很糟糕。

　　□从来没有　　□很少　　□有时　　□经常　　□非常频繁

15. 得知你的一些亲密朋友举办聚会,却没有邀请你。

　　□从来没有　　□很少　　□有时　　□经常　　□非常频繁

16. 得知某个你喜欢的人对你并不感兴趣。

　　□从来没有　　□很少　　□有时　　□经常　　□非常频繁

　　统计自己答案中每种频率类别的数目,并与附录A中的研究样本结果相比较。

目 录
Contents

赞誉

前言

羞耻感意识调查问卷

第一部分 **羞耻感的维度**

第 1 章　羞耻感家族中的情绪　// 2

第 2 章　羞耻感的价值　// 15

第 3 章　爱的缺失与冷落　// 25

第 4 章　暴露与失望　// 33

第 5 章　快乐和自尊的诞生　// 43

第 6 章　羞耻感与自尊的发展　// 57

第二部分 **羞耻感的面具**

回避羞耻感　// 71

第 7 章　社交焦虑　// 72

第 8 章　冷漠　// 87

第 9 章　成瘾　// 104

第 10 章　回避日常生活中的羞耻感　// 118

否认羞耻感　// 131

第 11 章　理想化的虚假自我　// 132
第 12 章　优越感与鄙夷　// 146
第 13 章　指责与愤慨　// 158
第 14 章　否认日常生活中的羞耻感　// 169

控制羞耻感　// 181

第 15 章　自嘲　// 182
第 16 章　自我憎恨　// 195
第 17 章　受虐　// 208
第 18 章　控制日常生活中的羞耻感　// 220

第三部分　从羞耻感到自尊

第 19 章　反抗羞耻感和狭隘的身份认同　// 231
第 20 章　培养羞耻感弹性，扩展身份认同　// 242
第 21 章　培养自豪感　// 254
第 22 章　分享喜悦　// 265

附录 A　调查问卷评分及讨论　// 275
附录 B　练习　// 277
致谢　// 301
注释　// 305
参考文献　// 309

SHAME
第一部分
羞耻感的维度

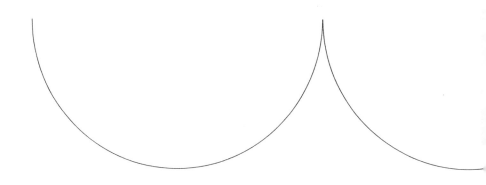

第1章

羞耻感家族中的情绪

在日常生活中,我们经常忽略羞耻感的核心作用,因为我们用五花八门的方式来诠释羞耻感,用诸多不同的词语来称呼这种体验,就是不用"羞耻感"这个词本身。请想象如下场景,那是一个女人在一天中感受到的一系列情绪,而这些情绪正是我们大多数人都常常会遇到的。

奥利维娅的故事

尽管奥利维娅和凯文是和平分手的,但她在每次和朋友谈到自己的离婚时,仍然时常隐约地感到没面子……就好像是自己搞砸了,即便她自己清楚事实并非如此。当她听说凯文已经开始和别人谈恋爱时,她的感觉就更糟了。为什么他能那么快找到伴侣,而自己依然在线上约会方面毫无进展?她遇到的大多数男人都言行不端,没给她留下什么好印象,不过乔希是个例外。他是一名英俊的律师,在公设辩护人办公室上班。他让奥利维娅难以忘怀,而他在两次约会后就再也不联系她了。即便是在几周之后,她依然为乔希的事感到难过。

奥利维娅知道这样想有失理性(她和凯文一样想要离婚),但她情不自禁地觉得前夫"赢了",弄得她像一个失败者。

在36岁的时候,公司向她提供了一份调任工作的机会——新职位、更重要的职责,还有可观的提薪,她接受了。到千里之外,在新的城市里，和新的人在一起，远离一切不断让她想起自己情场失意和婚姻失败的事物，也许她就能转运了。这个选择无疑对她的事业来说是有利的。

在新工作开始的第一天早晨，奥利维娅被闹钟叫醒的时候，她依然隐约担心自己可能做出了错误的选择。在设想当天可能会发生的事情时，她感到出乎意料的焦虑。在穿上为当天准备的新衬衫时，她不禁开始质疑自己的选择，也许低领口会让人注意到自己过于突出的锁骨。她总是为自己凸起的锁骨感到难为情，于是她选择了一件领口更高的白色棉质衬衫。

用新咖啡机泡了一杯咖啡后，她打开了 Google 邮箱，然后就为自己没有回复莫莉的邮件感到内疚，莫莉的邮件依然待在收件箱里。由于搬家跨过了大半个美国，她自然会在通信方面不太及时，但她依然对自己感到失望。多年以来，她一直下决心要好好回复信件，而自己的表现总是差强人意。莫莉一直是个好朋友，非常可靠，在奥利维娅需要的时候，总能伸出援手。她匆忙写了一封回信，问莫莉当天晚上下班后是否有时间用 Skype 视频通话。她们可以谈论她新工作的第一天过得如何。

出门后，奥利维娅听到了电梯铃声，她连忙冲进走廊，跑向电梯。正当电梯的不锈钢门打开时，她的高跟鞋被地毯绊住了，她差点一个趔趄跪在地上，此时电梯里另外两名租户正盯着她看。其中一人是一名中年男子，另一人是与她年纪相仿的女人，奥利维娅昨天刚在大厅里见过她。

奥利维娅的脸涨得通红，觉得自己很愚蠢。太尴尬了！那个女人把手放在奥利维娅的胳膊上，对她微笑以示安慰，她此时才感觉好些。"有一回我也是这样的,"那个女人说,"对着整个电梯的人摔了个倒栽葱!"

在奥利维娅到达办公室的时候,她感觉平静了不少,感到更加自信,相信自己拥有足够的技能和经验来搞定新工作。微笑的前台接待员让她感觉受到了欢迎,并给人力资源部打电话通知了她的到来。奥利维娅新部门的副总裁安排她与团队成员一一见面,上午的时光一眨眼就过去了。见面会结束时,已接近午餐时间,奥利维娅的副总裁露出了尴尬的笑容。

"真是有点儿不好意思,"她说,"我本来要带你出去吃午餐的,但是我没想到……是这样的,我有点儿脱不开身。会计部门的西莉亚有个宝宝派对㊀,这是她休产假前最后一天上班;丹在午餐时约了重要客户,而大卫又外出了。事情真是太不凑巧了,我很抱歉。"

"没关系,"奥利维娅说道,"我一个人能行。"

"明天,"副总裁说道,"明天一定带你去。谢谢你的理解。"

奥利维娅的确很理解她。不过,独自一人在帕纳拉面包店吃饭,仍然让她有些受伤。她知道没必要往心里去,同事也没有任何理由邀请她去参加宝宝派对,去祝贺一个她从未见过的女人,但她依然感觉受到了冷落。她不喜欢独自一人在公共场合吃饭。即使在这家快捷休闲餐厅㊁里,只有几名顾客在独自用餐,她感到很脆弱,自己就这样暴露在众目睽睽之下。其他那些独自用餐的人,是否也在担

㊀ 宝宝派对(baby shower)或者叫"迎婴聚会",人们为了迎接即将诞生的婴儿,为准妈妈送去礼物和祝福,庆祝她即将成为一位母亲。——译者注

㊁ 快捷休闲餐厅(fast-casual restaurant)是美国餐饮业在进入21世纪以后新出现的一类餐饮模式,相当于快餐(fast food)与休闲正餐(casual dining)的结合体。——译者注

心自己被当作一个没有朋友的、不配得到他人陪伴的局外人呢？奥利维娅从她的公文包里找出了上午见面会时的备忘录，在午餐的剩余时间里，她一直盯着纸面，回避与其他顾客进行目光接触。

当晚在和莫莉视频聊天时，奥利维娅讲了自己这段时间的经历：开车穿越大半个美国，在堪萨斯爆了车胎，搬家工人卸货的时候发现丢了两个箱子，还有她第一天上班的事情。当她细数自己面临的困难时，她为自己做的这一切感到自豪。她原本可以老老实实地待在原地，埋首于日常琐事和离婚之后的失败感中；恰恰相反，她接纳了转变，张开双臂迎接了新生活。

"我觉得你非常勇敢，"莫莉说，"我不知道我能不能像你一样。"

当她看到朋友脸上带着爱意和敬佩的微笑时，奥利维娅心中的自豪感更加强烈了。

羞耻感的维度

诸多情绪理论领域的研究者认为，羞耻感其实是一个情绪家族（从轻度的尴尬到深深的羞辱）。在上面的故事中，奥利维娅感到（或预期自己会感到）许多类似的情绪。在一天中，不论她的体验有多短暂，她依然有诸多感受：

- 隐约地感到没面子
- 为自己感到难过
- 像一个失败者
- 质疑自己的外貌
- 愚蠢和尴尬
- 难为情

- 内疚
- 受伤、受冷落
- 脆弱,暴露在众目睽睽之下
- 不配得到他人陪伴

有的情绪较为轻微,有的情绪更为强烈。所有这些情绪都描述了关于她自己的痛苦体验——有关她的外貌、人际关系,以及她对自己的行为表现或应做之事的期望。还有些情绪与具体的特征或行为有关(她的锁骨、在电梯前差点摔跤),而另一些情绪的原因则更具一般性(感觉自己像个失败者,或觉得自己不配得到他人陪伴)。

羞耻感家族中的情绪存在两种差异:①从轻微到强烈;②从具体到一般。

精神病学家、羞耻感研究者迈克尔·刘易斯写道:"实际上,尴尬和羞耻感是相关的……两者只在强度上有所差异。"[1] 人类常见的其他情绪也会有不同强度的差异;有的情绪与具体领域相关,而其他情绪在本质上更具一般性,例如:恼火→愤怒→愤慨。

你在跟自己的爱人吵架时可能就体验过这个维度上的情绪变化。对于某些疏忽的轻微恼怒可能在争执中升级为愤怒,最终让你大发雷霆,甚至让你(可能暂时)觉得你们的关系完蛋了。

与羞耻感一样,愤怒实际上也是一个情绪的家族,会在同一维度的不同程度上出现。我们的语言为这个维度上的不同点赋予了具体的名称,从而使我们得以根据其是轻微、中等,还是强烈,进一步区分这些情绪。对于情绪中的悲伤家族,或那些反映恐惧程度和强度的感受来说,道理也是一样的。

所有的人类情绪都会在强度上有所不同。

贯穿全书，我会从"一个情绪家族"的角度来对待和讨论羞耻感——一系列总是将注意力放在自己身上的痛苦情绪。悲伤和恐惧也是痛苦的体验，但羞耻感带来的痛苦是与众不同的，这种痛苦总是令人将注意力放在"自己是谁"、自己的外貌、自己本身以及他人身上。因此，内疚、尴尬等情绪通常被称作"自我意识的情绪"（self-conscious emotions）。²

对于羞耻感家族中的情绪，其共性在于痛苦的自我觉知。

内疚 vs. 羞耻感

许多写到羞耻感这个主题的作者都会努力区分它与内疚的差异，仿佛两者是完全不相干的情绪。精神分析师海伦·刘易斯（Helen Lewis）在20世纪70年代早期首先提出了这两者之间的区别："羞耻感的体验直接与自我相关，而自我是评价的关注点。当个体感到内疚时，自我并不是负面评价的主要对象，而所做或未做之事才是关注的重点。"³ 简而言之（约翰·布雷萧总结道），内疚与你的行为有关，而羞耻感与你"自己是谁"有关。

持有这种观点的理论学者通常会用下列例证来说明这种区别。

内疚："忘了你的生日，我感觉很糟糕。"此处的内疚指向的是"做过或未做"的行为，与一个人总体的价值无关。内疚通常会导致过错方向受伤害的人道歉或做出弥补。

羞耻感："我觉得自己毫无价值，没人喜欢我。"此处的羞耻感弥散于个人的自我意识中，并定义了他的自我认识。这个人可能会觉得无论自己做什么，都无法改善现状。

正统的专业人士可能会坚持认为内疚和羞耻感是完全不同的情

绪，但大多数外行人并不了解个中分别：可能在一般人说到内疚或羞耻感的时候，这两个词差不多是可以互相替换的。《韦氏大学英语词典》(*Merriam-Webster's Collegiate Dictionary*) 对羞耻感的定义体现了大多数人使用这个词时所表达的意思："对于内疚、缺点或不当行为的意识所引发的一种痛苦情绪。"它将羞耻感定义为对内疚的意识，将这两种情绪混为一谈，而在理论上，这两者应当是完全不同的，有着明确的区别。

这种概念边界的模糊由来已久，因为我们口中的内疚和羞耻感（这两种痛苦的自我觉知）在身体体验上极为相似。我们也许能有意识地区分内疚和羞耻感，但两者都涉及相同的生理反应。至于我们是把那种感受称作内疚还是羞耻感，这取决于它的强度、引起那种感受的事件，以及我们为缓解痛苦可能会采取的行动。[4] 举例来说，羞耻感让你想要躲起来，而内疚可能会让你做出补偿。然而在生理层面，两者带来的糟糕感受是类似的。

严谨的研究者已经做过诸多很有说服力的研究，他们将羞耻感与内疚、尴尬、耻辱以及其他羞耻感家族中的情绪区分开来。但是，在着重强调它们之间毋庸置疑的差异时，我们可能会忽视这些情绪所共有的痛苦的自我觉知。本书会将所有这些情绪看作一个共同家族的一部分，这个家族中的情绪都有着相同的生理基础。正如我之前提到的，这些情绪在两个维度上有差异：从轻微到强烈，从具体到一般。从这个视角来看，内疚属于羞耻感的情绪家族，与某些具体的事情有关，即某种作为或不作为；内疚既可能很轻微，也可能很强烈。

在本书中，我会将羞耻感作为一个涵盖性术语，包括涉及痛苦自我觉知的整个情绪家族。你在阅读的时候，请牢记羞耻感与破坏性情绪之间的区别。记住：所有的情绪都有强度之别，羞耻感家族中的所有情绪都会让人产生痛苦的自我觉知。

有关羞耻感的流行概念

许多人在阅读了约翰·布雷萧的经典之作《治愈束缚你的羞耻感》(*Healing the Shame That Binds You*) 后，都熟悉了一种特殊的羞耻感——有害的羞耻感，也就是父母或其他成年人施加在孩子身上的精神虐待与身体虐待的后遗症。这种羞耻感给孩子留下了一种自身受损的感觉，让他们觉得自己不配得到爱。

近年来，布琳·布朗的著作让读者意识到了另一类羞耻感，我称之为"社会羞耻感"(social shame)。这种羞耻感是由完美主义和难以企及的理想化目标带来的。尤其是在广告和无处不在的刻板印象的推波助澜下，我们的社会充斥着这种完美主义和理想化目标。作为研究社会工作的教授，布朗认为社会羞耻感导致人们（尤其是女性）有一种自己永远"不够好"的意识。

在本书中，我对羞耻感的界定范畴更广。虽然布雷萧和布朗的工作都为我们理解羞耻感的本质做出了重大贡献，但是他们都倾向于将其看作一种由外界（伤人的父母或完美主义的社会文化）施加的破坏性力量。与之相反，我认为即使没人想要我们感到羞耻，甚至在我们独自一人时，我们依然会有这种感受。我相信羞耻感家族中的情绪不仅是他人施加于我们的痛苦体验，更是我们日常生活中不可避免的一部分。

让我们回到对奥利维娅那个工作日的故事上。尽管她的某些身体意象问题可能源于从广告中获取的完美主义信息,但外部力量或他人的刻意行为并非她产生当天感受的主要原因。

她隐约感到没面子,因为自己离婚了;她觉得跟前夫比起来自己"像个失败者",因为前夫已经开始谈恋爱了,而她依然单身。被她的约会对象忽视仅仅增强了那些感受。在未能及时回复莫莉的邮件时,她感到内疚;在电梯前差点摔跤,又让她感到尴尬。尽管她的同事并非刻意不邀请她参加宝宝派对,但她还是觉得受到了冷落;之后她又在午饭时思忖别人是否会觉得她没朋友。

没人想要奥利维娅感受到这些情绪。她感到羞耻,因为她:①让自己失望了;②以非自愿的方式暴露在众人面前;③对他人的兴趣没能得到预期的回应;④感到与身边的社会环境缺乏联结。

在第 3 章和第 4 章中,我会详细探讨这四种情况,我将其称为"羞耻感范式"(shame paradigms),以帮助你理解所有人如何经常感到羞耻,以及为什么会这样。

羞耻感的面具

在日常生活中,不仅羞耻感出现的频率超出大多数人的预料,而且人们常会深陷羞耻感困境而不自知。在我数十年的实践工作中,很少有来访者在前来治疗时能清晰地意识到自己正深陷痛苦的羞耻感中。虽然他们有时候会提到自己的低自尊,但更常见的是,他们会告诉我,自己要么在社交情境下会感到很焦虑,要么有进食障碍或周期性的抑郁症状。在和来访者的共同努力下,我们到后来才发现他们承受着深深的羞耻感,而他们之前却从未意识到。

当来访者进入咨询室的时候,他们的羞耻感常以伪装示人:来访者为了保护自己免受痛苦,他们掩饰了自己所感受到的羞耻,将羞耻感藏在自己和别人看不到的地方。下面我将为你介绍我的三位来访者,他们各自采用了一种关键的伪装策略,大多数人都会采用这些策略来避免体验到羞耻感的痛苦。

杰里米:回避羞耻感

杰里米接近30岁,是一位英俊的成功男人。他很难说清自己前来接受心理治疗的原因。他身居高位、薪资不菲,许多朋友都很羡慕他的工作,而他只是说"还可以"。他在和一位美丽动人、事业有成的女士约会,并被她深深地吸引,但他们缺乏激情。他告诉我:"我和她之间'还可以'。"事实上,他生活中的大多数方面似乎都还可以。他似乎从不对发生的任何事情感到兴奋,或对遇到的任何人有热情。他很少笑。

杰里米曾经告诉我,乐观是愚蠢的,因为它会让你失望。他解释道,如果你做好最坏的打算,那么一旦事情的结果好过预期,你就会感到非常惊喜。可是他从未感到过惊喜。他的生命中几乎没有乐趣,他也很少为发生在自己身上的好事感到快乐。通过我们的共同努力,我们发现,杰里米剥夺了自己潜在的快乐,因为他不愿承担失望的风险。他渴望与人有情感的联结,但他最害怕的事情莫过于因他人的陪伴而感到快乐,而对方却没有相同的感受。他想象不出比这更让他感到羞耻的事情。

在本书后面的部分里,你会见到像杰里米一样的来访者,他们通过回避可能引起羞耻感的情境来避免感到羞耻。漠不关心、社交焦虑、完美主义、拖延和性生活混乱的状态以相互关联的方式,服务于相同的目的。

塞雷娜：否认羞耻感

收到塞雷娜询问心理治疗的语音信息后，我给她回电话时听到的第一句话就是"我很高兴你这么快就回电话了，我最受不了的就是那些自命不凡的人，他们要好几天才会回电话。"这句话奠定了我们交谈的基调，也揭示了她的工作状态和社交状态。

塞雷娜认为自己是一名激进的女权主义者，拒绝容忍任何男性特权的迹象。"我太过尊重自我。"她这样告诉我。在我们交谈的时候，我听到她多次说过这句话。这句话经常让我觉得塞雷娜就像莎士比亚的《哈姆雷特》(Hamlet) 中那个 "说话过火" ⊖ 的角色，我怀疑在那咄咄逼人的傲慢背后隐藏着深深的羞耻感。我们之后的交谈证实了这种观点。

虽然我无法肯定塞雷娜在我的办公室之外是什么样的，但我觉得她很容易受到冒犯，可能别人毫无此意，她也会臆想受到了他人的冒犯。很明显，在工作中她对同事的态度是专横的，甚至经常让人感到是傲慢的。绩效考核的结果要求她去寻求心理治疗。上级告诉她，她需要提高自己的"同理心技巧"，这样她才能理解自己为何以及怎样疏远了众多的同事。

在后面的章节中，你会见到其他类似塞雷娜的来访者，他们通过否认羞耻感的存在，并让身边其他人感到难受来应对严重的羞耻

⊖ 在《哈姆雷特》第三幕第二场，哈姆雷特与王后葛楚德观看伶人表演的戏剧。剧中的"伶后"发誓在丈夫死后永不嫁人，王后葛楚德评论道："我觉得那女人在表白心迹的时候，说话过火了一些。"——译者注

感。狂妄、傲慢、指责和自以为是的正义感都在于消除（投射）无意识的羞耻感，并迫使他人感到羞耻。

詹姆斯：控制羞耻感

在为詹姆斯治疗了几个月后，我始终无法理解为什么他还会和自己的女朋友在一起。尽管他的女朋友年轻漂亮，比他小20多岁，但她的情绪极不稳定，而且有虐待倾向，她让詹姆斯痛苦不堪。根据詹姆斯的描述，我很快就明白了他的女朋友是一名边缘型人格障碍患者，从她对詹姆斯的态度上看，这再明显不过了。她可能在某一天觉得詹姆斯是她的"白马王子"，而在另一天就是"一无是处的失败者"。

詹姆斯是一位非常成功的专业人士，在他的领域内广受尊重，然而他却没有真正的朋友。虽然他在表面上脾气很好，爱开玩笑，但他是在用幽默和他人保持距离。尽管他承认自己会感到羞耻，但我们花了好几个月才弄明白他的自我保护方式：为了避免最难以预料、最痛苦的羞耻感，他和一个定期攻击他的人住在一起，而他能将其看作精神病人而不予理会。后来，我们逐渐了解，詹姆斯也知道如何有效地激怒他的女朋友，让她攻击自己，而他会时不时地故意这么做。

在本书中你会更了解詹姆斯，也会见到其他像他一样的来访者，他们尝试用增强控制感的方式应对难以忍受、无法预测的羞耻感，这样他们就能知道自己何时会感到羞耻，并且这种羞耻感以何种方式出现。当人们屈从于羞耻感时，他们会自怜、自我憎恨、自我贬损，或者表现出受虐倾向，借此让羞耻感变得熟悉而可预测。

通过回避、否认、控制羞耻感的策略，人们试图掩饰并减轻暴露于羞耻感的痛苦。在本书的第二部分中，我会呈现多个心理治疗的案例记录，展示关于这些策略的真实个案，并将它们与我们所有人在回避、否认、控制日常羞耻感时使用的普通的、非病理性的方法联系起来。

第2章

羞耻感的价值

人类的所有个体都具有一系列同样的情绪，这些情绪都处于DNA的遗传编码之中。在达尔文之后，许多科学家就此发表著述，表明"在全球各大洲的迥异文化中，人们拥有相同的表情和体验性特征，甚至在文字未曾出现、与西方文明毫无联系的孤立文化中也是如此"。这些遗传而来的情绪是用"先天的神经程序"进行编码的，这种程序不仅涉及血液循环和呼吸系统，还涉及对面部肌肉的控制。[1]

该领域内的理论学者将这种遗传而来的神经程序称作"先天情绪"（innate affect）——情绪中纯粹的生理和自动化的成分，类似于反射。尽管研究者对于我们所遗传的具体情绪集合存在些许分歧，但他们的大多数理论都认为，愤怒、快乐、兴奋、恐惧和痛苦是人类普遍存在的体验。羞耻感也被诸多理论提及。

很久以前，达尔文就曾观察到，在肢体表达方面，全世界每种文化中的人都用相同的生理信号表达羞耻感：低垂目光、回避眼神接触、垂头丧气，通常还伴有脸红，或身体其他部位发红。在一个世纪之后，神经心理学家西尔万·汤姆金斯（Silvan Tomkins）通过勤勉的观察，证实了羞耻感的生理基础，将羞耻感视为编码于我们DNA中的九大基本情绪之一；其他的基本情绪还包括愉悦—快乐、兴趣—兴奋、害怕—恐惧、愤怒—暴怒等。[2]

情绪理论认为，人类进化出情绪不仅是为了促进所有部落成员之间的沟通，而且是为了增强婴儿与养育者之间的联结，进而有利于我们的生存。[3] 但是，如果情绪能促进亲子联结和人际沟通，那么羞耻感为何会成为我们基因传承的一部分？为什么人类的进化史会将这种痛苦且明显具有破坏性的情绪写入我们的基因？从演化的视角来看，羞耻感之所以能成为我们天生的一部分，是因为它的存在对于我们人类来说具有某些有用的意义。

近年来的研究表明，感到羞耻的能力是人类在小型社会或部落的千年生活中进化而来的。对于部落的成员来说，生存非常依赖彼此之间的合作。违背部落规范或损害集体利益的成员会遭到所在群体其他成员的回避或排斥。部落可能会不再保护他们，不再与他们分享食物，并将他们驱逐出去，因此降低了他们的生存概率。

根据这种观点，进化而来的羞耻感旨在增强群体凝聚力，从而提高个体与整个部落的生存概率，因此感到羞耻的能力拥有生存价值。其中一项研究的主要研究者说，"身体不能感到疼痛的人很早就会死，因为他们没有警告自己身体组织正遭受损害的机制。羞耻感和身体疼痛一样——它帮助我们避免来自社会的贬损"，因为这可能最终会导致孤立和死亡。[4]

羞耻感也有助于维持文明的风气，界定公共与私人之间的界限。尽管在很久以前，我们的祖先可能会在众目睽睽之下排泄，甚至性交，但随着时间的流逝，在一个讲究礼貌的社会中，这些身体功能逐渐变得不再为他人所见。[5] 作为一种有助于文明的影响力，羞耻感让我们把这些身体功能隐藏起来，这种影响一直持续至今：如果正在上厕所，而陌生人突然闯入，差不多任何人都会感到羞耻。这种对我们基本的动物性本能感到羞耻的能力，是让我们变成文明人的部分原因。

所有的文化都以不同的方式使用我们天生的羞耻感，来强制推行文化中的规范和价值观，以便建构社会凝聚力，减少有悖集体利益的行为，从而促进文化的延续。从这个意义上讲，所有人类个体都先天拥有感受羞耻的能力，而社会用多种方式激活并利用了这种能力。

用计算机打比方有助于理解：羞耻感这种情绪是我们身体硬件的一部分，类似于计算机的某种内置硬件；不同的文化观念代表启动硬件的软件。[6]同一台计算机受不同软件的驱动而产生不同的运行效果。羞耻感在生理层面的具体特征并不会有什么差异，而在不同文化观念的驱动下，羞耻感大不相同。

文化观念会随着时间的变化而发生改变。换言之，它会不断更新。科尔·波特（Cole Porter）在他的经典歌词里唱道"在旧日往昔，长筒袜还是奇装异服"，而今天差不多已经"万事皆可"了。㊀比如说，在西方社会，我们正在重新审视同性恋行为中所附带的羞耻感：尽管我们社会中的很大一部分成员仍以同性恋为耻，但过去这种曾遭到蔑视并被赋予社会污名（social stigma）的行为，现在可能会在婚礼的誓词中变得神圣。未婚夫妻居住在一起，或女性未婚生子曾经都是可耻的事情，而现在却未必。

事实上，西方文明曾在20世纪对自身的羞耻感"软件"进行了大规模的更新换代，试图为许许多多的人显著减少羞耻感的体验。我们当下的时代所具有的一个显著特征就是"反羞耻感的精神"：多元化的群体活动有力地拒绝了社会羞耻感施加在那些特立独行之人

㊀ 科尔·波特是美国音乐人，这两句歌词出自他的作品《万事皆可》（*Anything Goes*）。整句话表明，文化观念日益更新。——译者注

身上的枷锁。

安德鲁·所罗门（Andrew Solomon）在 2012 年出版了极具跨时代意义的畅销书《背离亲缘》（*Far from the Tree*），他在书中详细记录了许多父母为减轻孩子因侏儒症、耳聋、自闭症谱系障碍带来的社会污名所做出的无私而感人的努力。大多数人都会同意，这类社会污名带来的羞耻感对那些别无选择而与众不同的人来说是有害的。在一个自由的社会里，我们应当支持这些人，帮助他们抵抗和拒绝那些强加给他们的羞耻感。

然而，我们切不可将羞耻感当作敌人。即便当今世界如此热衷"去羞耻化"，我们也不能忽视羞耻感在减少反社会行为方面的潜在价值。许多读者经常问我，羞耻感是否真有什么价值——换句话说，有没有哪些场合，我们在其中感到羞耻是合适的？问这个问题的人似乎相信答案肯定是"没有"。我通常会用另一个问题来回答：难道我们真的想要性骚扰侵犯者毫无羞耻感吗？尽管此处羞耻感的范畴有些狭隘，但它在维护我们的价值观和减少破坏社会组织结构的行为方面仍然是有用的。[7]

当然，在公共领域，有些羞耻感也是有害的。记者乔恩·罗森（Jon Ronson）在他 2015 年的畅销书《千夫所指：社交网络时代的道德制裁》（*So You've Been Publicly Shamed*）中，生动地描述了社交媒体带来的匿名性使得羞耻感可能变成人格诋毁的工具。罗森详细记录了几个案例——对他人 Twitter 发文和公开讲话的误解导致了公愤，使社交媒体酝酿的羞耻感愈演愈烈，最终毁掉了受害者的名誉和职业生涯。罗森将这种公众施加的羞耻感看作当今世界上的一种破坏性极强的力量。

相反，纽约大学的珍妮弗·雅克（Jennifer Jacquet）认为，"适量的羞耻感能帮助我们相处得更好，而我们的确受益于此；羞耻感还能协调社会生活，使我们没那么痛苦，还多了一点点尊严"[8]。也就是说，"适量的羞耻感"使我们得以维护人人文明行事的理想状态，而这些文明的行为调节着社会关系。

《华盛顿邮报》（The Washington Post）的专栏作者克里斯·西利扎（Chris Cillizza）对政客的行为提出了类似的观点：

羞耻感长久以来就是政治的工具。例如，如果总统说了一句话，但经事实核查发现，这纯粹是胡说八道，总统就会担心（即便他不肯承认这点）他在政坛的形象，因此他要么就此道歉，要么不再提及这类言论。不论你是喜欢还是讨厌政客，羞耻感都是一种规范政治说辞的手段。[9]

大多数政客关心自己在公众心中的声誉，而羞耻感（或者蒙羞的危险）促使他们遵守我们对于当选议员的理想观念——正直诚实。西利扎写道，如果某个政客不具备感到羞耻的能力，或拒绝感到羞耻，那么"无论如何也无法让他改变自己的行为"。简而言之，无耻的政客不能吸取经验教训，从而改变自己的行为：公众的反对对他们毫无影响。

当我们称一个人"无耻"的时候，我们同时在表达我们自身的态度，以及我们对于行为能否被接受的价值观。有一天，我用Google搜索"无耻的人如何自我提升"，显示有超过100万个结果。显然许多人认为，那些时时刻刻哗众取宠、吹嘘自己的人应当感到羞耻。即使在我们当今的自恋文化中，我们依然期望人们表现出一定程度的谦虚。

在个人的层面上，我们的羞耻感可能会促使我们对自己的行为负责，鼓励我们按照自身和社会理想中的模样行事。羞耻感有时能提醒我们自己是谁，以及我们期望自己成为什么样的人。社会学家与社会哲学家海伦·梅里尔·林德（Helen Merrell Lynd）说："不加掩饰的羞耻感可能会出人意料地揭示一个人是谁，并为他将来可能成为的样子指明方向。如果我们能直面羞耻感，那么它可能就不再是一种我们想要掩饰的东西，而是一种揭示自身真相的积极体验。"[10]

如果我们排斥羞耻感，或将它看作敌人，我们就有可能忽略羞耻感带给我们的经验教训——关于我们自身和我们所处的社会环境的经验教训。同样地，我在这里提到的羞耻感不是沉重的破坏性情绪，而是从更广泛的角度，将其作为一个包含痛苦自我觉知的情绪家族。奥利维娅（第1章）在责怪自己没能及时回复邮件，没有把自己想做的事坚持到底时感到的懊恼也是一种羞耻感，这种羞耻感能有效地提醒奥利维娅自己的做事标准。

如果奥利维娅能及时注意到自己的羞耻感，而不是置之于不顾，这就有助于她及时回复邮件。她不需要"治愈"这种羞耻感（如布雷萧所言），或者对这种羞耻感的破坏性内涵变得更具羞耻感弹性（像著名的社会学家布琳·布朗教给读者的那样）；对于奥利维娅，她需要的是"倾听自己的羞耻感，学习它带来的经验教训"，从而实现自己的目标，并不断地获得良好的自我感受。

与大多数写作心理自助类图书的心理学家不同，我相信羞耻感家族中的情绪通常是有价值的，而且在我们的自我认识的发展中起到了关键的作用。我会在一本书中阐明，在童年早期，自尊的萌芽根植于亲子互动的快乐与养育者给予的赞美，但如果自尊要不断地成长，孩子则需要在合适的年龄体验到适度的健康羞耻感。

在后面的章节中，我会写到，快乐和羞耻感都是自尊的"助产士"，这是让许多人意想不到的结论。即使对成年人来说，健康的自尊也并不意味着毫无羞耻感；相反，这意味着能够忍受这种体验（如布朗所言，具有"羞耻感弹性"），并能在必要时从中吸取经验教训。

自豪 vs. 自尊

"自尊"在我的研究领域里是个不幸又不可避免的术语。学者通常用"低"或"高"来描述自尊，就好像它是可量化的东西，能够用足够的外部赞美和内部的自我肯定来"填满"。自20世纪80年代末以来，许多理论提倡这样的赞美和肯定，这影响了育儿实践：心理学家、儿童发展专家以及父母教养指南都教导我们要保护孩子免受羞耻感的伤害，用毫无限制的赞美和鼓励来培养"健康的自尊"。他们说这样就能保证孩子未来获得幸福和成功。

一项美国的关于"自尊运动"及其后果的研究尖锐地指出，当今的时代成了一个"自我权利感膨胀的时代"，其中核心的特点是普遍存在的自恋文化。[11] 父母多年来的赞扬和鼓励，教师一遍遍地告诉学生他们是"特别的"，一些心理自助类图书对"自爱"推崇备至，将其作为你身上一切问题的答案，这些都没能使新一代的年轻人在成年后拥有健康的自尊。相反，这些人的自我认识通常是膨胀的，无法认识自身真正的优势和成就；他们经常觉得自己有权拥有自己想要的东西，却不为之付出必要的努力，而且他们过分看重形象和表面工作，而不在意内涵和实质。

催生这种新教养风格的文化影响因素颇为复杂，其中一个重要因素是对上几代人严厉的（甚至时常是羞辱性的）教养方式的反击。因不当行为而羞辱孩子在 100 年前是常见的教养方式，在较为宽容的 20 世纪六七十年代，人们越来越不赞同将羞耻感作为教养的工具。现在你几乎听不到父母用"丢人"这样的话教育孩子，也很少听到父母说"坏孩子"等字眼。相反，父母学会了对孩子大加赞赏，不吝啬溢美之词，即便需要纠正孩子的行为，也要尽可能地温柔。

任何一个善解人意、对心理学有所了解的人都不会提倡回到过去严厉羞辱孩子的时代，但是，正如我接下来所说的，即便父母尝试保护孩子免受羞耻感的伤害，（广泛意义上的）羞耻感依然是成长过程中不可避免的一部分。就像奥利维娅在她的一天中体验到的轻微羞耻感一样（即使没人想要她有这样的感受），孩子在向着目标努力、与自己在乎的人互动时会不断地体验到羞耻感家族中的情绪。

就像奥利维娅一样，孩子会在如下时刻感到羞耻：①发现自己对他人的感情得不到回应；②遭到重要同辈团体的排斥，与人隔绝；③以非自愿的方式暴露于众人面前；④未能实现自己或生活中其他重要的人对自己的期待。这些就是之前提到过的"羞耻感范式"，我会在接下来的两章更详细地讲解。

如果孩子受到过度的保护，无法体验到任何羞耻感，他们就不能发展出健康的自尊；相反，他们必须学会为自己的羞耻感负责，并从中学到经验教训。在这个过程中，他们会逐渐学会珍视成就感在培养自尊中的作用，也学会重视与身边重要的人分享自己的快乐。

我们再回到第 1 章奥利维娅的例子。在一天结束的时候，当奥利维娅与好友视频聊天时，她感到了自豪——在搬家前往陌生的城市时，为自己勇敢地面对未知生活，继而为自己成功地克服诸多挑战感到自豪。她在与莫莉相视一笑的时候，她的自豪感更加强烈了。

在本书中，我所说的"自豪"是指"一种来自自身成就或目标实现的深层愉快感和满足感"。情绪理论的研究者通常把自豪看作一种自我意识的情绪。[12] 与之相对，羞耻感涉及痛苦的自我觉知，而自豪涉及愉快的自我觉知，这通常来自个人的能力和成就。

我认为"自我尊重"是一个很有用的概念。你可以通过践行自己坚信的价值观，实现自己的期望而发展自我尊重。正如我经常对来访者说的，自我尊重（和其他所有形式的尊重一样）是需要去赢得的。

我所说的目标和期望并不是不着边际或严苛的：立志名利双收，或期待自己所做的一切都必须十全十美，这些是有破坏性的目标。所有人天生都是有目标的：我们每个人都各有意图，都会制订计划来完成每天生活中的各种事情——小如及时回复邮件，大如通过优异表现争取事业进步。当我们达成自己的目标时，即使是很小的目标，我们都通常会自我感觉很好。奥利维娅在自己忘记回复莫莉的邮件时对自己感到了失望，但她为自己拥抱重大改变的勇气感到自豪。她通过勇气赢得了自我尊重。

自豪和自我尊重为持续的自尊打下了基础，它们是羞耻感的解药。㊀尽管感到自己很漂亮，感到周围人的爱意很重要（这能为你播下自尊的种子），但仅仅是父母对你说"你是特别的孩子"，这并

㊀ 在本书中，自我尊重（self-respect）和自尊（self-esteem）略有区别。自我尊重是指个人对自己的尊重与喜欢，觉得自己值得拥有健康幸福的生活；自尊是指个人对自己的价值和能力持有积极的态度，觉得自己是有价值的、有能力的、值得被爱的。——译者注

不足以培养自尊。为了让自尊茁壮成长，你还必须设置并达成目标，这能让你为自己感到自豪。你必须形成一整套自己的价值观和对自己的期望，并付诸实践。在这一点上，我的观点与过去在"自尊"这个话题上发表的诸多论述是有所差别的。

自尊是一项需要通过努力才能获取的成就，而不是心灵的"油箱"，等待外界的赞美将其填满；自尊不是一种一劳永逸的结果，而是需要通过持续付出才能培养和维系的状态。

健康的自尊在于：因为人类是社会性动物，而且"天生渴望联结"，所以你需要如布朗所说，将自己的快乐和自豪分享给重要的人（朋友、家人和工作伙伴）。正如我们感到羞耻的能力是在漫长的原始部落生活中发展而来的，我们感受自豪的能力也是如此。我们在与他人分享自己成功的喜悦时，自尊才会在我们心中根深蒂固。

尽管听上去有些自相矛盾，但自尊的发展是一种人际互动的经历。对于那些想用本书指导自我发展的读者，我在附录B中准备了10个练习，后面的练习以前面的为基础。

第 3 章

爱的缺失与冷落

羞耻感是一个悖论。一方面,羞耻感会让我们与他人失去联结——例如,如果我们在公开场合名誉扫地,那么我们就会想要消失,或回避与他人的接触。另一方面,羞耻感又是与人失去联结、感到自己无关紧要或遭受冷落的后果。羞耻感会让人产生想要消失的愿望,而一旦我们感到自己被忽视,或不重要,羞耻感就会在我们的内心生根发芽。

羞耻感的发展是为了减少反社会行为,并提高部落的生存概率。有损集体需求的行为会导致一种情绪后果,即有着羞耻意味的被排斥感。与之矛盾的是,与此同时,不论我们何时感到被排斥,我们都会有羞耻感,即使我们没有违背任何准则或价值观。心中的羞耻感与失去联结的情绪互为因果。

此外,羞耻感还是一种失望的情绪。在第 2 章,我将自豪描述为"一种来自自身成就或目标实现的深层愉快感和满足感"。羞耻感是自豪的反面,是一种因为我们未能满足自己或其他重要之人对我们的期待而体验到的痛苦。即便那些期待并不严苛,也不吹毛求疵,我们一旦因未能满足期待而失望,就会不可避免地体验到一定程度的羞耻感。

简而言之,羞耻感是失望和失去联结造成的情绪。

在本章和第 4 章,我会从 4 个不同的视角出发来探索羞耻感在我们心中呈现的多种形式,以此来讨论有关羞耻感的问题。这些羞耻感范式说明，一些我们熟悉的情境会引起羞耻感家族中的一种或多种情绪——尴尬、耻辱、内疚，以及类似的情绪。每一种范式都以各自的方式表明，羞耻感是一种失望和失去联结的体验。

每一小节的结尾都会有一个我们通常称呼这些情绪的词汇表。在第 1 章描写奥利维娅的一天时，我的目标是扩充读者的"羞耻感词汇"，向你们展示羞耻感家族中的情绪是如何在我们一天中发挥作用的，而且它们的作用远比我们通常意识到的更大。

羞耻感范式1：无回应的爱

我们最早对联结的需求来自我们与父母的关系。英国精神分析师唐纳德·温尼科特（Donald Winnicott）认为，婴儿在出生的时候，有着"关于常态的蓝图"（blueprint for normality），即一种遗传的、天生的期待：如果父母"足够好"，那么他们会提供些什么，而自身的发展又会如何进行。[1] 如果孩子的真实体验最终证实了他们自身先天对于慈爱、用心的父母的期待，那么孩子就会茁壮成长。

在《为女儿解毒》和《伤人的母亲》（Mean Mothers）这两本动人而令人痛苦的书中，佩格·斯特里普描述了一些母亲因自恋或其他心理问题而无法爱自己的女儿，由此导致了一系列伤痛。在斯特里普的描述中，在女儿们的成长过程中，她们总是不断地试图努力赢得先天的期待中的爱，她们一直爱着自己的母亲，为母亲开脱，通常会为得不到爱的回应而责备自己。羞耻感为这些女性留下的后果会持续终生。

"无回应的爱"是最基本的、最痛苦的羞耻感范式，可能在生命的任何阶段为我们造成痛苦。我最初在阅读托尔斯泰的《安娜·卡列尼娜》（*Anna Karenina*）中的如下内容时领悟到这一真相。吉蒂和渥伦斯基在舞会上跳舞。吉蒂一直爱着渥伦斯基，而在此刻之前，她都一直相信渥伦斯基也爱着她："他的脸贴得如此之近，吉蒂注视着他的脸，满怀爱意，而他却毫无回应。他的冷漠深深地刺伤了吉蒂的心，留下了痛苦而羞耻的伤口，而这伤口甚至在多年之后都迟迟无法愈合。"

我们都能理解吉蒂的经历。你是否曾经迷恋过某人，而在后来得知对方对你并没有兴趣时感到丢脸？也许你曾体会过"某个你喜欢的人告诉你，他只想跟你做朋友"的痛苦？即使我们从客观的角度相信这其中并没有真正值得羞耻的事情，但"爱无回应"最终是一种羞耻的体验。"至少在我们的文化中，羞耻感可能是一种对于无回报的、受挫的爱的一般反应。"海伦·刘易斯如是说。[2] 像吉蒂那样深情地注视所爱之人的双眼，却得到了冷漠的回应，这正是羞耻体验最纯粹的本质，也是羞耻感范式中最易理解的一种。

每个去爱的人，都希望得到爱的回应。我们每个人都希望自己对于所爱之人（尤其是恋人）来说，也是快乐的源泉。无数诗篇、歌曲、小说和影视剧都聚焦在寻找这种相互之爱的旅途上。当我们得到这种爱的时候，我们会感到全然的满足，我们的自我感觉会很好。当我们失望的时候，这种感觉会击垮我们。即使这种拒绝很和善、委婉，试图减轻我们的痛苦，它依然是一种毁灭性的打击。

有时，虽然我们想做某个人的好朋友，但对方并无此意——这也是一种"无回应的爱"。每当他人不回复我们的电话、短信或邮件时，每当朋友由于更重要的事情取消与我们的聚会，或者在最后关头用蹩脚的借口说无法赴约时，每当某人拒绝我们的邀请，或我们总是发起社交邀请的一方时，我们都可能会体验到羞耻感家族中的某种情绪。

婚外情通常会带来羞耻、耻辱的感受，即便有时被背叛的一方很快会将这些感受转变为愤怒。如果自己青春期的孩子十分叛逆，父母可能也会感到某种羞耻感，因为很明显，孩子收回了原本对父母的爱，将其给予了同伴团体中的成员。如果孩子发现某个兄弟姐妹是自己敬爱的父亲（或母亲）最偏爱的孩子，他通常也会体验到一种羞耻感。

无回应的感情或爱意总是会激起羞耻感家族中的情绪。我们想要与所爱之人产生联结，并且他也能回应我们的爱，这是我们天生的渴望。一旦我们的渴望变成了失望，一旦我们没能建立联结，我们就会不可避免地感到羞耻，不论我们怎么称呼那种感受。

羞耻感词汇

尽管我称"无回应的爱"带来的体验为羞耻感，但我们通常用其他方式称呼它。这里有一些我们通常会用来向自己描述这种感受的词汇。当我们产生羞耻感时，可能会对自己说，我感到：

- 受伤、被拒绝、被蔑视
- 不讨人喜欢，或不值得被爱
- 丑陋（不够光彩夺目，或不够健美）
- 缺乏男子汉气概（缺乏女人味）
- 丢脸
- 多余（不受重视，或没人关心）
- 不被理睬，或被怠慢
- 不重要、被忽视、被遗忘

这里的每一种描述都蕴含着对于自我的痛苦觉知，即我们未能从所爱的人那里得到感情，或者未能得到朋友的接纳。当我们喜爱另一个人，因为他而感到快乐时，我们自然而然地希望那种感受是相互的；如果不是，我们就会产生羞耻感家族的某种情绪。

羞耻感范式 2：排斥

在我们的演化历史中，人类是以部落的形式生存下来的；镌刻在我们基因中的最深层的需求之一，就是归属于某个比我们自身更重要的团体。心理学家有时将这种内驱力称为"归属需要"。[3] 正如布琳·布朗等人所说，我们"天生渴望联结"，即渴望与伴侣、朋友、亲人、同事，乃至社群中的所有成员建立联结。我们需要其他同胞的情感卷入，才能完整地认识自我。

内桑森说，羞耻感让我们想要躲藏起来，让我们"感到与世隔绝、无可救药的孤独，远离群体"。[4] 矛盾的是，我们只要觉得自己被某个我们向往的团体所排斥，我们就会感到羞耻。在第 1 章，当奥利维娅的同事没邀请她参加宝宝派对时，她感到有些受伤。我们大多数人都会时不时地有这种感受，尽管你可能没有意识到自己产生了羞耻感家族中的情绪。就像奥利维娅一样，你可能觉得这是一种被冷落的感受。在意志消沉的时候，你可能会想自己到底是哪儿有问题，或者为什么没人喜欢你，你也可能会担心自己是个失败者。

近年来"错失恐惧症"（fear of missing out）成了一种互联网文化现象，许多科学家对此产生了兴趣，纷纷展开研究，想要发现它的根源。研究重点是社交媒体与不断扩大的人脉网络，它们为我们提供了更多的社交选择，这些选择之多让我们应接不暇，以至于我们害怕做出错误的选择。再深究一些，我们会发现，显然那些具有"错失恐惧症"的人害怕的是被朋友冷落或排斥。"错失恐惧症"更多的是与被接纳的渴望有关，而非选择过多造成的问题。

一项英国埃克塞特大学的研究设计了一种测量"错失恐惧症"的自陈式问卷。研究者要求被试对10项陈述做出回答，使用5点量表计分（从"完全不符合"到"完全符合"）。以下是问卷中的前5项陈述：

- 我害怕其他人会有比我更棒的体验。
- 我害怕我的朋友会有比我更棒的体验。
- 当我发现朋友在没有我的时候玩得很开心，我会很担心。
- 当我不知道朋友在干什么的时候，我会很焦虑。
- 听懂朋友的圈内笑话对我来说很重要。

这些陈述明显是在描述对于被冷落的恐惧，对于变成局外人或圈外人的恐惧。社交媒体让我们在表面上与更广大的人际圈产生了联系，但同时让我们不得不面对这样一个事实：我们的有些朋友会在不邀请我们的时候聚会。Facebook、Twitter、Instagram以及其他类似的社交媒体为我们呈现了这样的窘境：我们更容易归属于群体，但与此同时，我们也更容易被群体所排斥。

如果你在小学时是最后一批被选入课外小组的孩子，或者如果你在高中时觉得自己不属于某个受欢迎的团体，你就会理解遭受排斥的痛苦。初高中学生通常会因为"觉得自己不受欢迎、不够酷，或者像个失败者"而痛苦。意识到自己不属于某个心仪的团体，总是会引起羞耻感家族中的某些情绪。

大学申请被拒会引发羞耻感,因为你被渴望加入的团体拒绝了。如果你一直渴望加入海军陆战队,被军队判定为"不适于服役"同样会导致羞耻感。在"宣誓入会周"遭到大学"兄弟会"或"姐妹会"的拒绝,被拒绝加入某个社交俱乐部,没能保住自己在教堂唱诗班的位置或戏剧中的角色——这些只是因遭受排斥而引起羞耻感的少数几个例子。

在成年人的生活中,感到被冷落的机会简直到处都是。朋友团体通常在邻居间形成,就像高中的小团体一样,受欢迎的夫妻/家庭会在一起张罗聚会,而排斥其他不受欢迎的人。如果父母经常参与孩子的体育活动,不论是有意还是无意,有些受欢迎的妈妈都会让其他妈妈觉得自己不够好。社区中的一些男人会组成团体,或一同参加体育活动,而没发觉他们熟识的其他男人感到自己被冷落了。

工作中的同事会经常聚在一起,排除其他人——吃午餐、娱乐、外出聚会。老板可能会偏爱公司里的某个小团体。任何涉及人际互动的活动都可能会使某个没能参与的人感到被排斥,或者感到自己不如参加活动的人重要。

有的中年人会突然发现自己失去了存在感——在青春为王的男女关系方面,自己已经无人问津了。这些中年人通常会体验到一种羞耻感,就好像他们不再如过去那般重要。对于独居且不与社区其他人来往的老人,他们体验到的羞耻感可能会对其精神和身体健康产生重大的影响。由于缺乏人际联结,几乎所有与世隔绝的人都会深陷羞耻感之中。

即使你没有真的被人排斥,但遭受排斥的羞耻感也可能源于自身的心理因素。如果你感到自己与认识的人不一样，或者你看待事物的方式让其他人很难理解你，你可能会觉得自己是局外人。如果你认识的人和你没有共同的兴趣和热情，你可能也会觉得自己是局外人。作为一个拥有独特观点和品位的个体，你可能会感到自豪，但如果因此让你感到与他人失去联结，那么独特有时也会让你感到孤独。

由于我们天生渴望联结，我们终生都对归属感有着很强的需求。如果这种需求未得到满足，我们就会体验到羞耻感家族中的某种情绪。

羞耻感词汇

我感到自己：

- 像个局外人
- 很孤独
- 格格不入
- 不受欢迎
- 被冷落、被排斥
- 很古怪、很怪异
- 不够好、不重要
- 被回避
- 被忽视、被遗忘

正如我们的爱得不到回应时一样，我们被心仪的团体以任何理由排斥时，也会有羞耻感。我们可能担心差劲的、有缺陷的自我正是我们遭受排斥的原因。

第 4 章

暴露与失望

羞耻感范式 3：非自愿的暴露

- 你在公共场合力图低调地释放肠胃里的胀气，却不小心放了一个响屁。
- 在夜晚的聚会后回家，照镜子时发现自己从吃饭的时候起，牙缝里塞着一截菠菜。
- 在工作时，你发现自己的生理期提前来了，你没做好准备，弄脏了自己的衣服。
- 你在朋友家上厕所，留下了很臭的气味，却找不到空气清新剂或火柴㊀，而在你出门的时候，有人正等在门口。
- 你在吃饭的时候讲话，却不小心把食物残渣喷到了某人的胳膊上。

我们多数人都有过尴尬的体验。人人都想在公共场合给人留下好印象，可一旦我们没能留下好印象，突然以不良的姿态暴露于众目睽睽之下，或者某些私人的事情无意间遭到了公开，我们都会有羞耻感。"如果某人没有做好被暴露的准备，那么羞耻感通常会与这种被暴露的感觉有关。"布鲁切克写道。[1]

我们生理上的羞耻反应是很明显的：我们面颊发热、发红，移开自己的视线，或闭上双眼，希望自己赶快消失，即便只消失几秒钟。

㊀ 火柴在点燃后可有效去除厕所内的臭味。——译者注

在上文的例子中，那种"非自愿的暴露"来自身体的功能。西方文明发展出了一套规则，我们称之为"礼貌"或"礼仪"。这些规则鼓励人们在一定程度上隐藏自身的动物性本能。排泄身体废物的活动应该在私下进行，性行为也一样。在土耳其、印度或沙特阿拉伯，饭后打嗝被视为对主人的赞美；在西方社会，人们会将其看作无礼行为。在公共场合放屁时，小孩子经常被自己的举动逗得哈哈大笑，而大多数成年人会为此感到尴尬。

所有的社会文化都会利用羞耻感（或感到羞耻的危险）来维护自身的礼仪准则，尽管不同的社会文化所认为的值得羞耻的行为是不同的。在任意社会文化中，羞耻感这种"软件"所针对的具体行为会随着时间而改变。一代人的谦逊质朴和沉默寡言，可能在下一代人眼中就是迂腐古板。[2] 尽管在公共场合放屁不像在过去那么让人羞愧难当，但当今大多数人仍会因此感到尴尬。如果有陌生人在自己的性爱过程中闯入卧室，大多数人都会感到很丢脸。

在 2005 年，我在当地的精神分析学院参加了一个聚会，聚会的主题是纪念弗洛伊德的《梦的解析》(*Interpretation of Dreams*) 出版已有百余年。受邀前来的客人被要求穿上奇装异服，其装扮要代表自己最喜欢或意义最重大的梦境。我的一位同事发现了一位陌生的女人，她从卫生间里出来，裙子后面黏着一条长长的卫生纸，拖在她的身后。我的这位同事忍不住为她害臊，于是赶忙上前去提醒这位女士。对方却微微一笑，感谢了同事的善意，说："这就是我的梦。"

在我多年的实践工作中，我听过许多来访者给我讲他们充满羞耻感的梦，比如梦到自己在公共场所一丝不挂。当我们视为隐私的身体意外地暴露于众目睽睽之下时，我们经常会感到羞耻。许多中年男人都曾回想起那些生动的细节：几十年前，高中时的自己在回家的公交车上，裤裆因勃起的生殖器而膨胀不已，这令自己羞愧难当。

在我职业生涯的后期，我才了解到，心理治疗通常会涉及这种"非自愿的暴露"。在治疗中，治疗师会对来访者的无意识反应做出解释，也就是说，将来访者无意中说的话反馈给他。这通常会引发来访者的羞耻感，而他之前并未意识到这种羞耻感。林德写道，在心理治疗中，"羞耻感不仅将自己暴露在另一个人面前，而且也将某些未被承认的部分自我暴露于自己面前，而那些自我部分的存在，是来访者不愿承认的"[3]。

当我们犯错的时候，当我们无意之中在公共场合做出或者说出某事的时候，或者当我们与周围的人相比明显不足的时候，我们有时会产生这种非自愿的、意料之外的暴露感。

- 在和大伙儿聊天的时候，你用了一个看到过但从未说出口的词，可是后来当另一个人说到这个词的时候，你意识到自己可能把那个词的读音念错了。
- 你为某个聚会盛装打扮，到场才发现大家的穿着都很随意。
- 你在拥挤的人行道上走着，却不小心被路上的裂缝绊了一跤，差点在众目睽睽之下跪倒在地。
- 他人询问你对时事的看法时，你向朋友们承认，自己对他们聊的东西一无所知。
- 在员工会议上，老板对你点名批评。
- 你把某人的名字叫错了，而这个人纠正了你。

如果我们不愿公开的个人信息变得尽人皆知，那么我们会感到"非自愿的暴露"带来的羞耻感。如果你遇到如下情况，可能会体验到羞耻感家族中的某种情绪：你听说你的孩子有毒瘾问题，并且已经住进戒毒康复中心；你听说自己的配偶对你不忠；你听说公司正在裁员，而你即将失业。因为我们是社会性动物，归属于社群之中，所以我们非常在意自己的声誉和形象。

这种突然的、非自愿的暴露总是会引发羞耻感家族中的某种情绪，不管我们怎样称呼它。这种情绪可能很轻微，也可能很强烈。这种情绪可能源自一个让我们后悔的单纯的错误，我们很快就将其抛诸脑后，或者在好几个小时内挥之不去，让我们不断地回想起那个痛苦的情境。

羞耻感词汇

我感到自己：

- 很尴尬
- 很害羞、很拘束
- 暴露在众目睽睽之下
- 很滑稽
- 像个蠢货、傻瓜、混蛋
- 很窘迫
- 成了大家的笑柄
- 很愚蠢、很无知
- 很难堪、很无能、很笨拙

羞耻感范式 4：落空的期待

假如你为某次考试努力复习，觉得自己肯定能考出好成绩，最后却发现自己得分平平，你可能会感到非常失望、尴尬、懊恼，尤其是当你事前跟同学说"这次考试只是小菜一碟"时。"落空的期待可能会让人感到羞耻，"林德发现，"期待越高，羞耻感就越强烈。"[4]如果你能考到高分，大家会对你的成功艳羡不已，你就会感到自豪、受人欢迎，而现在你可能不想让朋友知道自己的真实分数。你可能更愿意保密，因为这个分数已经变成羞耻感的来源。

只要我们给自己设置目标，我们都会为潜在的羞耻感打开方便之门。我们之中每年有数百万人立下"新年计划"（要戒烟、减肥或去健身房），而我们年年都未能兑现自己的承诺。当我们失败时，当我们贪吃冰激凌或多买一包香烟的时候，我们通常会感到内疚，感到自己很糟糕。有时我们会感到深深的自我厌恶。新年计划代表了一种我们常常未能实现的期待。

假设公司里有个职位正在公开竞聘，你提交了申请。虽然你满怀希望，但最终未能如愿，你也可能会因期待落空而感到失望。竞选公职失败会引发羞耻感，在竞技体育赛场上落败也一样。尽管社会看似非常看重超越自我、取得个人最好成绩，也褒奖人们付出的努力，但我们大多数人都会在未能达成自己设立的目标时，体验到羞耻感家族中的情绪。我们通常会将其称作"失望"或"悔恨"。

不论何时，只要我们行事愧对自己或我们所敬重之人的标准或价值观，我们就会感到这种期待落空的羞耻感。我们对自己的期待和我们的实际行为之间的落差可能会导致痛苦的失望感。"要让自己感到羞耻，我必须把自己的行为与某些标准做比较，不论这种标准是自己的还是别人的,"迈克尔·刘易斯解释道,"面对未达标的失败,我会感到羞耻。"[5]

只要我们在与他人的比较中相形见绌,我们就会认为自己未能符合某种标准,这会产生一种痛苦的失望,从而导致羞耻感和嫉妒。通过选择我们的榜样,并努力效仿他们,我们建立起了一种标准,即我们想要成为榜样那样的人,达到这种标准能为我们带来自豪感。然而,如果我们把这些榜样想得太过理想,如果我们期待自己应当像想象中的他们一样完美,那么我们就会不可避免地感到失望,并体验到有害的羞耻感(沉重的破坏性情绪)。

对自己保持合理的期待与心怀严苛、吹毛求疵和自我挫败的期待是不一样的。正如布琳·布朗所说:"羞耻感发出的是完美主义的声音。"[6] 将我们的核心价值观落实为合理的标准,让我们以此为自己的行为负责,这能够帮助我们形成自豪感,以正直、善良的姿态生活。许多心理自助类图书都建议我们采用认知行为疗法来改善惩罚性的自我对话。有时这是一种恰当且有用的疗法,有时我们也需要了解这种期待落空的羞耻感,从中学习经验教训,也许我们能借此获得对自己的尊重。

当我们未能达成目标,或没能按照自己所尊崇的方式行事时,我们通常不喜欢谈论此事,也不喜欢与他人分享我们的失望。羞耻感通常驱使我们远离他人。相反,当我们事先计划、工作努力,并最终达成了目标时,我们就会想与他人分享我们来自成功的自豪感。目标的达成有助于增添我们的自我价值感:当我们最重要的人(或社群)认可我们,并与我们一同庆祝成功时,我们的自豪感会更为深刻。自豪和赞誉既不同于自我吹嘘和夸耀,也不同于对他人看法的过分看重。

所有形式的竞争都不可避免地与羞耻感有关：一旦有人摘得桂冠，实现自己的成功梦想，其他人就必然无法达成自己的目标。自恋领域的研究者简·腾格（Jean Twenge）和基斯·坎贝尔（Keith Campbell）在《自恋时代》（*The Narcissism Epidemic*）一书中指出，"自尊运动"曾尝试通过让每个人都变成赢家来消除竞争中的羞耻感。父母不断地赞美自己的孩子独一无二。在"关于我的一切"（All About Me）和"我很特别"（I Am Special）这类教育项目的推行下，孩子从老师那里强化了"我很特别"这类信息。我孩子的小学每年都会举办万圣节服装大赛，而每个孩子都会赢得一等奖。

我不是在说孩子（或者成年人）在竞争落败的时候应该有羞耻感，我是想说，他们在那种时候难免会有羞耻感——不是有害的、让人无力的、具有破坏性的羞耻感，而是涉及痛苦自我感受的羞耻感家族。这种羞耻感可能只是轻微的失望，很快就会过去，但也可能让我们好几周都打不起精神来。这种羞耻感可能会激励我们下次更加努力，也可能让我们心怀疑虑、故步自封，不再参与竞争。

我们生活在一个竞争激烈的世界里，不管我们有多希望事实并非如此。在我们的自由商业系统中，核心的理念就是同行争相以最低的价格尽快制造出最好的产品。有的公司能够成功，而其他的公司注定失败。在经营有方的公司里，工作绩效出众的员工会升职加薪，而其他员工则原地踏步。尽管不甚明显，竞争也影响了我们的社会关系。"不能比琼斯一家差"正描述了一种广泛的希望，即在社会经济地位上不能比邻居差，不然我们就成了失败者。

最有害、最自恋的竞争方式会把世界变成战场，交战双方是令人艳羡的赢家和毫无价值的输家。从自恋的视角看来，自尊是一场零和游戏：我通过贬低你让自己感觉更好。这就像跷跷板一样：我将你投入羞耻感的深渊才能获胜，同时害怕在你取得成就之时，我们的处境就会相互交换。我在本书的第二部分中会详细阐释：自恋性防御是抵御羞耻感的特殊面具，它会促使人通过羞辱他人来维持自己的自尊，逃避难以忍受的羞耻感。

对于那些失败的人来说，即使是健康的竞争也会带来一定程度的羞耻感，我们的社会形成了一些行为的规范或准则来减轻那种羞耻感。例如，体育精神意味着获胜者不应沾沾自喜、幸灾乐祸，或嘲弄自己的对手。即便我们的社会对获胜推崇备至，但我们也赞颂有尊严的失败。我们不喜欢输不起的人，而且我们会重塑失败的含义，将失败看作从"落空的期待"中学习的机会。

我们为什么某次未能成功？为了下次更进一步，我们能从自己的失败中学到什么？

对于失败或挫败带来的羞耻感，这种态度正是美国经济进步的核心精神，也是硅谷创业文化的重点。失败是成功的必经之路，唯一值得羞耻的事情是未能从失败中获得成长。在后面的章节里，我会在论述建立持续的自尊时运用这种视角：我相信在很多时候，羞耻感的体验为我们提供了成长和学习的机会，如果我们倾听羞耻感的忠告，它有时会告诉我们自己是谁，以及我们想要自己成为什么样的人。个人成长的最大阻碍通常是我们不能容忍羞耻感，对它持有防御态度。

到目前为止，我用来说明这种羞耻感范式（落空的期待）的例子应该算是清晰易懂的。我想再举一个例子来结束这一节。第一眼看上去,这个例子可能令人有些困惑。这个例子来自艾伦·德詹尼丝(Ellen DeGeneres)的脱口秀。

如同许多喜剧演员一样,德詹尼丝会用滑稽的方式模仿我们熟悉的令人羞耻的经历。我们从她的表演中收获了很多乐趣,主要是因为我们在她扮演的角色身上看到了我们自己,并认同了那些角色的羞耻感。大家对这种羞耻感深有同感,又觉得这种羞耻感滑稽可笑(但不会让我们感到痛苦、远离他人),于是就都宽慰地笑了。

在她的一段著名的脱口秀表演中,德詹尼丝假装自己正在街道上行走,此时她远远地看见了自己的一个朋友。"哦,那不是南希吗?"她自言自语道。德詹尼丝眉开眼笑,热情地挥手,将自己见到朋友的喜悦之情表现得淋漓尽致。她大声地叫着南希的名字,竭力引起对方的注意。然后,她的表情突然变得无比僵硬:她发现那个人其实不是南希,而是一个长得很像南希的人。

德詹尼丝是个极具肢体表现力的喜剧演员,她在接下来的几秒钟之内生动地表达了她内心的极度痛苦。她垂头丧气,目光低垂。她看上去苦不堪言,用尖厉、痛苦的声音自言自语,然后一路小跑地离开了现场。虽然德詹尼丝并未开口说话,但她的肢体语言表达了羞耻感的生理标志。

虽然我们大多数人都对这种体验感同身受,但为什么看错人会带来如此强烈的不适感,我们并不清楚。毕竟,看错人只不过是个很常见的错误。为什么那种错误会让我们痛苦到那种程度呢?

德詹尼丝的行为表明,只要我们公开地表达喜悦,期待得到同样的回应,但最终失望的时候,我们就会很不舒服。不论我们用什么词来称呼这种特定的不适感，它都属于羞耻感的情绪家族。这是一种"落空的期待"——虽然我们对快乐的人际联结心怀期许，但未能如愿。

羞耻感词汇

当你想要描述"落空的期待"引发的羞耻感时，你可能会感到：

- 失望、伤心、泄气
- 挫败、灰心
- 沮丧
- 垂头丧气、一蹶不振

或者，你会感到自己：

- 不够好
- 既懦弱，又没用
- 笨拙、弱小，缺乏行动力
- 无能、不称职
- 像个失败者，一事无成
- 很软弱、不自律，缺乏决断力

在下一章，我会讲述我们对快乐的人际联结的需求源自早期的生活经历，并阐释这种联结在自尊发展中的作用。然后，我会接着探索：在我们生命的第二年，所有形式的羞耻感如何不可避免地出现，以及羞耻感对于我们的自豪感、自我尊重、自我价值感有着怎样出人意料的作用。

第5章

快乐和自尊的诞生

为了培养孩子健康的自尊，父母先后面临着两个任务。第一个任务需要父母在孩子一岁内完成；这个任务旨在让孩子感觉到，几乎自己做的每件事都能让父母快乐和感兴趣；照料者必须支持孩子"在该年龄段特有的、富有夸大感和全能感的自恋状态"——孩子相信对父母而言，自己比其他人、事、物都重要，而且这种信念是从孩子的切身感受中得来的。[1] 在此期间，孩子还不能将父母理解为完全独立的他人，而是认为父母存在的全部目的就是照顾自己的需要和情绪——将父母看作安慰者、喂养者、快乐与刺激的提供者。

弗洛伊德将这种状态称作"原初自恋"（primary narcissism）。大约在出生后的第一年内，孩子（至少在大多数时间内）需要感到一切都是围着自己转的。这样的体验会为健康的自尊打下基础。

在出生后的第二年，幼儿会逐渐形成这样的概念：父母是独立的、不同于自己的人，单独拥有内心世界，并不仅仅为了满足自己的需求而存在。为了培养这种重要的发展倾向，为了让成长中的孩子逐渐社会化，适应这个充满了他人的更大的世界，父母必须逐渐温和地挑战孩子的"夸大感和全能感"。这就是父母要完成的第二个任务。他们需要向幼儿传递这样的信息："即使你的确是个特别的孩子，但你并不比其他人更特别"，而"其他人"也包括父母。[2]

在生命的第二年里，幼儿所做的一切事情，不再都是父母快乐的源泉；如果幼儿想要父母表现出快乐，就必须按照父母的期待行事。这种经历会减少孩子的夸大感，在之前第一阶段打下的自尊基础上添砖加瓦。通过了解到自己实际上并不是宇宙的中心，他必须适应父母有关可接受行为的期待，作为奖励，幼儿才能持续地获得快乐的回应，这样才能让他自我感觉良好。

在这两个阶段内，亲子间的大多数情感交流都是以面对面的形式进行的。尽管前语言期的语音会起到一定的作用，但父母与婴儿在第一阶段内的"交谈"主要是通过眼神接触和相互间的面部表情进行的。照料者依赖这些面对面的表情交流来传达自己的快乐和兴趣，他们也会接受并模仿在孩子脸上看到的快乐和兴趣。

在孩子生命的第二年里，面对面的表情交流同样会起到重要的作用。然而，尽管孩子依然想要父母表现出快乐，但父母对此的态度发生了显著的变化。如果幼儿的兴奋行为是不可接受的，照料者有时会转过脸去不予理睬、皱眉或说"不"。如果幼儿想与照料者进行愉快的表情交流但未能如愿，我们可以将他的体验称作"沮丧""失望""遭到拒绝"。神经生物学家将这种亲子间情感的不调谐或不匹配称作"互动性错误"（interactive error）。[3]

不管我们给这种体验如何命名，它都很痛苦。

无表情实验

在一间观察室里，研究者的摄像头捕捉下这样一幕：一位年轻的母亲坐在她的小女儿面前，而这个婴儿坐在桌子上的安全座椅里。母女进行眼神交流时，婴儿脸上的喜悦之情溢于言表。母亲带着愉悦与喜爱之情轻声回应孩子，握住婴儿的双手，她们相互打着招呼，一个人用语言，另一个人则用快乐的前语言期的语音。

然后，婴儿指向远处，引导母亲的注意力转向某个物体。母亲露出欣喜的微笑，看看那个方向，又看看婴儿的脸，用轻柔的"哼哼声"表示理解和确认。"没错，我懂啦！那太有趣了，不是吗？"母亲声音轻柔，音调升高，大多数父母在和自己的宝宝讲话时都会本能地用这种声音说话。母亲再次露出笑容，对着婴儿快乐地笑出声来，婴儿的脸上流露出幸福的表情。

此时此刻，这对母女情感调谐（emotionally attuned）。她们都是彼此心目中快乐的源泉。

根据研究者在拍摄前的指示，母亲随后中止了与婴儿的目光接触，并短暂地转过脸去。当她的脸转回来时，她面无表情，就像戴上了面具一样，而她的身体也保持静止，不传达任何情绪信息。她不再向孩子表达情感，也不以任何方式回应婴儿。

婴儿立刻注意到了变化，她的脸上露出了困惑的神情。她想母亲微笑，想要引发快乐的回应，而母亲的脸色始终是冷冰冰的。然后，婴儿指向远处另一个不同的物体，试图引起母亲的兴趣，而母亲则继续用一种难以解读的表情盯着婴儿。母亲此时看上去既冷漠，又完全无法接近。

婴儿倾身向前，双手伸向妈妈的脸庞，然后惊慌地跌回自己的安全椅中。婴儿的小脸因痛苦而紧绷起来。她拍着双手，发出一声尖叫，以示对母亲的抗议。母亲保持情感疏离和无回应的态度越久，婴儿就会越痛苦。婴儿会开始拍打自己的安全椅，最终号啕大哭。

最后，母亲重新恢复了情感联结，轻声安抚婴儿，并对她微笑。几秒钟之后，母女又再度恢复了情感调谐，目光再度接触，共享着彼此陪伴带来的快乐。

这项研究由爱德华·特罗尼克（Edward Tronick）在20世纪80年代所做。这项研究通常被称作"无表情实验"（still face experiment），其中包括许多这样的亲子互动视频片段，首次为"父母的行为和情绪状态对婴儿有显著影响"这一观点提供了科学支持。特罗尼克的研究表明，即便是两个月大的婴儿也会积极地寻求与父母面对面的情感接触。

你可以在YouTube网站上看到无表情实验的视频。在视频的开头，母亲和女儿间的快乐互动会让你也情不自禁地露出微笑。当你看到父母面带宠爱地凝视孩子的双眼，露出喜悦的神情时，你会感到这一切是那么健康和自然。每个孩子都应该在这种父母的宠爱中开始自己的生命，感到自己是完美的、可爱的。当这种体验固定地重复出现数月之后，必定会让一个成长中的孩子对自己感觉良好。

婴儿和照料者间弥漫着快乐气氛的关系，这是形成自尊的基石。

共享的快乐和早期的大脑发育

在孩子生命的第一年里，亲子间有关快乐和兴趣的互动数量多得惊人。10个月大的婴儿和照料者之间90%的互动是积极的、快乐的。近年来的神经科学研究表明，这些快乐的互动有助于多种激素的分泌，帮助婴儿的大脑正常发育。事实上，婴儿大脑的正常发育取决于这些激素的分泌。

如果你熟稔新生儿神经科学领域的专业文献，你肯定会读到过这样的表述——"大脑的经验依赖性成熟"（experience-dependent maturation of the brain）。人类的大脑在出生之时并未完全成熟，而是会在生命的早期阶段不断生长发育。大脑的生长发育能否达到最优化的状态，取决于某些条件能否得到满足。在出生后的第一年内，这些条件指的是婴儿和照料者之间的关系应当充满情感调谐的互动，分享快乐与兴趣。在这种关系中，互动性错误是不可避免且频繁出现的，这会导致沮丧、痛苦、悲伤，以及类似的情绪。这种情感上的不匹配需要得到及时而持续的纠正，以便恢复母亲和婴儿间充满快乐和兴趣的互动状态。神经生物学家将这种纠正过程称作"互动性修复"(interactive repair)。

这种快乐的情感调谐和互动性修复，能够促使照料者和婴儿体内分泌一类特定的激素，这些激素被称作"内源性阿片类物质"或"阿片样肽"。内源性阿片类物质是一种由身体分泌的激素，而不是从外界摄入的阿片类物质（比如非法的毒品，或者由美国食品药品监督管理局批准的药物芬太尼）。这些物质也被称作"内啡肽"。这些内源性阿片类物质能让亲子双方感觉良好——这种感觉既是关于自己的，也是关于对方的，因此有助于为双方建立自尊，并且在彼此之间形成健康的依恋关系。

内源性阿片类物质能够促进婴儿大脑的神经生长。在婴儿出生后的第一年内，这些物质对于大脑眶额皮层的成熟具有特殊的作用。眶额皮层是大脑中"与社会互动中的愉快特性直接相关"的部分。[4] 也就是说，婴儿在一岁前体验到的亲子间情感调谐的、充满快乐和兴趣的互动数量，不仅会影响其自尊的发展，也会影响他在一生中与他人建立满意关系的能力。

父母对孩子的爱，以及充满热情的兴趣，类似于恋爱关系中的迷恋——成年的我们在坠入爱河时，相信我们的另一半是完美的人。对于一岁前的婴儿，如果他们感到自己就是父母世界的中心，受到毫无保留的宠爱，既能引起父母热切的兴趣，也是父母兴趣的中心，此时他们自尊的种子就会生根发芽。我们会称这种体验为享受"无条件的爱"。

对于快乐在自尊建立过程中的作用，神经科学做了基础性的解释。"自尊运动"并未超越神经科学的解释范围，它将其行动指南建立在神经科学的解释上。研究者曾建议父母和教育者要对孩子大加赞扬，不论孩子做了什么：他们被告知要向孩子表达无条件的爱和认可，这样才能帮助成长中的孩子建立健康的自尊。

然而，正如我将要讲到的，在一岁之后，虽然健康的自尊必然伴随着快乐，但快乐不一定使健康的自尊得到持续发展。

失望和沮丧

当然，忙碌的父母无法时时满足婴儿对于快乐互动的需求，他们必须应对成年生活的现实问题，并满足许多人的需求。简而言之，即使是与孩子情感最为调谐的父母，他们的孩子也会遭遇痛苦、沮丧，以及父母心不在焉、无法建立情感联结的时刻。神经科学家将这类互动性错误统称为"压力"。我们需要压力才能成长：沮丧是生活中不可避免的一部分，如果我们想要茁壮成长，就必须学会忍受沮丧。问题的关键在于适度：世界施加给我们的压力是否在可承受的范围内，压力是否不会持续太久，从而我们可以及时释放压力？

用温尼科特的话说，如果父母"足够好"，如果他们的婴儿面临的沮丧和失望是适度的，如果互动性错误能得到足够及时的互动性修复，那么这些孩子就会学到：他们能够应对这种糟糕的体验，不会被它们压垮。特罗尼克和其他人的研究表明，亲子间完美的情感调谐既不可能，也不可取；父母和孩子成功地渡过难关，由情感不调谐的痛苦状态转变为快乐的情感联结状态，这样才能带来最佳的成长结果。在一岁前，婴儿极度依赖照料者的帮助，以便他们从压力中复原，回到快乐的状态。按照心理学的专业说法，他们还不能自动调整自身的情绪状态。

如果痛苦、失望和沮丧的情绪是适度的，如果婴儿能不断地通过互动性修复从压力中复原，他们就会获得信任感，他们不仅会信任照料者的可靠程度，同样也会信任自己。正如特罗尼克所写，"随着成功和修复经验的积累和重复，婴儿会建立积极的情感核心"，这是自尊的基础。[5]

埃里克森提出人格发展、阶段理论，他将婴儿在生命的第一年中所面临的挑战定义为"基本信任 vs. 不信任"。在生命早期的数月内，如果婴儿能够成功经受住这类压力情境的考验，他们心中就会产生信任感，不仅是对照料者的信任，也对他们自身应对未来逆境的能力产生了自信。这样的信任感有助于自尊的发展。

亲子间相互的、充满快乐的目光注视，是自尊诞生的源泉，这会让婴儿感到自己是可爱的，是值得被爱的。在可靠的照料者的帮助下，成功应对沮丧与失望的经历，这样能帮助成长中的孩子感到自信。

核心羞耻感

有时出于诸多原因，父母并不"足够好"，自尊也未能在孩子的心中生根发芽。母亲可能长期身患产后抑郁症，或者因孩子的父亲抛弃了她而处于绝望的情绪之中。年轻的鳏夫也可能觉得为人父的职责难以应付，在情绪上未做好当单亲爸爸的准备，还在为妻子过早逝去而哀伤。也许家庭中充满了肢体暴力和言语暴力。药物成瘾、极度贫困的压力、严重的精神疾病、冲突严重的离婚——这些因素都可能导致父母难以履行照料者的职责，或者无法与孩子进行快乐的互动。

在无表情实验中，当母亲做出冷漠的表情时，那种场景让人不忍观看。随着婴儿逐渐加剧的痛苦，我们的身体会产生共鸣，我们想要移开自己的目光。母亲的疏离给人一种完全错误的可怕感觉，这完全不是父母回应宝宝的应有方式。如果这种情况持续、反复出现数月，乃至数年之久，这会不可避免地让孩子感到自己很糟糕——正好是可爱、值得被爱的反面。

如果坏的体验多过好的体验（婴儿遭遇的痛苦、沮丧或失望显著地超过了快乐的亲子联结，在情感的不调谐之后，没有可靠的互动性修复），那么婴儿的大脑就会缺乏正常发育所需的条件。你可能熟悉"关键期"这个概念——在这个发展阶段内，我们的神经系统极其依赖特定的环境刺激，才能习得某种技能或形成某种特质。如果我们在某个关键期内未能接受适当的刺激，在未来的生活中，我们就会难以甚至无法培养那些能力。

人类大脑的关键期就是大脑尚未完全成熟且在持续生长的发展阶段。如果婴儿在一岁以内缺乏与照料者之间足够的快乐互动，他的大脑就不能正常发育，因为大脑最好的发育条件取决于人体在那些互动中分泌的激素。加州大学洛杉矶分校神经精神病学研究院的阿兰·舒尔（Allan Schore）开展了一系列 MRI 研究，观察了成长于良性互动极度缺乏的环境中的婴儿。研究发现，与成长于健康家庭的婴儿相比，那些来自良性互动匮乏环境的婴儿的大脑体积较小，神经元的数量较少，神经元之间的连接数量也更少。

尽管近年来研究者对神经可塑性大加宣传，但婴儿大脑在早期数月之内的这种不良发育过程所造成的损害无法被完全地弥补。在这方面来看，婴儿生命早期对快乐和情感调谐的缺乏就像佝偻病患者对维生素的缺乏。在骨骼发育尚不成熟的关键时期，饮食中缺乏维生素 D 的孩子后来的骨骼会与正常孩子不同，即使他们成年后的饮食更为均衡，也难以弥补这种不良影响。在这种不良环境中成长的孩子的大脑也无法达到最佳状态，与那些在健康环境中生长的孩子的大脑会有终生的差异。这并不是说，在这种不良情况下孩子无法成长，而是说这样的成长是有局限性的。

一旦大脑发育出现了问题，婴儿就会在内心深处，在有关自身存在的方面体验到严重的问题——这些问题既是关于这个世界的，也是关于自己的。正如精神分析师詹姆斯·葛洛斯坦（James Grotstein）所说："这些有缺陷的孩子感觉到，自己的神经发育似乎出了问题，他们因此会为自己感到一种深深的羞耻感。"[6] 在我的所有作品里，我将这种体验称作"核心羞耻感"。这种强烈的感受影响着人的方方面面。孩子如果在极不正常的环境中成长，羞耻感也会成为他们的一部分，成为他们所感受到的自我中不可分割的一部分。他们不会感到自己是可爱的，是值得被爱的；相反，这些孩子会觉得自己是有缺陷的、丑陋的、残缺的、不可爱的。

从羞耻感范式的角度来讲，核心羞耻感体现了"无回应的爱"和"落空的期待"，并且体现得淋漓尽致。如果我们从降生之日起就期待着与父母建立共享快乐的关系，如果我们最深的需求就是爱别人和被人爱，而我们的照料者让我们深感失望，那么核心羞耻感就会生根发芽。要想对核心羞耻感带来的痛苦有些感性上的认识，你可以回想一下无表情实验中的婴儿，当她的母亲不给予任何回应的时候，她当时有多痛苦。如果那种情境在孩子生命的头几个月内不断反复出现，那他会多么痛苦。"由于互动性错误的重复和积累，而且境况一直得不到好转，婴儿会对自己形成一种糟糕的表征㊀，将自己看作无能的人。"特罗尼克写道。他补充道，随着时间的流逝，"在这种持续而长期出现互动性错误的环境中，婴儿容易产生精神疾病"[7]。

我曾治疗过许多深陷核心羞耻感的来访者，尽管他们在开始治疗的时候都没意识到，自己深陷核心羞耻感。他们在治疗中分享了自己的梦境，揭示了自己的核心羞耻感：战火纷飞的景象、破败不堪的贫民窟、满目疮痍的建筑、被焚毁的废弃车辆。不止一个来访者对我讲过：他们梦见一个疾病缠身、面目全非的婴儿，而自己正在拼命地试图拯救他。这些梦境都传达了一种严重受损的自我感，而做梦者担心这样的自我已经无法修复了。

欧文·戈夫曼（Erving Goffman）在他有关社会污名的经典著作《污名》（*Stigma*）中，描写了拥有个人或身体重大缺陷的人，指出他们的身份认同受损和"变质"了。在那种情况下，你在内心中对于自己的身体缺陷或残缺深信不疑，这种确信深深地镌刻在核心羞耻感之中。通常当蔬菜腐烂、失去营养价值、只能丢进垃圾堆时，我们才会用"变质"来形容它。核心羞耻感带来的苦痛挣扎就是恐惧，

㊀ 在心理学中，表征（representation）是指外界现实在个体心理内部的反映和存在方式。——译者注

在你内心最深处的恐惧：你的缺陷太严重了，因此你毫无价值，没有任何理由存活于世。如果核心羞耻感发展到令人难以忍受的程度，就可能会导致自杀。

由于核心羞耻感痛入骨髓，遭受这种困扰的人通常会尝试回避或逃避这种感受。他们通常会借助无意识的层面，逐渐学会躲避或掩饰自己的羞耻感，从而将这种痛苦排除在意识之外。我将在本书的第二部分讨论这些不同的掩饰方法，讲解这些方法与我们每个人回避、否认和控制羞耻感的方式之间的联系。尽管核心羞耻感会导致我们竭尽全力地做出防御反应，但在日常生活中，我们大多数人都会时不时地依靠这些相同的防御反应来保护自己免受羞耻感的侵扰。

快乐与成就

在一岁前（通常在出生六个月之后），大多数婴儿的肌肉会发展出足够的力量和协调性，因而他们会开始爬行。独立的移动代表了一种巨大的成就：不必借助成年人的怀抱就能够从一个地点移动到另一个地点，这带来了一种新的力量感和自主感，增进了孩子的自尊发展。这个里程碑式的事件对于父母来说也是意义非凡的，成百上千的父母曾把孩子第一次成功爬行的过程拍下来，并上传到YouTube视频网站上。这类视频的标题多带有不止一个感叹号。

这类视频有着显著的一致性，它们大多显示：孩子在地板上，远处有某个他想要却够不着的东西（通常是颜色鲜艳的玩具或动物布偶）。孩子趴在地上，摇摇晃晃地尝试向那个东西爬去。虽然我们看不到镜头后面的父母，但能从他们的鼓励声中听出他们的兴奋：

"加油！你能做到的！"孩子可能会跌倒，或者沮丧地呜咽；他们也可能会暂时放弃，把注意力转移到某个能够到的东西上。最终，他们会带着专注而坚定的表情，继续努力奋斗，略显笨拙地爬向远处的玩具。

当婴儿开始协调手脚的运动时，有的婴儿会情不自禁地笑出声来。父母经常也会对此兴奋地大叫："太棒了！宝贝第一次爬起来了！宝贝真是长大了！你真是个大宝贝了！"许多父母会快乐地鼓掌或大笑。

在一岁前，婴儿会努力应对许多发展上的挑战。他们要学会坐起来，学会抓起和握住某个东西，学会爬行。最终，在接近一岁的时候，他们将学会行走。通过观察婴儿掌握新技能的过程，你会注意到他们具有惊人的决心。当他们成功时，他们会表现出强烈的愉悦感。

许多发展心理学家会说，准确地讲，这种强烈的愉悦感不能叫"自豪感"，因为自豪感源于自我，而自我独立于父母。根据他们的说法，孩子在两岁之前不会发展出自我觉知；从功能上讲，在外行人眼中的"自豪感"实际上是一种愉快的感受，或者就像某个研究者所说，是"胜任愉悦感"（competence pleasure）。不论这种感受是"正式的"自豪感，或只是它的先兆，成功达成自己的目标就会让孩子感觉良好，并最终感到自己很好。当父母目睹孩子的成就，并以微笑、喜悦的欢呼和眼神中的光芒来表达他们自身的自豪感和快乐时，孩子就会感到深深的自豪感。临床心理学家格森·考夫曼（Gershen Kaufman）说："当孩子得到赞美的时候，他会感觉自己受到了肯定。当他人带着深深的喜悦注视着你，并对你露出笑容时，你便得到了他人的赞美。父母眼中的光芒和脸上的笑容让孩子受到了深深的肯定。父母的赞美使孩子快乐。根据我们的观察，无论在成年期，还是在儿童时期，我们都需要这种对自己的肯定。"[8]

这种体验成了自尊发展的范例，从婴儿期开始，贯穿我们生命的始终。这种体验涉及三个元素：

- 有目的的行为
- 成就带来的自豪感
- 与他人共享的快乐

在本书的第三部分，我会阐释在每个生命阶段里，这三个元素会如何影响发展中的自尊。要发展出真正的自尊，不能只靠他人的赞美和自我的肯定（我们是独一无二的），更重要的是，我们自己要能设定并达成目标，或者践行自己的价值标准。成就会带来快乐和自豪感，当我们与那些重要的人分享这些情绪时，它们会变得更加深刻。

无论何时，只要我们未能取得理想中的成就，或我们的养育者未能一同分享我们的快乐，我们就会感到羞耻，而非自豪。在羞耻感范式中，这种体验对应的是"落空的期待"。如果我们为目标而努力奋斗，但未能成功，我们会体验到羞耻感家族中的情绪——沮丧或失望。如果我们的重要的人对我们的快乐漠不关心，或更糟的是，嘲笑我们的快乐，我们可能会感到受伤或被排斥。

我有两段童年记忆能很好地说明后面这种情况，即使已经过去了几十年，那种痛苦的情景依然历历在目。那是在我五六岁的时候，我在卧室里展开了一卷厚纸，然后我用蜡笔画了一幅许多汽车在高速公路上行驶的画。我感到自豪,并将那幅画拿给妈妈看。她却皱起眉头,只说了一句话:"那些车看上去都一样啊!"她的语气中带着不屑,她把那幅画还给我,然后转身走了。我现在仍然能回忆起那种我让她深深失望、她不喜欢我的感受。我当时还无法用语言形容她那种轻蔑的语气。

有一年圣诞假期,当时我大约13岁,我为妈妈唱了一首我最喜欢的圣诞颂歌《哦,圣善夜》(*O Holy Night*)。我很喜欢音乐,但我担心自己会跑调,所以我需要鼓起勇气才敢唱歌给她听。当时我在厨房里开口唱歌。当妈妈露出不耐烦、不以为然,甚至可能还有些厌恶的表情时,我的信心很快就消失了,我的声音开始颤抖起来。我唱完后,她冷笑了一声,说:"不错。"然后,她就转身离开了。

父母的讽刺和鄙夷会毒害儿童发展中的自尊,但所有孩子都必须面对暂时的挫折,即未能取得理想成就的失败。失败的体验是不可避免的,与之相伴的是因期待落空而来的羞耻感,这种羞耻感同样不可避免。承受这种羞耻感并继续为目标努力的能力,正是真正自尊的核心。有句老话正反映了这种一点:"一次不成,再试一次。"

健康的自尊并不意味着没有羞耻感,而是意味着拥有从不可避免的羞耻感中复原的能力,在必要时能从中学到经验教训,并不断地为目标而努力。

第6章

羞耻感与自尊的发展

在孩子生命的第二年，婴儿与照料者之间互动关系的性质会发生关键的转变。成长中的孩子早已习惯了过去与照料者之间其乐融融、充满兴趣的互动，而现在却发现父母不断地让他们感到沮丧，并经常纠正、忽视和训斥他们。请看如下典型情境：

- 珍妮的妈妈跟另一位妈妈聊个没完。珍妮拽着妈妈的裤腿，咧开嘴笑了起来，向妈妈高举双手，想要引起妈妈的注意。妈妈短暂地向下瞥了一眼，脸上露出了毫不让步的表情，说："妈妈在跟阿黛尔的妈妈讲话，你不要打扰我们。"
- 迪伦穿着如厕训练裤⊖在后院玩耍，妈妈坐在户外躺椅上看着他。迪伦发现了一个空蜗牛壳，完好无损，闪烁着光泽，他想跟妈妈分享自己的这一发现。当他来到妈妈身边，把蜗牛壳放在妈妈手上时，她不但没有笑，反而令人意外地皱起了眉头。"你是不是又拉在裤子里了？"她问道。
- 亚历克莎在公园的滑梯旁铲沙子，她的爸爸在一旁全神贯注地看护着她。爸爸短暂地低下头查看手机短信，当他抬起头时，发现亚历克莎丢下了桶和铲子，蹒跚地朝滑梯走去。爸

⊖ 这是一种婴儿内裤，用于如厕训练，一般是在孩子穿纸尿裤和穿普通内裤之间的过渡阶段使用。在需要的时候人们可以很方便地脱下如厕训练裤，以便婴儿使用便壶上厕所。——译者注

爸一跃而起，惊声大叫："亚历克莎，别过去！停下！"亚历克莎吓得不敢动弹。爸爸急忙跑过去抱起她说："你还太小，不能玩滑梯。"

- 在和其他孩子玩耍的时候，迈尔斯从史蒂芬手里抢过来一个亮晶晶的玩具，兴奋地拿给妈妈看。妈妈皱起了眉头。"抢别人玩具可不好。把玩具还给史蒂芬。"她对迈尔斯说。旁边一个孩子指着迈尔斯说："不好。"史蒂芬一把夺回玩具，对迈尔斯露出了愤怒的表情。

任何一个养过孩子或与幼儿相处过很长时间的人都会对这类情境感到熟悉。当孩子开始蹒跚学步之后，为了保护孩子免遭危险，父母就会限制孩子的夸大感，比如亚历克莎的例子。就像迪伦的妈妈一样，父母最终都必须训练孩子如何上厕所。在10个月大的时候，大约90%的婴儿与照料者的互动都充满了积极的情绪。然而，在孩子出生后的第二年，这种互动关系会发生显著的转变。一岁孩子的母亲只在5%的时间里会对孩子表达"禁止"，而当孩子一岁半时，母亲每隔9分钟就会制止孩子做某事，差不多占所有互动时间的11%。[1]

幼儿的父母还必须教会孩子社会的价值观和期待，在那些没有亲子关系那么私密的人际关系中，这些价值观和期待起到了非常重要的调控作用。这是一种社会化过程：

- 在裤子里大小便不再是能被接受的行为，孩子必须用便壶上厕所。
- 父母在和其他人讲话的时候，打断他们的谈话是很没礼貌的。

- 从其他孩子那里抢玩具是"不好的行为",尤其是当那个玩具并不属于你时。

看到这里,你可能正点头表示赞同,但如果我说这些典型的信息是建立在羞耻感的基础上的,你可能就不会再点头了。人们可能认为:"那可不是羞耻感。如果你告诉你的孩子'他是个坏孩子',那么他会产生羞耻感。如果你想让孩子拥有健康的自尊,你就不该在教养的过程中让孩子感到羞耻。"

对于这些反对意见,我们可以回到上文有关羞耻感的偏见:羞耻感是坏的;羞耻感是我们的敌人;羞耻感是自尊的对立面。情绪理论和神经科学指出,在孩子一岁后,羞耻感(不是破坏性情绪)是父母用来帮助孩子进行社会化的主要工具。让我们回顾那些典型的亲子互动情境,并将上文提出的羞耻感词汇运用其中。当然,那些词汇是成年人用的,幼儿对它们并不熟悉,但那些词汇所描述的感受近似于这些孩子在父母开始对他们进行社会化教育时感受到的痛苦。

珍妮想在情感上和妈妈产生联结却遭到了拒绝。珍妮习惯了过去自己一直是妈妈世界的中心,由于这种待遇上的降级,她可能突然会感到被拒绝,或感到没人想要她了。她可能会觉得很失望、很悲伤,或者会感到很沮丧,感到自己不再是妈妈心中最重要的人了,自己不如妈妈的成年朋友那么重要。那两个妈妈聊得越久,珍妮越会感到被排斥、被忽视、被遗忘,或者自己仿佛是个不存在的人。

迪伦想和妈妈分享自己对新发现的喜悦,却遭遇了妈妈略带厌恶的反应，因为她闻到了自己的大便味。因此，迪伦可能会感到失望、受伤、被忽视、被拒绝。最终，在他更加理解了父母的期待之后，如果他再次弄脏了如厕训练裤，妈妈不满意的神情会让迪伦感到尴尬，感到自己不够好、无能，或像个失败者。

亚历克莎想跟大孩子一样玩滑梯，但爸爸制止了她。爸爸的声音听上去像是生气了，亚历克莎立刻停下了迈向滑梯的兴奋步伐，并且可能会感到挫败和气馁。她不知道自己做了什么让爸爸不高兴，她可能会感到无助，仿佛被抓了个现行，就好像她做了什么蠢事。当爸爸说她"太小"时，亚历克莎可能会感到自己很笨拙、自卑，或无能。

迈尔斯想要和妈妈分享自己获得新玩具的兴奋之情，但妈妈不喜欢他的行为。当妈妈责备他时，他可能会像迪伦一样感到失望、受伤、内疚。当旁边一个孩子指着迈尔斯说"不好"时，迈尔斯可能会感到孤独、不被理解。当他长大一些后，如果他因为违背了某些社会规范而遭到其他孩子的排斥，那么他可能会感到被冷落、不受欢迎，或者遭到拒绝。

那么，羞耻感范式（"无回应的爱""排斥""非自愿的暴露""落空的期待"）能如何解释这些情境呢？

让我们回忆一下"当渥伦斯基未能回应吉蒂热切的眼神时她所体验到的羞耻感"（第3章）。当珍妮满怀欣喜地望向妈妈时，妈妈却叫她等一等，珍妮体验到的就是一种无回应的爱。这也是一种遭受排斥的体验，至少会引起不愉快的感受。这里的每一种情境都涉及某种"落空的期待"——期待与照料者建立快乐的情感联结，或期待获得令人兴奋的新体验。随着时间的推移，在裤子里大便、看到妈妈脸上细微的厌恶神情会让迪伦感到一种"非自愿的暴露"。

作为现代情绪理论的先驱，西尔万·汤姆金斯曾将羞耻感描述为一种干扰其他积极情绪（例如愉悦—快乐、兴趣—兴奋）的感受。所有情绪都具有一定的强度，所以汤姆金斯常用两个词来为一种情绪命名，这两个词代表了强度维度的两端。他提出了"羞耻—耻辱"的情绪，在此处，羞耻感代表了日常体验中较为轻微的感受，也是我一直在尝试描述的感受，而耻辱感则类似于布雷萧所说的有害的羞耻感。

我们再回顾一下那四种典型情境。尽管父母的语气在儿童早期的社会化过程中会起到一定的作用，但大多数亲子沟通都以面对面的形式进行，通过面部表情进行交流。在幼儿生命的第二年，他们时常来到父母身边，并期望看到父母脸上露出快乐的表情，或眼中流露出喜悦的光芒——那种他们在一岁前所熟悉的反应。相反，他们看到的是完全不同的、陌生的面孔——事实上，这种差异太大了，仿佛自己的母亲突然成了一个陌生人。[2]

现在我们就能更好地理解艾伦·德詹尼丝在突然发现自己错把陌生人当成好友南希时感到的不安了（第4章）。满怀欣喜地打招呼，希望与熟悉的人建立情感联结，却发现对方是个陌生人，这会引起典型的羞耻反应——目光转移，希望自己能够消失，以及短暂的思绪混乱。当照料者以奇怪和不熟悉的方式对幼儿做出回应时，孩子的感受就很类似于上述的羞耻反应。"落空的期待"这类羞耻感范式会带来一种或多种羞耻感家族中的情绪，父母会运用羞耻感来纠正孩子的行为，促进孩子的社会化。

研究早期儿童发展的神经科学家认为，亲子间的互动性错误会使幼儿产生痛苦的压力感，神经科学家将这种充满压力的情感不调谐称作"羞耻感的早期形态"。照料者几乎是在无意识的情况下，选择性地使用面部表情来引发羞耻感（因情感不匹配而导致的压力状态）来鼓励孩子改变自己的行为。这就相当于在用面部表情说："不，别这么做。"

精神病学家、羞耻感领域的研究者迈克尔·刘易斯深入研究了父母在想要传达不赞同的意思时，如何对孩子流露出的轻微厌恶表情。他写道："在得知我们经常使用厌恶表情来促进孩子的社会化的时候，大多数人都会感到惊讶。"刘易斯提及的面部表情是很短暂且细微的——鼻孔和上唇上抬，有时会露出牙齿。大多数父母在做出这种表情时都对此毫不知情。在做出这种短暂表情的时候，他们可能还会说一些禁止的话，例如"哎，别碰那个"。

根据刘易斯的观察，这种禁止性的语言和厌恶/鄙夷的表情在"父母行为及其可识别的面部表情中至少占了40%"。

尽管这种厌恶表情每次出现的时间非常短暂，但孩子的确感觉得到。"他们一看到厌恶表情就会迅速转身，然后在短时间内显得有些拘谨，"刘易斯继续写道，"这种行为可能反映了羞耻感。在社会化方面，除了能直接告诉孩子别再做出那种行为，厌恶表情还能给孩子带来羞耻感。"[3] 一旦父母的厌恶情绪加剧，变成了鄙夷或暴怒，就会给孩子造成创伤，但只要运用得当，为孩子带来轻微的羞耻感体验，这种厌恶表情就能够帮助孩子成长。

从生物学角度上讲，这种羞耻感带来的压力状态会促使身体分泌一种激素，叫作"皮质类固醇"或"皮质醇"。过量的皮质醇与终生的总体健康以及童年早期大脑发育的不良后果有关。比如说，皮质醇会降低神经生长因子的分泌量,而神经生长因子会在关键期帮助大脑进行神经扩张和连接。然而,少量的皮质醇能够帮助大脑正常发育:"正如内啡肽对于一岁前的大脑发育会起到重要作用,少量的皮质醇对于生命第二年的大脑持续发育也是必要的。"

这些激素不但对于额叶皮质(调节社会互动的高级适应性功能区)发育的关键期至关重要,而且对于额叶皮质与涉及情绪和冲动性的下部脑区(边缘系统)之间形成连接的关键期也起到重要作用。在适量的、未达到创伤水平的皮质醇的影响下,额叶皮质会逐渐成熟,并对边缘系统的神经回路起到"层级支配"(hierarchical dominance)作用,从而使"一系列适应性功能得以出现",这些适应性功能对于孩子在更广泛的社会情境下获得成功是至关重要的。[4]

为了避免体验到日常的羞耻感带来的压力,幼儿最终会按照父母的期待调整自己的行为。他们会内化照料者脸上表达出来的"不",并且会逐渐学会对自己说"不"。也就是说,他们会学会控制自己的大小便;他们会学会等待妈妈跟他人说完话后再要妈妈抱;他们会学会抑制住自己抢夺他人玩具的冲动,即便他们很想把它拿在手里把玩。作为对这种学习的奖励,孩子会重获与照料者之间的情感调谐(互动性修复),重返共享快乐和兴趣的状态。

总而言之,在孩子一岁前,亲子之间绝大多数的交流是共享快乐的互动,孩子会对此习以为常(无条件的爱)。在生命的第二年里,这种共享快乐的互动能否出现,则取决于孩子是否满足了父母的期待(有条件的认可)。幼儿一旦习得并遵守了社会化的规则,他们就能获得奖赏,再度与照料者建立共享快乐的互动关系。

- "好孩子！你这次会用便壶上厕所了。"
- "谢谢你耐心等妈妈讲完话。"
- "你跟史蒂芬分享玩具了，我真为你感到骄傲！"

照料者通过选择性地使用互动性错误，其中包括使用微妙的厌恶表情，促使孩子感到羞耻，从而向孩子传达那些社会规则。这些情感上的不调谐应当适度，处于"羞耻—耻辱"情绪中较为轻微的那一端（羞耻那端），并且父母随后应恢复与孩子的情感调谐，重建快乐的情感联结，以此作为对孩子恰当行为的奖励。

这种"快乐—羞耻—快乐"的循环促进了孩子的社会化进程，并使自尊的种子得以在一岁前生根发芽，并随着孩子的成长不断发展。

当孩子成功地满足父母的期待时，他们会为自己感到自豪。成功应对羞耻的压力体验，习得父母的期待，管理自己的感受和冲动，并最终满足这些期待，在此过程中，孩子会产生自信与成就感。如果孩子能够与照料者重建快乐的情感联结，分享这种快乐，获得照料者的认可，那么这种感受就会变得更为深刻。

在孩子一岁前，成就感与共享的快乐播下了自尊的种子。在出生后的第二年里，这种共享的快乐包括如下的循环：①孩子感到有压力，并产生羞耻感；②孩子满足了父母的期待；③孩子与父母重建情感联结，父母认可孩子的成就，并为之欢欣鼓舞。

我会在本书的第三部分阐释：不论在生命的哪个阶段，建立真正的自尊都涉及同样的循环过程。设置目标、标准，满足我们自己以及社会的期待，这会为我们带来自豪感，只要我们与重要的人分享这种感受，它就会更为深刻。在我们的一生中，只要我们未能满足对自己的期待，就会不可避免地遭遇羞耻感家族中的情绪。只要经受住这些压力情境的考验，直面羞耻感而不筑起防御的高墙，在失望和痛苦中坚忍不拔，就能够增进我们的自我价值感。

随着孩子年龄渐长，他们会逐渐学会面对和掌控这些不可避免的羞耻感，其中的一种方式就是团体运动。和同龄人参与团体运动能帮助孩子学会有效地同他人竞争与合作，为共同的目标而努力，这是未来生活中的一项重要技能，尤其是在他们成年、参与工作之后。当然，竞争是生活中的现实情况，而且正如我所说，只要人们相互竞争，羞耻感出现的可能性就会大大提升。总会有赢家和输家，总是有人欢喜有人忧。

学会应对输掉比赛的羞耻感（落空的期待）而不灰心丧气，能帮助孩子成功应对一生中不可避免的挫折，坚持为自己的目标努力。在最理想的情况下，团体运动中的竞争能培养品格优势，而如果一个运动员把失败看作难以承受的羞辱，竞争就变得有害了。这种情况通常是由于他在童年早期遭受过有害羞耻感的困扰，这种经历塑造了他的人格。

在这种情况下，那种极端的求胜欲望，即打败羞耻感的渴望，冲击着团体运动中蕴含的社会价值观：为共同目标而刻苦努力，遵守纪律，以及每个人都是团队中的重要一员，但没有谁是更为重要的。求胜心切的运动员通常都有自尊方面的问题，以及无意识中的羞耻感，这通常是因为他们的父母也有类似的困扰。如果你的孩子参与过团体运动，你肯定对这类父母非常熟悉——他们不断质问裁判或在场边对孩子大喊大叫。

孩子之所以缺乏竞技体育精神，有时是由于父母一边限制孩子的夸大感，不再"一切都围着孩子转"，一边不断地要求孩子维持理想化的形象。由于自尊运动一直过于强调无条件的爱，在很大程度上忽略了有条件的认可在自尊培养中的重要性，父母对自尊运动教条的追捧辜负了整整一代孩子。在当今"反羞耻感"思潮的影响下，自尊运动在不经意间鼓励着这些年轻人期待能不断获得他人的欣赏，并且一旦遭遇羞耻感，就立即变得戒备起来。有时，他们会因此在竞争中不择手段，无法应对失败。

因此，我再次重申，自尊绝不意味着没有羞耻感。具有真正自尊的人能够承受日常生活中不可避免的羞耻感体验，在必要的时候从中学习经验教训，并不断地追求自己的目标。

在本书的第二部分，我会描述人们关于回避、否认或控制羞耻感体验的防御方式，他们宁愿如此也不愿承受羞耻感。我将这些防御手段称作"羞耻感的面具"，它们让我们更难以忍受日常生活中固有的羞耻感；羞耻感中时常蕴含着宝贵的经验教训，而这些面具会阻碍我们的学习。因此，羞耻感的面具会妨碍各年龄段的人形成持续的自尊。

SHAME
第二部分
羞耻感的面具

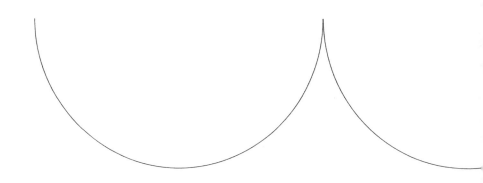

羞耻感作为心理治疗的一个中心议题，经常不以真面目示人。有的人在开始心理治疗的时候就知道自己深受羞耻感的折磨；有的人则把关注点放在他们回避、否认或控制羞耻感的非适应性策略上，而对这些策略背后的驱动力一无所知。对于后一类来访者，他们体验到的羞耻感基本上是处于无意识层面的，他们使用防御性的策略来逃避羞耻感，这些策略便是羞耻感的面具。

　　心理防御机制是我们为了避免痛苦而对自己撒的谎。当现实会带来难以忍受的情绪痛苦时，当我们对减轻痛苦不抱希望时，我们通常会尝试把这种痛苦隐藏起来，不让自己发现，或竭力掩饰它。我们会依靠一系列防御机制把意识中的痛苦导向无意识之中。当来访者深陷核心羞耻感所带来的痛苦，或感到自己不正常、有缺陷、丑陋、不可爱的时候（这些都源自极不正常的童年早期经历），这种情况尤其明显。我在后续章节中描述的大多数来访者都有与核心羞耻感有关的问题。

　　本书有多个个案研究，分别记载于第二部分中的三组章节中，每组章节聚焦于一种不同的应对策略，即回避、否认、控制羞耻感。在每组章节中，我会呈现三个独立的个案研究，提供相关的故事背景，描述我对来访者的治疗过程——逐渐理解他们用于避免意识到羞耻感的防御机制。随着来访者自我觉知的增强，他们更能承受自己的羞耻感，也会找到方法去建立真正的自尊，并减轻羞耻感。

　　在每组章节的个案研究之后，我都会用一章的内容来描述我们所有人都会使用的、用于回避、否认和控制日常生活中的羞耻感的方法。在本书的第一部分里，我讨论过"感到羞耻的能力"是我们基因遗传中不可分割的一部分，是生而为人不可避免的一个能力。

我们每个人都会经常体验到各种羞耻感范式（"无回应的爱""排斥""非自愿的暴露""落空的期待"）。由于那些体验是痛苦的，我们会竭力回避、否认和控制，这是情有可原的。试图尽量减少自己的羞耻感，从本质上说并不是病态的行为。

只有当我们回避羞耻感的努力变得无所不在，以至于让我们无法建立亲密关系，不能达成自己的目标时，这种行为本身才是有问题的。本书的第二部分会描述九个来访者，他们用于抵御羞耻感的防御实在太强了，以至于他们变得孤独而不满足，无法体验到归属感，也不能与生活中的其他人建立情感联结，尽管他们渴望实现自己的梦想，但总是徒劳无功。

要呈现治疗实践中详细的临床记录材料，会面临重大的伦理问题，也可能会威胁到我和来访者多年来的信任关系。然而，为了让读者有所收获，书中的心理特征描述又必须足够详细，应当包含心理治疗过程的真实信息。我用了几种方式来处理这些相互对立的问题。

我会尽可能地修改一些案例的细节，让读者不至于从中认出我的来访者。所有描写自己来访者的治疗师都会采用这个方法。我们必然会修改他们的姓名和年龄，也会更改他们的职业，并且对他们的家庭背景做一些细微的调整。因为我做了多年的远程治疗师，经常运用视频通话来治疗来访者，所以履行这项义务就更为容易了：除上述修改外，我还可以修改来访者所在的城市或国家。

在写作本书的过程中，我时刻保持谨慎：我过去和现在的来访者可能会读到本书，看到自己被写在书中，他们也许会感觉遭到了背叛。为此，我也会参考其他有类似问题的案例，加入其他人的经历或对话记录，从而让这些个案记录不与某个人的经历过于雷同。

尽管每个人都是独特的，但是引起核心羞耻感的各类早期生活经历有着许多共同点。深陷羞耻感的人会用类似的方式来回避、否认和控制羞耻感。在我为许多来访者治疗的过程中，我有过诸多领悟，也与来访者有过大量情感互动，这些经历相互呼应，让我得以将案例写得更为丰富，其细节也更为和谐统一。在写作本书时，我回顾了自己在35年临床经历中的切身感受，将其汇总到你即将读到的九个案例中。这些内容来自我的整个职业生涯，从我多年来在洛杉矶的一对一面询，到后来运用视频通话治疗的案例。

回避羞恥感

第 7 章

社交焦虑

莉齐在她写给我的第一封邮件里问，我是否愿意通过电话进行治疗，而不通过视频通话。她告诉我，她这几个月来一直在看我的博客，很想来做治疗，但觉得自己可能无法忍受直接的目光接触。于是她想知道，我是否愿意给她做电话治疗。

尽管在很多年前，我会跟那些来见我一段时间之后又因搬家不方便面对面治疗的来访者做电话治疗，但我后来开始使用视频通话来做治疗，这种媒介远胜于只听声音的电话。通过解读对方的面部表情，并相应地调整自己的面部表情，再根据我们在自己体内的真实感受产生情感上的共鸣，我们才能与他人感同身受。我需要看到来访者的脸才能工作。

在我的回信里，我告诉莉齐，如果没有视觉方面的信息，我觉得自己就不能做好一个远程治疗师。她是否愿意做视频治疗呢？她没有回复。

我在数月之后收到了莉齐的回复。她刚读过我给《纽约时报》(The New York Times)写的一篇文章。那篇文章写到宠物在远程心理治疗中的作用，因为来访者通常是在家里自己与治疗师联系的。出于某些原因，她想到可以带着自己的宠物猫克利奥参与治疗，这样也许她就能忍受面对面的治疗了。我们约定在那一周晚些时候开始做治疗，可是她在治疗的 24 小时之前托病取消了预约。在接下来的两周里，我们又重新约定了好几次时间。

由于我们之前只进行过邮件沟通，未曾会面，在她没有取消我们重新约定的治疗安排时，我竟感到有点焦虑。很显然，她害怕被人看见，因此我不知道会发生什么。她上传到视频通话平台上的头像是一只弓着背的杂色猫——我猜那是克利奥。直到治疗开始的几分钟前，我完全不知道莉齐的相貌是什么样的。尽管她填完了我发给她的"新来访者问卷"，但她的回答很简短，没有透露什么信息。她当时28岁，住在纽约，之前做过一次短程的认知行为治疗。出于"社交焦虑"，她决定寻求心理治疗。在填写家庭背景的地方，她写道："我有一个姐姐还活着，父母都去世了。"

到了约定的时间，我给她发去了视频邀请，莉齐立刻就接受了。猫咪克利奥占了大半个屏幕，在它身后的椅子上，坐着一个女人。笔记本电脑的屏幕角度被调整到摄像头只能对着她的躯干，我无法看到她脖子以上的部分；在她抚摸克利奥的时候，我能看到她纤细的胳膊和修长的手。其身后是一堵空白的墙，没有装饰的画作、书架，没有任何家具。来访者为治疗选择的视频通话背景以及他们呈现在屏幕里的视觉信息通常会提供重要的线索；现在这种缺乏视觉细节的情况，似乎从另一个方面来讲，也提供了很多信息。

"我看不见你的脸。"我说。

"抱歉。"

莉齐伸手把克利奥抱了起来，把它放到画面外，应该是放到地上了。克利奥"喵"了一声以示抱怨，又跳回到了桌子上。莉齐把克利奥放到一旁，移出视频画面，重新调整笔记本电脑的屏幕，让摄像头能拍摄到她的脸。她的外貌没有特别之处，也不让人感到惊讶。她有着金色的头发，脸色极度苍白，看似中等身高。她穿着一件淡绿色的 T 恤，棕色的眼睛睁得大大的，看上去有些害怕。尽管她住在离我有数千英里⊖的地方，我们仅仅通过网络联系，但她仍然无法与我保持目光的接触，很快就把目光移向别处。

"很高兴见到你。"我说。克利奥抱怨的叫声仍不时响起。

莉齐点了点头。我能从她的表情中看到恐惧，自己的脸也跟着紧绷起来。我有一系列在初始会谈时要问的问题，关于来访者寻求治疗的原因，以及他们期望有哪些收获，但我那时觉得不应该用这么直接的方式开始治疗。

屏幕那头又响起了一声"喵"。

"它很健谈啊。"我说道。

莉齐的脸上露出了一丝微笑，她把克利奥抱到自己的膝盖上。"它只是想要我注意它，它不喜欢我跟你讲话。"

"克利奥多大了？"

"五岁。在它还是只小猫的时候我就开始养它了。"莉齐抚摸着克利奥的皮毛，低头对它微笑。"它真是个'小美女'。"她轻柔地低声说道。我在多年前养猫的时候，也会用相同的语调对它们讲话，充满爱意，就像父母一样。当我听到克利奥粗声粗气的咕噜声时，我笑了，那声音并无韵律。

"这可能是我听过的最响亮的咕噜声。"

莉齐笑了，但她依然没有抬起头。"那像古怪的小破马达发出的声音，"她说，"它一直都是这个样子。"

然后，我们就聊开了。

⊖ 1 英里 =1609.344 米。

莉齐的故事背景

随着时间的推移，我才开始慢慢了解莉齐。莉齐很难在治疗中整理自己的思绪，难以有条理地表达自己的想法，因此我需要多花一些时间了解她。我们经常感到焦虑，相顾无言。有时我会询问一些简单的问题，她也会给我一些简短的回答，并不透露更多的信息。在治疗过程中，她的猫经常喵喵叫，发出咕噜声，占据了大部分治疗时间。讨论克利奥让我们得以展开对话，我们并不过于直接地讨论痛苦的话题。没有视频通话的时候，我有时会收到莉齐的邮件——篇幅很长，文笔流畅。她告诉了我很多她在治疗后才想起的信息，由于这些内容太过让人痛苦，她很难在视频通话的时候对我说起。

莉齐深受社交焦虑的折磨，她的问题好像一年比一年严重。她是一名文档工程师，大部分时间在家工作。她独自待在狭小的公寓里，尽可能地减少生活中的人际互动：她通过网络订购生活用品，请人上门收取自己待洗的脏衣服，经常订外卖，连续好几周才会有极少的人际交往。

她一向很害羞，不喜欢多过三个朋友参加的社交聚会，但近年来她开始害怕所有人际交往。即使与便利店店员的简短对话都会让她感到焦虑。有一次，她受邀参加大学好友的生日聚会，但客人的人数意外地从三人变成十人，她在出门前换衣服的时候就发生了严重的惊恐发作。她心跳加速、冷汗淋漓，心中充满了莫名的恐惧。最后，她给组织聚会的朋友发去了短信，推脱说不能赴约。从那以后，莉齐不断担心自己可能会再次惊恐发作，就离群索居，回避任何可能触发自己恐惧的情境。

通过了解精神健康的病理模型，莉齐坚信自己患上了某种焦虑障碍，即某种类似于生理疾病的精神问题，这种问题通常是由体内化学物质失衡或某些有待修正的不良思维过程导致的。她的基础保健医生给她开了好几种不同的精神药物，但她无法忍受药物的副作用。长效的苯二氮䓬类药物最能让她放松下来，她一度以为终于找到了治愈自己的方法。当她感觉自己对这些药物产生生理上的依赖时，她害怕自己会失控，就不再服药了，也不愿尝试其他药物。

她后来找到了当地的一位认知行为治疗取向的心理治疗师。几个月后，莉齐中断了治疗，因为她觉得治疗不起作用。在读了我的一篇博文后，她终于决定尝试心理动力学的治疗。我的那篇博文表达了一种反对使用药物的倾向，就是这种倾向吸引了她。她希望心理治疗能帮助她缓解焦虑，而不必服用精神药物。

在最初几周的治疗中，她从未提到过任何家庭成员，不论是健在的，还是已经过世的。当我最终开始询问她的童年时，她看上去有些不舒服，言辞又开始变得十分简短。她的父母都在过去几年间去世了。她没有舅舅、姨妈或表亲等亲人。她也不认识在欧洲的远房亲戚。不过，她自发地提到了一处细节：她和她的姐姐简，她们两人的名字都出自《傲慢与偏见》(*Pride and Prejudice*)。那是她们的母亲最喜欢的小说。十三四岁的莉齐在读这本小说的时候，她认定自己应该用玛丽·贝内特的名字，因为她觉得自己既无趣又普通。在我的询问下，她相当不情愿地补充了更多有关她过去的细节。

我后来得知了莉齐在纽约上西区的童年。她在很小的时候就独自乘坐地铁放学回家，在厨房的餐桌上匆匆写完作业，就躲进她和简的卧室里，埋头于小说中。她的母亲是一名图书管理员，读起书来如饥似渴。两个女儿都在英美经典文学的熏陶中长大。虽然莉齐读过简·奥斯汀（Jane Austen）所有的小说，也乐在其中，但她更喜欢乔治·艾略特（George Eliot），而她最喜欢的作家是弗吉尼亚·伍尔夫（Virginia Woolf）。

在她的童年记忆里，一到午后她便被禁止进入客厅。客厅被两台音乐会上用的施坦威钢琴霸占了，仿佛与整栋房子的其他房间都隔离开了。莉齐的父亲过去是茱莉亚学院⊖的老师，后来为那些天赋异禀、立志投身于音乐会巡演的钢琴家上私教课。当莉齐回忆自己的童年时，尤其是回想起那些独自在卧室阅读的时光时，她的思绪总是被记忆中的音乐声（李斯特、贝多芬和肖邦的高难度曲目）和她父亲专横刻薄的批评声所打断。

莉齐的父亲在年轻时曾举办过职业演奏会，所有人都认为他会成为一名前途无量的独奏艺术家，可他的独奏生涯却因为严重的怯场问题而终止。他在表演之前会感到害怕，情不自禁地呕吐，双手颤抖不止，于是他放弃了演出，成了一名教师。从莉齐对她童年生活的描述来看，我逐渐了解到，她父亲的失败感如何充斥了家庭生活的方方面面，更不必提他的言谈举止（甚至是呼吸）中都透露着艺术家的优越感以及对下层民众的鄙夷。

她母亲比她父亲年轻许多，一直对她父亲充满敬畏。"了不起的男人"，这就是父亲在母亲心目中的形象，而母亲自己只不过是个图书管理员。父母双方对女儿们似乎都不怎么关注。父亲总是忙于给学生上课，而母亲总是一心照顾她们的父亲。简和莉齐在音乐方面

⊖ 茱莉亚学院是世界著名的专业音乐院校。——译者注

没什么天赋，很小的时候就不再学音乐了。简投身于竞技体育，父亲偶尔提到简的时候总是面露鄙夷之色，称她为"健壮的丫头"，而他叫莉齐"书呆子"。

父亲在几年前死于突发性心脏病，母亲在不久后死于乳腺癌晚期。莉齐觉得，如果母亲对自己的身体多一些关注，而不是全心全意地照顾那个"了不起的男人"，就会早点发现自己的病情，说不定就能活下来。莉齐为妈妈的自我牺牲感到生气，因而她对父亲也感到愤怒。她父亲总是让她感到自己毫不起眼，感到自己与那些每天出入客厅、常常留下来吃晚餐的宝贝学生相比，更是不值一提，莉齐对此十分愤怒。

莉齐的高中成绩十分优异，她尤其擅长那些需要写学期论文的学科。她自幼熟读各类小说，逐渐培养起了对语言的热爱，并且很善于写作。英文和历史课老师经常以她的文章作为优秀的标准，但她讨厌自己被单独挑出来。她在很小的时候就开始写短篇小说了，但从没有给其他人看过。她喜欢模仿亨利·詹姆斯（Henry James）的写作风格，用巴洛克式散文般的笔触写作心理分析小说。在她的故事里，通常都有一位害羞的女主角，但她对别人有着敏锐而卓越的洞察力。长大后，莉齐为这些故事感到尴尬——她觉得这些文字矫揉造作、故作深沉。

莉齐的母亲对女儿写短篇小说的事毫不知情，她曾经在打扫女儿的房间时，读到了其中一篇。"哎呀，还挺不错的！"她对莉齐惊叹道。可是，母亲脸上近乎难以置信的惊讶神情让莉齐怒不可遏。通过我们的共同努力，莉齐逐渐意识到，她的愤怒表明，她渴望成为一个成功的作家。如果她在文学方面取得了成功，即便是她父亲也会对她另眼相看的：他的女儿也许成不了音乐家，但她至少能成为某种艺术家。

莉齐告诉我，她一直很讨厌自己的姐姐，但理由有些含糊，我一开始并没有理解，而且她姐姐似乎也讨厌她。我一度误以为莉齐自从母亲去世后就跟姐姐断了联系，但有一天莉齐轻描淡写地告诉我"简正在为纽约马拉松训练"。莉齐的语气中带着鄙夷，很明显她继承了父亲对于简（崇尚运动、热衷竞技）的轻蔑态度。莉齐鄙视任何形式的竞争……或者仅仅是她坚持这样认为。

在那些鄙夷的感受背后，我们逐渐发现了莉齐将姐姐看作竞争对手，那种敌意十分强烈，以至于我们用"恨不得让她去死"来形容这种感受。在姐妹俩情感匮乏的童年时代，莉齐感到，简夺走了父母的关注和情感。在父母死后，姐妹俩都觉得有义务去维持家庭成员之间的联系，但在她们少得可怜的通话中，又充满了怨恨和委屈。

在12次治疗之后，莉齐依然没有提到过有关性的话题。对于一般的来访者，我通常会在更早的时候直接提起这类话题，但对于莉齐，我犹豫着要不要问她。当我终于问出这方面的问题时，莉齐显得惊慌失措，从她的锁骨一直到脖子都变得通红，很明显这个问题让她非常不舒服。她犹豫再三，终于告诉我，她在高中阶段根本没有约会过。作为一名常春藤盟校的英文专业学生，她只在大一那年和一个笨拙的同学有过第一次也是唯一的一次性经历，他们是在维多利亚时代小说研讨会上认识的。她觉得这段经历非常令人不快。她对自己的身体感到厌恶，也受不了对方白得吓人的皮肤上的黑痣，所以当他再次接近自己的时候，莉齐断然拒绝了他。

在莉齐大四那年，一位曾荣获重大文学奖项的爱尔兰小说家来到她的学校做驻校作家，并开办了一场关于短篇小说写作的研讨会。想要参加研讨会的学生需要提交一份自己的作品以供评估。莉齐提交了一篇她自认为最好的作品，但遭到了拒绝。此后的一年内她都没有再写小说。她用痛苦和轻蔑交织的语气向我描述了那篇小说，她觉得那篇小说很幼稚，难怪那位小说家觉得她不配参与研讨会。

后来，莉齐又开始写小说了，她完成了好几篇短篇小说，但她从未给别人看过，也没有尝试出版。在我们开始治疗的一年前，她开始写作一篇长篇小说，差不多写了 100 页。她想参加纽约市内的一个作家交流小组，但一想到要把自己的作品读给陌生人听，她就非常害怕。那时她的生活几乎与世隔绝了。

羞耻感出现

"你在害怕什么？"我问道，"当你想象自己跟便利店的店员对话时，你害怕会发生什么？"

随着时间的推移，我针对许多不同的情境向莉齐问了类似的问题——从与陌生人相遇的社交场合到与更愿意面对面讨论新项目的客户的会面。我并不会把她的焦虑看作非理性反应，那类反应需要用系统脱敏或思维中止的方法去处理。我告诉莉齐，她有足够的理由在社交场合感到焦虑。

"你认为店员会怎么看你呢？"

"他会觉得我很奇怪。"

"我会做些让自己尴尬的事。"

"我会说些傻话，或者什么都说不出来。"

"他们会觉得我很丑。"

"我无法融入群体。"

"他们会觉得无聊。"

"他们会注意到我脸红了，会认为我很无能。"

"他们会觉得我有毛病。"

从克利奥的"古怪的小破马达"开始，这种关于缺陷的主题贯穿了她治疗的全过程，也经常出现在她的梦中（她经常通过邮件描述自己的梦境）。在她的梦中经常出现疾病缠身的动物，以及身体残疾的儿童。在我们刚开始治疗的那段时间，莉齐读了苏珊·凯恩（Susan Cain）的《安静：内向性格的竞争力》（*Quiet: The Power of Introverts in a World That Can't Stop Talking*），这本书讲的是内向者在这个看重自我推销的世界中所拥有的力量。她希望把自己看作一个安静的、有创造力的内向者，并不比那些四处寻求关注的外向者差劲。可是，时间一长，她却觉得自己是有缺陷的，就像受损的劣质品。在感受的层面上，她感到自己是丑陋的、畸形的，尽管她在清醒的意识层面知道事实并非如此。她对自己的身体感到深深的厌恶。

莉齐最终理解了自己的社交焦虑：一种深深的恐惧，害怕自己会感受到羞耻感家族中的情绪。她尤其害怕自己被暴露在众目睽睽之下，让别人发现她是一个"怪胎"（她的原话）、有毛病的人、有缺陷的人、丑陋的人。我给她讲过核心羞耻感在童年早期发展的方式，当我们对熟悉的亲子联结的期待落空时，我们的内心就会充满羞耻感，认为自己是丑陋的。她认为母亲可能曾患过产后抑郁症。家里人常说，莉齐一直是个难养的孩子——大哭不止，难以安抚。她母亲总是说："简才是那个省心的孩子。"

尽管她在某种无意识的层面上已经知道了真相，但莉齐还是花了很长时间才承认，她的母亲对孩子丝毫没有任何兴趣和感情，她怀孕的唯一理由就是，那是她那个年代的妇女在结婚后应该做的事。她的父亲除了自己的艺术之外，什么都不关心。当我询问她快乐的经历时，莉齐告诉我，她记不起何时在她母亲脸上见过快乐的表情。尽管她的确记得母亲为她的写作而感到自豪，但这并不能让她感到母亲接纳并爱着真实的自己。

莉齐最终意识到，羞耻感一直弥漫在自己的家庭生活氛围中，隐藏在父亲的优越感和鄙夷态度背后。那种未曾言明的、对失败的羞耻感（落空的期待）一直在她父亲心中挥之不去，尽管从来没人提到过这一点。当我们把她父亲的怯场问题和她自身的社交焦虑联系在一起时，莉齐开始感到有些同情父亲。毫无疑问，父亲曾有过与她相同的感受，害怕被剥去才华横溢的钢琴家的外衣，害怕暴露出他的本色——一个毫无价值的、毫无天分的、有缺陷的冒牌货。

简而言之，莉齐逐渐理解了自己的社交焦虑——那是一种对于羞耻感的恐惧（非自愿的暴露）。多年以来，她一直尽可能地避免让自己的生活中出现那种羞耻感。虽然回避羞耻感让她免受许多痛苦，但这种做法也让她付出了沉重的代价。她没有任何深入的人际交往，也无法让自己的作品被公众看到，既不能提交给出版机构出版发行，也不能与同行分享。她是个与世隔绝、过得非常不幸福的年轻女士。多年以来，她一直静静地躲避在自身的优越感以及对普通人的鄙视中，这正是她从自己的家庭中习得的态度。通过我们的工作，她逐渐认识到这些态度只是对于难以承受的羞耻感的防御。

那时，莉齐已经有好几个月没写小说了。她成为一名作家的理想似乎是另一种回避方式——一种理想化的自我形象，能够反驳所有她感受到的羞耻感，就像她父亲将自己的羞耻感隐藏在高高在上的艺术家面具之后一样。在治疗期间，她一直用嘲笑的口吻谈论自己早期的短篇小说，甚至用同样的方式嘲笑自己长篇小说的开篇。"成为艺术家"代表了莉齐对羞耻感的逃避，也体现了她对于救赎的渴望——渴望证明自己在父母眼中是有价值的。

与此同时，她对于美好写作的热爱和崇敬是发自肺腑的。后来，她开始考虑自己也许能试着写一些更为真诚的作品。

勇气与自豪

像许多来访者一样，莉齐自然希望心理治疗能消除她的焦虑和羞耻感。她最终接受了现实，因为我并不能施展这种魔法。切合实际的进步意味着逐渐鼓起勇气，学着忍受那些引发焦虑的情境，也意味着设定现实的、可达成的目标，这种目标能够让她体验成就带来的自豪感。她用于回避羞耻感的所有策略都只能深化羞耻感，并阻止她建立用于抵抗羞耻感的真正自尊。

莉齐开始从小处着手改变。她不再通过网络订购所有的生活用品，等人送上门来，而是每周至少去街角的杂货店买一次蔬菜。她第一次去的时候满心恐惧，只好放弃购物，慌忙跑回家中。我们在一次治疗中讨论这件事时，她嘲笑自己既软弱又怯懦。她仿佛站在高处，鄙夷地审视着另一个有缺陷的自我，许多深陷羞耻感问题的来访者都会这么做。这种自我厌恶是另一种针对羞耻感的防御：将高高在上的观察者从自我中分离出来,排斥满心羞耻感的另一部分自我,并拉开两者之间的距离。

一周后,莉齐又去了那家杂货店,这次她买回来了一个橙子。结账的时候,她手忙脚乱地在钱包里寻找零钱,却怎么也找不到,最后那个女店员板着脸,没有收取她的零钱。莉齐慌忙逃回自己的公寓,手心出汗,心脏怦怦直跳。一直等到第二天,她才敢吃掉那个橙子。她在治疗中把这件事告诉了我,她说那个橙子出奇的甜,她原以为它会很苦涩。在随后的一周里,她去了杂货店好几次。有一天,那个女店员肯定是认出了莉齐,对她露出了微笑。莉齐倍感惊讶,一时没反应过来要还以微笑。接下来的好几天里,她一直在责备自己那么"没礼貌"。

终于有一天,莉齐鼓起勇气去跟那个女店员打招呼:"你今天过得如何?"

"忙,"女店员答道,"总是忙个没完。"她语气里的沉重感让莉齐想起了自己的母亲。

"辛苦了。"她对女店员说,对方并没有搭理莉齐。

在回家的路上,莉齐因这次对话而感到自豪。她做到了一件自己想要做到的事,不论这件事在他人眼中是多么微不足道。

"真是了不起!"莉齐把这件事告诉我的时候,我忍不住欢呼起来。虽然我接受的是精神分析取向的专业训练,在来访者面前的言行应当保持中立,但是我后来发现,在来访者取得进步时真诚地表达喜悦,能够对他们的发展起到重要的作用。这种共享的快乐能为双方(父母与子女、治疗师与来访者)带来自尊的感受。

有时候,过于渴求重大改变的来访者会迫切地将莉齐这样的成功看作生活的转折点,就好像从此一切都会不一样了,莉齐却没有这种幻想。她知道未来的每一次挑战都会一样艰难,她也意识到坚持不懈会让她获益匪浅。尽管持久的自尊并非朝夕之功,而是需要逐渐赢得的,但现在看来,莉齐似乎能够达成这个目标。

后来,莉齐希望加入作家交流小组,但是要实现这个愿望在很长一段时间内都显得太过艰难,更像一个不现实的幻想,而不是可达成的目标。于是,莉齐决定为自己的作品寻找出版的机会——虽然这对于她来说也很可怕,但没有那么多即时的人际交往,毕竟这不需要面对面的交流。一连串的拒绝信让她深受打击,也引发了她的自我厌恶。在一次治疗中,她用自嘲的口吻模仿起了她收到的一封拒绝信:"我们很遗憾地通知您,您的作品不符合我们目前的出版需求。建议改投他处,祝您好运。"

莉齐开始嘲讽自己:她竟然相信自己是个能够出版作品的"作家",真是浪费时间,太可悲了,还不如早早放弃。

这是期待落空的羞耻感,也是遭受排斥的羞耻感——遭到了她一直渴望融入的作家世界的排斥。

经过之前的治疗工作,当我指出莉齐的防御反应时,她立刻就承认了。尽管很痛苦,但她理解为了避免体验更多的羞耻感,放弃自己的目标会让自己失去任何成功的可能性。在收到更多的拒绝信后,一家文学杂志社的编辑为莉齐提出了修改建议,鼓励她再次投稿。经过断断续续的努力,她修改了自己的短篇小说,编辑最终接受了她的投稿。

当她在治疗中给我读杂志的投稿接受信时,她哭了。

持续的挑战

莉齐终于加入了一个有十来个作家的交流小组,而在前几个月里,她一直没有勇气去读自己的作品。她感觉小组里有些竞争的火药味,而且有两个很强势的人在场,她觉得这样暴露自己会很可怕。她后来在治疗中告诉我,当她最终读自己作品的时候,她的声音断断续续,不断说些自嘲的题外话,这使得小组中的人不得不很温和地对待她。"他们对我很宽容。"她说。起初,她会忽略组员对她短篇小说的所有正面评论,只关注那些负面评论。

好几周过去了,莉齐终于在小组里读了自己修改后的故事,在此之后,又读了自己长篇小说的第一章。在众人面前发言仍然会不断引发她深度的焦虑,而且她知道这种感受不容易消失。现在,她在大多数时候都非常重视组员给出的建议,并尽量让它们为己所用。因此,莉齐觉得自己正在成为一个更好的作家。在此之后,她又开始继续写作自己的长篇小说,并且决心要完成它。

在她的小组里,有一个年龄相仿的男士,他的剧本构思非常精巧,莉齐对他颇为欣赏。在一次讨论会后,这位男士想约莉齐去喝杯饮料,但她用"我得去喂猫"这样蹩脚的借口推脱了,因而莉齐觉得自己在社交上很无能。她仍然害怕约会,她也不知道自己是否还会有性生活。在另一个人的注视下暴露自己的身体,这样的想法让她感到羞耻。

最近她上了一个一周两次的晚间瑜伽课程。她通常会把瑜伽垫放在最后一排,尽可能远离镜子。她因为锻炼减掉了一些体重,变得更为健美了。

"我的瑜伽体式做得不差,"她说,"而且越做越好了。"

第8章

冷漠

在我的电话答录机里,迪恩的声音听上去有些平淡而冷漠:"我妈说,我应该跟你预约治疗。"我的回电未能接通,直接转入了他的答录机。在接下来的几天里,迪恩和我多次以留言的方式交谈,我开始怀疑他是否故意不接我的电话,以此避免直接的接触。他真的想要做治疗,还是只为迎合他母亲的意愿?

迪恩母亲的治疗师是我的同事,他向我提到了迪恩。这位治疗师告诉我,迪恩是一个20岁的男孩,在大学退学后就一直和父母住在一起,从不去找工作。他常常打游戏,和朋友一起外出,玩到很晚才回家,好像对自己的未来漠不关心。

最终,我和迪恩在没有直接对话的情况下,通过留言预约了治疗时间。

到了预约的时间,我打开等候室的门,发现他坐在角落里的一把椅子上。他穿着人字拖、宽松的短裤、珍珠果酱乐队的T恤。他有一点超重,肚子上有一圈肥肉,看上去比实际年龄大。他有一两天没刮胡子,白金色的头发看上去有点脏。他手里拿着一本浅绿色封面的书,放在自己的膝盖上。书是合上的,标题被他宽大的手掌遮住了。

迪恩站起来和我握了手,显得很随意。然后他走在我前面,直接进入了咨询室,一屁股坐在我椅子对面的来访者的座位上,把书放在了双脚之间的地板上。那是理查德·道金斯(Richard Dawkins)

的《自私的基因》(The Selfish Gene)。迪恩有些黑眼圈，看上去很疲惫，也许还有点生闷气。他跷起二郎腿，用拖鞋在脚底板上打着拍子。

"跟我说说你来治疗的原因吧。"我说。

迪恩耸了耸肩，没有抬头看我，说："我妈让我来的。"

"那么，是不是你其实并不想来呢？"

他拖鞋发出的啪啪声显得他有些不耐烦，而他似乎没有注意到这一点。他又耸了耸肩："我别无选择。"

不论是出于法庭判决，还是家人以财务支持作为条件让来访者接受治疗，只要他们不是自愿投入治疗的，这种治疗就鲜有效果。在多年前的第一份实习工作中，我就学到了这一课。当时有一位年轻的女士来见我，只是因为她姐姐坚持让她去治疗酗酒问题。我们做过三次治疗，每次治疗都充斥着长时间的沉默和简短的回答，她总是有意无意地否认自己有酗酒问题。她第四次治疗没来，再也没有回过我的电话。

"究竟为什么你妈妈认为你得来呢？"

迪恩的目光迅速抬起，瞥了我一眼，然后他再次移开目光，又耸了耸肩。他满不在乎的态度让我感到些许敌意。

我决定在一两分钟内不问问题了，看着他随着时间一秒一秒地过去，变得越来越手足无措。他似乎终于意识到了自己脚上的紧张感，拖鞋的啪啪声停下了。

"你不是应该问我问题的吗？"他说。

"问什么呢？"

弗洛伊德的那套东西，"比如'我的童年创伤，我爸妈是怎么祸害我的'之类的问题。"

"不如你跟我讲讲，你觉得我应该知道些什么呢？"

他下巴周围的肌肉开始抽动，好像他在有节奏地咬合自己的牙齿。他没有说话。

沉默了一两分钟之后，我突然想起来，自己似乎已经是足够做他父亲的年龄了。当时我正40岁出头，有两个小儿子。当时在我的职业生涯里，我很少为比我年轻很多的来访者治疗，所以我们之间的年龄差距带来了很陌生的感觉。

"据我所知，你从大学退学了，似乎没有继续读书或者找工作的兴趣。如果你觉得那不是问题，对自己的现状感到满意，那就直接说出来吧，我们的治疗就可以到此为止了。"

"我觉得那不是问题，我对自己的现状很满意。"

"所以你想终止了吗？"

"终止？"

"终止这次谈话。终止治疗。我们不一定非要把治疗进行下去。"

"不行。我妈说——"

"是的，我知道。你妈妈说你必须来。那个理由不够。如果你不想要我帮你，我们就只是在浪费时间而已。"

迪恩咬住了自己的下嘴唇，低头盯着自己的脚。"我不知道这有什么好大惊小怪的。为什么我非得找工作？我爸油水多得很。"

我愣了一下，问："你是说你爸爸很有钱？"

他点了点头："反正他会为一切开销付钱的，我妈为什么要管我？现在她威胁说如果我不做出改变，就要没收我的银行卡。她拿着爸爸给的赡养费，和我一样花爸爸的钱。也许她才是那个该去找工作的人。"

　　愤怒是我们的切入点。迪恩尽情地发泄了对母亲以及她的期望的愤怒。他许多朋友的父母都在子女成年后继续抚养他们，他们都不必去工作。他提到了好几个好莱坞名人的子女，他跟他们一起在贝弗利山㊀上过高中。他告诉我，他最好的朋友迪伦就以祖父母的信托基金的收入为生，迪伦的父亲是个大牌的诉讼律师。迪伦就没有工作，而且永远不必去工作。

　　大多数他的朋友都住在父母的家里，或是父母给买的住处。即使他们真的去工作，那也是兼职，或者是影视行业的无薪实习。迪恩想象自己可能会在某一天成为一个电影导演，但他的父母没有合适的关系来打开门路。

　　如果你在一个国际化的大都市做治疗师，你有时候就会瞥见那些与你自身生活完全不同的富裕与特权阶层的世界。和迪恩一起长大的那些孩子，他们的父母会出现在《娱乐周刊》（Entertainment Weekly）的封面上，在阿斯彭㊁拥有第二栋房子，坐飞机总是坐头等舱。在提到父亲的生意时，迪恩的语气有些轻蔑。迪恩的父亲在加利福尼亚南部经营一家连锁的皮肤病诊所，也算得上有钱人。然而，在迪恩生活的贝弗利山，那些名人的子女拥有他从未有过的机会，至少他是这样认为的。

　　鉴于阶层上的鸿沟，我问了一些与背景相关的问题。他现在看

㊀ 贝弗利山是位于美国加利福尼亚州洛杉矶西边的城市，有许多高级住宅区。——译者注

㊁ 阿斯彭位于美国科罗拉多州，是著名的滑雪名城，也是许多好莱坞巨星的度假胜地。——译者注

上去没那么有敌意了，给出了足够详细的回答，同时还给出了一些暗暗的讥讽，尤其是在谈到母亲的时候。

迪恩的父母在他九岁的时候离婚了，他有一个亲妹妹，而他的父亲已经结了三次婚了。迪恩的母亲没有再结婚。她曾在贝弗利山开了一家服装店，但几个月后就倒闭了。"母亲以为自己品位不凡，"迪恩翻着白眼说道，"在服装店倒闭后她就热衷于练习瑜伽，喜欢多管闲事。"在一场旷日持久的官司之后，迪恩的父母订立了离婚协议，母亲有权从丈夫那里得到一笔按月支付的赡养费，以及终生免费的住房。她经常向迪恩抱怨他父亲有多小气，并时不时地试图借助法律手段来提高自己的赡养费。

"我不是那个需要工作的人。"迪恩说道。

他的表现以及他谈论父母的方式几乎让我觉得有些老套：一个脾气暴躁的纨绔子弟，他肤浅的母亲极度关注缺乏实质的自我实现。我熟悉这类人，但我不熟悉他椅子下的那本书。我只听说过道金斯，但从未读过他的作品。

"你妈妈在卡西奇博士那里做治疗，对吗？"我问道。

他耸了耸肩："她所有的女性朋友都在做治疗，不然她们在午餐时聊些什么呢？"

因为我知道卡西奇会认真对待自己的工作，所以我并不完全相信迪恩对其母亲的描述。我端详着坐在对面的迪恩：他皱着眉头，盯着自己的大腿，拖鞋发出啪啪声。显然，他对治疗嗤之以鼻，坚持认为自己没有问题。

有时某些新来访者的确会在初始会谈之后就消失得无影无踪。

"我不知道，迪恩。也许这不是个好主意，我是指你来治疗。我知道你妈妈说你必须来,但即便如此——"

"你打算怎么跟她说呢?"

"你想让我怎么跟她说?"

他低头盯着自己的大腿。"她只会让我再去找别人。"

"这就是经济不独立的问题——受人摆布。你自己赚钱的时候,就会有很多好处。你能自由地做出自己的选择,这是其一。"

"所以,你也觉得我该去找个工作。"他的语气更像是有些逆来顺受,而不是尖刻。

"我并没有这么说,但据我所知,你不可能把两边的好处都占了。"

我的同事吉姆·葛洛斯坦(Jim Grotstein)曾描述过某些来访者,他们在无意识中渴求一种幻想的存在方式,即他们不必提出要求,自己的需求就会得到满足,与此同时,他们不必承认自己对他人的依赖。葛洛斯坦说,这些来访者想要"一个有着窗外美景的子宫"。像迪恩这样的来访者,他们生活在那么多财富和特权的包裹之中,要帮助他们面对并接纳现实可能会很难,因为他认识那么多避免了这种命运的人。他最好的朋友迪伦以信托基金的收入为生,根本不用去工作。

在那时,要对迪恩在治疗中的进展保持乐观是很困难的。他似乎对我能给予的帮助不屑一顾,然而他却出乎了我的意料。

"我需要有人帮我减减肥。"他说。

"你是说,你想变瘦一点?"

他点了点头:"我试过节食,可我从来都不能坚持下去。每到深夜,我总是会把冰箱搜刮得一干二净。我感觉自己能吃掉一整锅的意大利通心粉。"

治疗初期

在接下来的几周里，迪恩叙述了自己在控制食欲方面的问题，以及这个问题是如何开始出现的。他追溯到了九岁时父母的离婚。他父亲搬出了家门，注销了他们所有的银行账户，连续几周都没支付生活费用，而律师一直在唇枪舌剑，试图争取临时赡养费。在一个月没领到薪水后，保姆辞职了，厨师和清洁女工也离开了。根据迪恩的说法，他妈妈好像也陷入了严重的抑郁，几乎不能下床。迪恩不知道自己和妹妹阿卡西亚是怎么活下来的，那时候，根据他的回忆，他们的妈妈从来不做饭。"我们大概刷爆了她的信用卡去订比萨。"他说。他也想不起自己和阿卡西亚在那些糟糕的日子里是如何去上学和放学回家的。

然而，有一件事令他记忆犹新。当时食品储藏室的门大开着，迪恩站在储藏室里找吃的。他已经把花生酱和饼干吃光了。那儿有一盒燕麦片，但冰箱里没有牛奶了。他最终找到了一罐可可粉，加糖冲了一大碗，然后坐在电视前，一边看下午的卡通片，一边吃掉了这一碗可可糊。

这是一个常见的故事：失魂落魄的时候，在食物中寻找安慰。迪恩意识到了自己那时的感受肯定很糟糕，尽管他根本记不得当时有何种感受。他也同意不快乐的感受可能导致了他目前过量进食的问题，但他感觉不到那种感受。他在大多数时间里都感到麻木，只有一些隐约的愤怒。通常和朋友一起玩能让他感到些许活力，但他的世界时不时会变得暗淡无光、了无趣味，只有睡眠能减轻这种痛苦。有时候，如果他的妈妈批评他或向他求助，他就会大发雷霆。他经常在治疗中抱怨自己的母亲。

多年以来,我注意到一个现象,那就是,如果来访者在开始治疗的时候十分关注与父母中的一方有关的问题,那么他们通常与父母中的另一方也有着更为重大且未被发现的问题。迪恩鄙视自己的母亲,经常嘲笑她空虚的生活方式、肤浅的友谊,以及不肯放弃年轻的着装风格,不好好表现得像个中年人。迪恩抱怨母亲对他虚伪的要求,抱怨她不断叨念着让他去找工作。有好几次的治疗都是以讨论他们最近的吵架开始的。

迪恩跟父亲几乎毫无联系。他父亲现在和第三任妻子,以及他们两岁的女儿住在一起。老爸负责了迪恩的一切开支,即使他在其他方面忽略了第一段婚姻中的这两个孩子,但他在金钱上还是相当大方的。但近来迪恩尝试绕过母亲直接向父亲要钱,他父亲说:"你得跟你妈妈商量好。如果我不顺着她的意思办事,我们又会上法庭。你知道她是什么样的人。"尽管迪恩很失望,但他为父亲找到了开脱的理由。他知道自己的母亲有多"难缠",并不责怪父亲想要撇清关系。

迪恩想拥有朋友那样的名人父母。迪恩谈到父亲越多,他对父亲的欣赏就越发明显,他欣赏父亲的财富和职业成就。他父亲主要在贝弗利山执业,他的客户包括许多影视明星。他经常与这些客户来往,效仿他们的生活方式,就好像他也是名流中的一员。他在度假时挥金如土,总是乘坐头等舱,开高端的路虎揽胜,在阿斯彭有第二栋房子。

迪恩在谈到自己上一个圣诞假期的时候,表现出了罕见的热情。他和父亲、继母去了科罗拉多——有私人滑雪教练、全职厨师为他们服务,每天下午从滑雪场回来后,还有按摩师上门服务。迪恩告诉我,他继承了父亲的财产之后,就能过上同样的生活,至少他是这样以为的。

我也感觉到就在迪恩的表面之下,他为父亲对他的忽视感到愤怒,这种愤怒隐藏得并不深。他们也许在圣诞节一起度假,但他在整整一个学年里几乎跟父亲毫无联系。即便父亲偶尔进城来跟迪恩在某些时尚的新餐馆吃饭,他基本上也只谈论自己、他认识的名人,以及他扩展连锁皮肤病诊所的计划。迪恩的父亲打算在某一天把自己的诊所卖个好价钱,然后风光地退休。

他还嘲笑迪恩的体重、肤色、寒酸的衣着,以及迪恩表现出来的懒洋洋的样子。他儿子的外表问题似乎比缺乏志向更让他心烦。在大多数时候,当父亲在对他的名人朋友和近期参加的高雅聚会夸夸其谈的时候,迪恩只是默默地听着。如果迪恩想聊聊他自己的生活,父亲很快就会把话题转换到自己身上,几乎就像迪恩根本没讲话一样。迪恩感到受伤和愤怒,但他一直沉默不语。

迪恩在21岁生日那天没有收到父亲的信息。在我们接下来的治疗中,迪恩为父亲找借口开脱——他太忙了,有那么多诊所要经营,但很明显,他感到受伤了。他想不起来上次他们什么时候说过话了。

"他就是忘了你,"我说,"他一连好几周都没想起过你。"

听到我的话,迪恩忍不住缩了缩身子。在某种程度上,迪恩一直知道事实,但当事实被大声说出来的时候,仍然让他受到了惊吓。在接下来的几周里,我们一直在讨论有关忽视和遗忘的主题。他不禁开始扪心自问,到底什么样的男人才会收回自己的金钱,以此来伤害自己的妻子,全然不顾这对孩子的影响?当迪恩的母亲抑郁卧床,迪恩不得不照顾自己的时候,他的父亲又上哪儿去了?一个不断谈论自己的生活，而对儿子毫无兴趣的人，又是个什么样的父亲？我只给了迪恩一点点提示，他就开始明白了，他的父亲完全是一个自恋的、只关注自己的人，没有能力去关心除自己以外的任何人。

我们回顾了好几次迪恩对于那碗在电视机前吃掉的可可糊的记忆。他终于想起了自己当时有多绝望——害怕和孤独，就好像世界上没有一个人关心他。他母亲的抑郁最终好转了，但她雇不起全职的保姆和厨师，没有了他们，做母亲的职责很快就让她不堪重负。父母离婚后，迪恩的父亲一连好几个月杳无音讯，他可能从来都不怎么关心自己的孩子。

迪恩的朋友迪伦一直都是迪恩最忠实的伙伴。他们从小学起就一起看下午的动画片；他们在中学时每周一起用化学实验箱做实验；从十来岁起，他们就一直酷爱打电子游戏。"我们是两个理工怪咖，"他说着，大笑了起来，"而且很受女生欢迎。"近来迪恩和迪伦似乎每周都有好几天在一起打游戏，或者当他们嘴馋的时候，就会整夜在外面的饭店大吃大喝。

"迪伦的父母也觉得迪伦是个失败者，"迪恩告诉我，"他们总是想方设法地让他去找工作。"

迪恩从没有提起过女生，也没有表现过对性的兴趣。他在我看来不像是同性恋。他在大多数情况下似乎是没有性欲的。很久以后，他才带着明显的羞耻感向我坦白，他每天会对着色情视频自慰好几次，欲罢不能。我能看出来，他觉得我会鄙视他。他最后告诉我，他在治疗中一直不肯告诉我他在自慰，因为他害怕看到我的反应。在我把他的自慰行为和他的强迫性进食问题做比较，将两者与他痛苦的孤独感联系起来时，他看上去有些如释重负。

迪恩曾一度提到他很感谢我，因为我对他本人感兴趣，即使我需要为此收费。然而，他还没有完全信任我，他依然怀疑我是否真的关心他。也许根本没人关心他，即便他母亲也不关心他。她逼迫迪恩来做心理治疗，不是因为她关心迪恩的未来，而是因为迪恩在她朋友面前让她难堪。

"在她眼中，我只不过是个懒鬼而已。"

只有迪伦真正地接纳他。

羞耻感与冷漠

在我们开始治疗的前几个月里，迪恩的麻木感开始消散了。虽然迪恩依然是那副慵懒的模样，但至少在我们的治疗中，他能感受到比以往更强烈的情绪了。他对父亲的忽视感到受伤和愤怒，为年幼时的自己感到悲伤，并且对母亲感到些许同情，他觉得母亲虽然意志薄弱，但心存善意。他在减肥方面没什么进展。到目前为止，我觉得他依然没有任何找工作或继续读书的念头，但是我觉得自己没有权利去给他施加压力。

我收到了他母亲的电话留言。"我要你给我一份治疗进度报告，"她对我的答录机发号施令，"我没看到迪恩有任何变化。"

为那些由父母或其他家人付费的来访者治疗，可能会很棘手。担忧自己孩子的父母自然会想知道治疗是否见效，我很早就学会了认真对待父母的这种感受。我曾经拒绝和一个来访者（35岁）的父亲谈论他儿子的治疗情况（父亲为他提供资金支持），并解释说我们必须尊重来访者的隐私，他的治疗才能取得成功。随后这位父亲拒绝支付治疗费用，治疗只能就此终止。

"我不得不告诉她一些事情,"在之后的那次治疗中我跟迪恩说,"她觉得你的行为没什么变化,而且她想知道这是为什么。"

听说他的妈妈打来了电话,迪恩有些吃惊,这也让他很生气。"你告诉她,这不关她的事。"他说。

"我觉得那可能会惹麻烦的。"

他那天穿着牛仔裤和黑色高帮鞋,没有系鞋带。他无精打采地拉扯着鞋带,说:"那就跟她说,我会去上夜校。"

"但你不会去。"

"我可以报名,但我又不一定非得去。"

"我不能对她撒谎,迪恩。"

他阴沉沉地盯着自己的鞋。"我不想让她瞎掺和我做治疗的事情。"

"她只是担心你,你肯定能理解她。"

"她只不过是想要让你这么想而已,就好像她是伟大的母亲,特别关心自己的孩子似的。"他近来对母亲的态度原本有所缓和,但现在又强硬了起来。

"如果我告诉她,我们一直在讨论你对于离婚的感受,以及离婚对你的影响,你觉得怎么样?毕竟这是事实。我敢说你肯定一直在考虑……话说,对于工作或上学,你这些日子是怎么想的呢?你有段日子没提过这些事了。"

话一出口,我就知道我说错话了。我的声音里流露出了一些轻微的沮丧。我后来在反思的时候,发觉自己感到有些压力,急于向他母亲证明自己的治疗是有效的。我也想知道卡西奇,那个治疗迪恩的母亲、把我推荐给他们的同事,对我会有何看法。

在一瞬间，他看上去好像有些受伤，我怀疑他的眼睛好像有些湿润了。

"什么都没想。"片刻之后，他冷淡地耸了耸肩，他在我们刚刚开始治疗的时候就经常做这个动作，"随便你告诉她什么，我不在乎。"

此时他看上去很年幼。我想起了中学生有时会以同样的方式说"我根本不在乎"，在他们不愿承认自己感到受伤或遭受冷落时，通过强调自己的冷漠来表现出某种优越感。

在《理解羞耻感》(*Understanding Shame*)一书中，心理学家卡尔·戈尔德贝格（Carl Goldberg）指出，心理治疗本身可能就会带来羞耻感，因为咨访关系是不平等的——职业化的举止安全地保护着治疗师，而来访者则要敞开心扉，吐露自己的秘密，处于弱势。尽管来访者是自愿进入这段关系的，但只要治疗师做了自己分内的工作，揭露了来访者某些隐藏着的心理上的真相，仍然可能导致"非自愿的暴露"带来的羞耻感。如果治疗师对来访者略微表露出失望或不赞成的意思，来访者就可能会感到羞耻。虽然当时没意识到，但我后来意识到自己的语气让迪恩感到羞耻了。当我意识到自己在无意间对迪恩造成了伤害时，我也会感到羞耻。

很明显，迪恩对未来漠不关心，但迪恩的反应也给了我一些线索，帮助我理解在这漠不关心的背后隐藏了什么。在接下来的几个月中，我们回顾了他的童年经历，发现了爱他人、渴望与人联结，却被遗弃在近乎与世隔绝的境地里，这对于迪恩来说是多么痛苦。那是"无回应的爱"以及"落空的期待"所带来的羞耻感。即使父母双方都没有故意要让孩子感到羞耻，但他们的漠不关心和情感上的忽视依然会引发羞耻感。对于迪恩来说，父母的离婚、母亲的抑郁，以及父亲的消失意味着他既有缺陷又不重要，不值得被爱。为了保护自己免于承受这种羞耻感的痛苦，他不再关心任何事物，包括自己的未来。

《伊索寓言》（Aesop's Fables）中关于狐狸和葡萄的故事讲述了渴望某件事物却得不到它的痛苦，以及用高高在上的冷漠姿态来放弃它带来的安慰。多年以来，我一遍又一遍地看着我的来访者（还有我的朋友和熟人）时不时地采用冷漠的防御方式来回避"落空的期待"带来的羞耻感。如果你不关心会发生什么，你永远不会失望。迪恩对自己可能会有的成就不抱任何希望或期待，因此他相信自己永远不会感到失望。对于某些人来说，这种防御措施也会导致自己的关系缺乏乐趣。允许他人成为快乐的源泉，这可能是一种威胁，因为你的生活经历已经将快乐和不可避免的失望（羞耻感）牢牢地联结在了一起。

请回忆一下无表情实验中的婴儿的痛苦吧！

经过那几个月的努力，迪恩不太情愿地了解了报考社区大学的相关事宜，但最终没有付诸行动。我也发现，拖延和完成计划方面的问题背后，常常有着对羞耻感的恐惧。如果你从来不真正地尝试，那么你永远不会体验到期待落空的羞耻感。对于"可能会发生什么"的夸大幻想时常与这种明显缺乏志向的表现同时存在。迪恩相信，假如他的父亲在影视行业工作，自己就有可能成为一个著名的电影导演。

迪恩来治疗的时候时常显得有些悲伤和抑郁。他有时会用鄙夷的语气谈论自己——那个胡吃海塞、对着色情视频自慰的"肥仔"。

"真是个失败者。"

治疗的转机

有一次来治疗的时候，迪恩显得比平常更疲惫，他脸色苍白，衣服也乱糟糟的。他看上去很沮丧，一两分钟后，我问道："发生什么事情了吗？"

他耸了耸肩，不敢看着我的眼睛。"迪伦找到工作了。"他终于开口了。

在迪恩看来，他最好的朋友迪伦突然去其父亲的律师事务所上班了。"那种低三下四的差事，"他嘲笑道，"整理信件，在打印室打杂，他自己有那么多钱，为什么还要干这种破工作？我搞不懂。"

尽管迪恩竭力地把自己的情绪伪装成鄙夷，但迪恩的言行举止告诉我他感到很受伤、遭受了背叛，并且满心羞耻。他曾经和迪伦一起把他们游手好闲的生活变成一种充满优越感的存在方式。只有别无选择的失败者才会去工作，而这些失败者毫无疑问会嫉妒他俩的自由。迪恩一个劲儿地说个不停，他最终吐露了迪伦打算去报考大学。他认为迪伦可能想跟他父亲一样，未来成为一名律师。

迪恩气愤地耸了耸肩。

"他抛弃了你。"我说。

"我们就看看他能坚持多久吧！"他大笑起来，笑声中却没有愉悦，"要迪伦每天早上 9 点去上班？别逗我了！"

尽管又多花了几次治疗的工夫，但我最终帮助迪恩承认了自己的羞耻感。当他和迪伦一起做"混世魔王"的时候，迪恩更容易维持自己的幻想：狂欢远远好过追求职业生涯。现在他会比以往更加孤独——花更多的时间在暴饮暴食和强迫性自慰上，而这只能加深自己的羞耻感和自我厌恶。他有时会称自己为"彻头彻尾的、没朋友的蠢货"，用鄙视自己的方式（像第 7 章中的莉齐那样），让高高在上、吹毛求疵的自我与另一个有缺陷的、不可爱的、失败的自我产生距离。

我后来提醒他说，他最近也谈到过一两门大学课程，就像迪伦一样。也许，这会让他感觉好点，觉得自己不那么孤单、与世隔绝，不那么像个被遗弃的人，更像人类中的一员。

和莉齐一样，迪恩培养自豪感的过程也是缓慢而反复不定的。刚上大学，他就在几周后退学了，躲到冷漠和优越感的面具背后。"这真是浪费时间！还无聊透顶！一上课我就犯困。"我帮助他承认了自己的防御行为，并看到了自己因为放弃而体验到的羞耻感（落空的期待）。

"也许你只是不喜欢那门课，"我补充道，"我好像从没听你说过你对美国历史感兴趣。你选那门课的原因难道不是其他你想上的课都不能选了吗？"

迪恩最终找到了自己的兴趣，他痴迷于生物学，尤其对人类基因组计划感兴趣，而且这门课马上就要开课了。在我们第一次见面那天，他带着的那本道金斯的书多多少少表明了他的兴趣。迪恩对于在这个领域内工作的职业选择和所需的学位只有一些模糊的了解。他猜想自己大概需要从生物学的基础入门课程学起。他把当地社区大学的课程目录带到了治疗中，把课程描述读给我听。

"那门课听起来没那么无聊。"

尽管在我职业生涯的那个阶段，我还不理解共享的快乐在培养自尊过程中的作用，但我能在回忆中发现，我对迪恩表达出了父亲般的感受，并且当他表现好的时候，我为他感到高兴，这些情感认同给了他很大的支持。尽管精神分析的训练要求分析师充当"空白的屏幕"^㊀，但当年轻的来访者给你递来一份令人满意的成绩单时，你仍然会忍不住露出微笑。即使我仅仅说了一句"祝贺你"，我脸上的表情已经把其余的话都告诉他了。

在迪恩的长程治疗结束的数年之后，我收到了迪恩的毕业通知^㊁。他完成了四年的大学课程。他在背面写了一句话："我觉得可能你看到这个会很高兴。"

㊀ "空白的屏幕"是一种关于治疗师和来访者之间关系的模型，即治疗师保持中立，或多或少地隐藏真实的自己，希望来访者将重要的移情投射到这个"空白的屏幕"上。——译者注

㊁ 毕业通知（graduation announcement）是大学生在毕业后发给亲友的卡片或信件，宣告自己已经毕业。——译者注

第9章

成瘾

在我从事治疗实践的早期，我所有的来访者都是来面询的，其中女性与男性的比例稳定地维持在 8 ∶ 2 左右。当我开始做远程心理治疗的时候，这个比例迅速反转了。我可能永远都搞不清楚这种现象的所有原因，但我相信视频通话带来的绝对隐私是其中的一个原因：许多男性（尤其是非美国的男性）依然不想要任何人（包括路上遇见的陌生人）知道他们在接受心理治疗，远程治疗能让他们免受那种羞耻感（非自愿的暴露）。

然而，对于像诺亚这样的来访者来说，他们自身的羞耻感太过强烈，以至于走进治疗师的办公室、与治疗师面对面相处都是难以忍受的。通过视频通话做治疗，两人之间显然是有一定距离的，这种距离能让诺亚有些许安全感，让他能够坚持与我一同交流下去。我们两人生活的地方相隔几千英里，彼此毫无交集。他知道自己可以随时退出治疗，永远不会有人知道。多年来，当治疗引发过多羞耻感的时候，我曾有好些来访者就这样消失了。很多个月以来，我一直担心诺亚也会这样做。

我们初次治疗的前 15 分钟里，诺亚的手机震动了好几次。他把手机放在身旁的木制桌面上，我不断地听到它在震动。每一次诺亚都会拿起手机，迅速瞥一眼手机屏幕，在屏幕上向左划。尽管我从没用过这个 App，但从媒体上了解到的东西足以让我知道这个手势是什么意思。作为一个 32 岁的男同性恋者，诺亚无疑在用 Grindr 或其他类似的交友 App。看样子他对此并没有不好意思。

鉴于手机在现代生活中变得无处不在，我尽量在治疗中对于手机保持灵活的使用态度，但几周之后，我通常会建议大多数来访者在我们谈话的时候关闭手机，除非他们因公需要或者有紧急的情况。我要求诺亚在第一次治疗的时候关闭手机，因为持续不断的打扰会破坏我们之间的交流，让他分心，不能专注于自己要说的话。打断交流似乎有更显著的意义，我想知道这种现象在他的生活中会有哪些表现。

当我要求来访者关掉手机的时候，他们有时会表示反对，要是他们在需要随时保持联络的岗位工作，就更是如此。诺亚关掉了手机，再次将它放在桌子上，没有对此发表任何评论，但他脸上闪过了一丝不舒服或尴尬的神色。尽管他衣冠楚楚、身材健美，他看上去却疲惫不堪。在我们治疗的开始阶段，他在大多数时间里都很注意保持目光接触，尽管频繁地遭到手机打断，让他短暂地分心——他迅速向下瞥一眼桌上的手机，然后再抬起头来，或看向旁边。

"我刚才说到哪儿了？"

"你的制作主管，你现在的问题。"

诺亚的工作是制作电视商业广告，为伦敦的一家大型广告商工作。他之前的上司近期离职了，公司雇用了新的制作主管。诺亚告诉我，在这种情况下，如果新主管炒掉当前的制作人员，把之前与他共事的人带过来，这并不算什么新鲜事。诺亚相信，他丢掉这份工作只是个时间问题，尤其是他与新主管都对彼此有意见。诺亚最近的迟到和旷工让情况变得更糟了。

"说实话,我不知道为什么我还没被炒鱿鱼。"他笑起来,有一种自嘲的意味。尽管诺亚的外表看上去很年轻,但他的眼睛里有一种"未老先衰"的神情。他的太阳穴旁边有一些灰白的头发,他精心修剪的胡须是红棕色的。

诺亚告诉我,按时上班,甚至只是上班对他来说都是一个问题,这是他决定接受心理治疗的一个主要原因。尽管诺亚反复下定决心痛改前非,但他会不断按下闹钟,推迟起床时间,他总会上班迟到一两个小时。作为一个广告制作人,他有大把的工作时间是在办公室外度过的,因此他比公司里的大多数其他员工有更多的自由,但他最近因睡过头而错过了周一早上的一个重要会议。

"那个周末很忙。"他说道,再次发出了自嘲的笑声。他瞥了一眼手机,好像想把它拿起来。

"忙?"我复述了他的话。他的语气似乎强调了这个字,赋予了它特殊的分量。

诺亚口风颇紧,好像在小心不要透露太多信息。他告诉我,他在那个周末和"好几个"不同的男人有约。"周日我去沃克斯豪尔⊖放松了一下,那天几乎一晚上都没睡觉。早知道就不这样了。"

我对沃克斯豪尔的了解仅限于我有个美国朋友去伦敦的时候在那儿被抢劫了。

"'放松了一下'是什么意思?"我问道。

他看上去有些尴尬,目光低垂。诺亚伸手拿回自己的手机,将其在手指间旋转起来。

⊖ 沃克斯豪尔是指伦敦西南的商业住宅区。——译者注

在第一天治疗的时候，他没有把所有的事都告诉我——当然，他还不能信任我。他也为聚众玩乐这些事情在自己生活中的占比抱有深深的羞耻感，因此感到难以启齿。在随后的几周里，他逐渐告诉了我事实，不断试探我是否会对这些新细节表达不赞同的看法或感到厌恶。

"你会觉得恶心吗？"他经常这样问我。

在我们治疗的间隔时间内，我去了解了同性恋生活中的这些小众而隐蔽的方面。除了在伦敦卫生学院进行专业学习之外，我还读了一些有关该主题的新论文。我看了一部名为《药爱》(Chemsex)的纪录片，这部片子讲述了伦敦的一种日益严重的精神卫生危机。我也和我认识的其他男同性恋者谈过话。

"药爱"指的是服用药物来增强性体验的愉悦，而且这种情况经常发生在群体之中。那些私人聚会（"放松活动"）信息就是通过网站、Grindr 或其他交友 App 传播的。

多年以来，一些像诺亚这样的来访者让我觉得自己很天真，就好像我生活在一个受保护的空间内，对生活的某些阴暗角落一无所知。尽管我在早期的治疗实践和个人生活中，对某些男同性恋社群中的聚众玩乐现象有所了解，但我并没有做好准备去接受诺亚性生活方面的细节。我也受到了惊吓。他告诉我，他是 HIV 阴性，但我担心他这种状态不会持续太久。后来，在我们的治疗中，只要他在治疗时间没有登录自己的账号，并且事先没有发邮件来解释，我心中就会出现这样的想法：他可能进了医院，或者死了。

当然，酒精数十年来一直是偶暂式性交的促成因素，但"药爱"会让那些不带私人感情的一夜情显得平淡无味。诺亚有时候会从周五下班后一直到周一早上都在混用各种药物，来往于这些性聚会之间。在我们的第一次治疗中，他对自己的性伴侣数量一直避而不谈，或者往少里说。随着我逐渐赢得了他的信任，他最终告诉我，通常一个参与性聚会的周末会有 10～20 个不同的性伴侣，有时甚至更多。

诺亚告诉我，他不断地尝试不再去这些"药爱"聚会，但他总是忍不住重蹈覆辙。尽管他在我们的第一次治疗中不好意思告诉我，但这才是他前来治疗的真正原因。随着时间的推移，他最终把他全部的故事告诉了我，包括他的性经历和恋爱关系的历史。这些故事似乎很明显地说明了他从未与任何人感到过真正的亲密。

在内心里，他有一部分自己渴望传统的、一对一的亲密关系（家庭、承诺，以及共同的生活），但另一部分的自己对那些异性恋者感到鄙夷。除此之外，他还嘲笑同性婚姻运动。他说，不使用药物的性爱让他感到无聊，他也绝对无法想象自己被禁锢在一个人身边。与此同时，他开始发现自己越来越难以在这些性聚会中保持勃起，他开始使用伟哥。有时他似乎表现出了早衰的迹象。

有时我会突然有一些冲动，想质问诺亚是不是昏了头，才会这样挥霍自己的生命，让自己冒着这么严重的风险。我会时不时地想要抓住他的双肩，狠狠地摇晃他。我坚持每周进行两次治疗，他欣然同意了。即便如此，我依然担心这种治疗频率是不够的。他似乎不差钱，而我一直对他的收入来源并不十分清楚。他的工作似乎薪资不菲，但有时我怀疑他通过不正当手段赚钱。

"你确定不想找一个面询的治疗师吗？"我问过他不止一次，"我肯定能在伦敦给你介绍一位。"

诺亚总是以相同的理由拒绝：他的工作要求他频繁出差，如果他得去面见治疗师，他不知道自己会缺席多少次治疗。他需要一位线上的治疗师，这样不论何时出差，他都能见到治疗师。我逐渐明白了，跟一位本地的治疗师吐露全部实情会让他感到太受威胁，并且这在真正意义上"离家太近了"。

多亏我的早期临床督导和分析师的帮助，我一直明白：在治疗的间隙担忧来访者，对他们毫无帮助；只有在治疗中一起工作时，我才能提供有意义的帮助。但是，在诺亚开始治疗的前几个月里，我经常在治疗的间隙担心他。他告诉我他最近接受了暴露前预防性治疗（PrEP），每天服用抗反转录病毒药物来预防HIV感染，但他仍然有服药过量的风险。我担心他可能遭遇性暴力。在我的研究中，我读到过这样的报道：性侵者故意给受害者下药，在受害者昏迷之后强奸他们，有时会导致受害者死于服药过量。

我也问过他是否愿意考虑进入寄宿制的戒瘾治疗中心。他摇了摇头，看上去有点生气。

"你想要赶我走吗？"诺亚总是非常敏感，戒心重重，担心我不想再为他治疗，或对他性生活的细节感到厌恶。

我只好暂且不提这个话题，但对于接受诺亚作为我的来访者这个决定，我一直未曾完全感到安心。鉴于他近乎与世隔绝的生活，我觉得他需要更多实实在在的、直接的人际往来。我在伦敦找到了一家归属于英国国家医疗服务体系的诊所，这家诊所为有"药爱"问题的男性提供免费的指导。在一次治疗中，我向诺亚提起了这家诊所。诺亚告诉我，他早就知道那儿了，但他不肯去，他并没有给出特别明确的理由。

诺亚的过往

诺亚在一个英格兰西南部的中产阶级家庭中长大，他是家里三个孩子中最年幼的。他的童年和家庭经历从表面上看起来没什么特别的地方。他父亲和蔼可亲、工作勤勉，虽然很爱自己的孩子，但他把养育孩子的全部事务都丢给了自己的妻子。在诺亚的描述里，他母亲长久以来一直满腹怨气和牢骚，好像生活欺骗了她。她对孩子从没有过感情，诺亚也不记得她是否曾触碰过他。他的两个姐姐比他大得多，她们在青少年时期都有物质滥用问题，但现在都已经结婚，做了母亲——诺亚相信她们生活得很幸福。由于自己和姐姐们的年龄差很大，诺亚怀疑自己的出生是个意外——他的母亲并不想生第三个孩子。

诺亚 15 岁的时候，诺亚就和自己的数学老师蒂姆有了性关系，蒂姆当时接近 30 岁。诺亚当时的数学成绩不太理想，于是蒂姆就主动提出给诺亚私下补课。诺亚当时并不认为这是性虐待，因为他仰慕蒂姆，并且在他们真正开始有性关系之前的几个月以来，他一直在幻想自己和蒂姆在一起。他们的关系断断续续持续了两年。从当前成年人的视角看，诺亚明白蒂姆只是个自私的性侵者，根本不关心他，蒂姆利用了自己对英雄的仰慕，来满足自己的性需求。

诺亚的父母有时会在周末外出，把他单独留在家里，这时蒂姆就会在诺亚家中过夜。当母亲终于发现诺亚和老师在那些周末里做了什么之后，她不再跟诺亚讲话了，她甚至连看他一眼都不愿意。沉默是她对丈夫和子女表达不赞同的惯用手段，但一般情况下，这种沉默只会持续一两天。然而这次，母亲一连几周都一言不发，诺亚很清楚这其中的原因。

当母亲不得不跟诺亚讲话时,她会用非常简短、毫无感情色彩的语言。诺亚的父母都没有和他谈过他与老师的性关系,也没有上报给官方或权威部门来进行干预。诺亚成年后依然不知道他现已去世的父亲对于此事的看法。也许父亲根本就不知道。他希望父亲不知道。诺亚内心坚信母亲对自己性取向是很厌恶的。

在母亲发现的几个月之后,诺亚最终告诉她:"我跟他不再来往了。"他们再也没提起过此事。母亲开始跟诺亚讲话了,但她仍然很难与他维持目光的接触。从那时起,母亲对诺亚说话的方式就让他觉得好像自己并不在现场。

在上大学的时候,诺亚尝试了异性恋的生活方式。尽管他感觉不到多少乐趣,他还是和女性约会,并和其中一些女性发生了性关系。他会时不时地前往同性恋酒吧,喝得酩酊大醉,与陌生人发生一夜情。在第二天早晨,他又会满心自我厌恶,下决心回归异性恋的生活。他相信自己不论对于男性和女性来说,都是不起眼的,即使这并非事实。他最终开始定期健身,好让自己看上去更像个"汉子"(他的原话)。在成长的过程中,他已经学会了压抑自己特殊的言谈举止,以免被人看出自己是同性恋,在大学里,他成功地被他人当作异性恋。

近年来,"内化恐同"这一概念在心理学和社会学领域得到了越来越多的关注,它的定义是"个人对性耻辱的接纳和认可,并将其作为个人价值系统和自我概念的一部分"。[1] "内化恐同"的核心就是羞耻感。由于早年间母亲对诺亚缺乏情感投入,后来以沉默的方式拒绝他(无回应的爱),以及自身成长于一个谴责同性恋的环境,诺亚感到自己是残缺的、有缺陷的、不招人喜欢的。我很少见到有来访者像他这样具有如此深重的核心羞耻感。

由于诺亚排斥自己的性取向，他从来都不允许自己融入同性恋群体，在那里寻找支持。他没有一个同性恋朋友，并且认为自己过去亲身经历的同性恋生活是肤浅、乱性而又只关注外表的。诺亚一想到自己要是过上那种空虚的生活，就会感到厌恶。与此同时，他却再也不能假装自己对女性感兴趣，去与她们约会。大学毕业后，他在广告行业工作，过着极度与世隔绝的生活，只有偶尔的一夜情会打破他的孤独，但也为他留下了满心的羞耻感。

诺亚在接近 30 岁时，通过 Grindr 与艾德好上了，并通过他发现了"药爱"的世界。艾德是个更为年长的男人，诺亚深深地为他痴迷。艾德跟诺亚之前鄙视的那些同性恋男人不一样，他是那种很典型的壮汉，看上去并不像同性恋，没有那种很明显的举止习惯——他是诺亚渴望成为的正常的"汉子"。当艾德邀请他喝下那杯加了药的酒时，诺亚害怕如果自己拒绝，艾德就会离开他，所以他才答应下来。

在那之前，诺亚偶尔会喝得大醉，而服用烈性药物的念头一直让他害怕。

服药之后，他有生以来第一次感到无比愉悦、飘飘欲仙。和一个男人的性爱总让他感到有些疼痛，但他现在感到无比放松，欲罢不能。他们从那晚起，一直到第二天的大部分时间都在做爱。一周后，艾德带他去了一个性聚会，诺亚又服了药。他从未感到过如此强烈的愉悦和性快感。艾德在那之后不久就甩了他，但诺亚已经上瘾了。性聚会成了诺亚周末常见的娱乐活动，逐渐吞噬了他越来越多的时间，让他无心工作。

在诺亚向我求助、寻求治疗的时候，他没有真正的朋友，除了在 Grindr 上寻找一夜情以外，毫无社交生活。只要他不去性聚会，他就会深深地陷入自我厌恶，感到抑郁。他有时想过自杀，但还没有具体的计划。他告诉我，反正他八成很快就会死于服药过量。在过去一年里，他在性聚会上遇到的好几个人都是这么死的。他相信这也是自己的下场，只不过是个时间问题。

在治疗过程中，我经常跟诺亚谈到羞耻感。我帮助他理解到：和陌生人的性爱如何帮他摆脱深深的羞耻感，这种羞耻感经常让诺亚在内心深处觉得自己是丑陋的，或者坚信自己让他人感到恶心。他害怕如果别人一旦走近他、了解他，就会不可避免地排斥他。通过追溯他羞耻感的源头，我将他的羞耻感与他的过去联系在了一起：母亲早年间忽视他；他坚信母亲的第三次怀孕是个意外，他是个不受欢迎的负担；早年间父亲的情感缺席也增强了诺亚的缺陷感和自卑感。

我们不断地谈到他母亲如何运用沉默来惩罚他，这是我们治疗中的一个主题。我们将母亲过去的行为与诺亚现在被性伴侣抛弃的经历联系在了一起。我常说，让一个孩子觉得自己如此令人厌恶、完全不被接受，以至于他必须完全忍受母亲的视而不见，除此之外，还有比这更让他感到羞耻的事情吗？

"听起来你不怎么喜欢我妈。"有一次，当我再次谈起他母亲的残酷行为对他的伤害时，诺亚这样说道。

我小心地斟酌了用词，说道："我为你感到愤怒。这种对待亲生儿子的方式实在是太糟糕了。"

对于我的感受，诺亚没有说错。维持客观而冷静的治疗师形象本身就是一件不切实际的事情。当你逐渐开始关心自己的来访者时，你有时会情不自禁地为他人对待来访者的方式产生各种情绪。他母亲刻意使用沉默的方式来让自己的孩子感到羞耻，丝毫不关心孩子的幸福，这的确让我不喜欢她。

呼救

在我们开始治疗的几个月后，在某个周一的治疗时段，诺亚在屏幕里显得非常抑郁而疲惫，他有着黑眼圈和好几天没理的胡茬。他穿了一件无袖的T恤，我看到他胳膊上好像有大片的伤痕，在他苍白皮肤的映衬下格外明显。他没有提到这些伤痕，但我怀疑他是不是故意穿上这件T恤，好让我注意到他的胳膊。当我询问他的伤痕时，他只是耸了耸肩，没有回答。他继续用单调、疲惫的声音描述又一个充斥着"药爱"的周末。他已经记不清那个周末的性伴侣的数量了，但他相信自己跟超过30个男人上了床。

他觉得他们都用了避孕套，但他不能肯定，因为他有好几个小时都"不省人事"，完全不知道那段时间发生了什么。"不省人事"是指服用了太多药物后昏了过去。我在研究中发现，那些"不省人事"的人有时会陷入昏迷，需要被送入医院急救，有时他们会死。在诺亚讲述这周的故事时，他看上去有些麻木，然后他开始哽咽着哭了起来。他非常迫切地想要摆脱"药爱"的生活，但就是欲罢不能。

然后他告诉我，他在上周四丢掉了自己的工作，正如他长久以来预期的那样。他骂自己是个"一团糟的蠢货"，他说自己可能拥有一段健康的亲密关系的念头只不过是个笑话。他的语气里夹杂着痛苦与刻薄的自我厌恶。"今天要不就到这儿吧。"他说。在他的世界里，服药过量太常见了，都不会被看作是自杀行为……甚至没有人会注意到。他的语气听上去充满了自怜，但仿佛同时也在唾弃自己。

像诺亚这样的来访者很容易让治疗师感到害怕、无助、无能。他们的绝望感会传染给你，让你怀疑自己的助人的技术与能力。我检查了诺亚的自杀意向，确保他没有自杀的计划，也并没有真的打算自杀，然后帮他回想起之前我们讨论过的内容——他躲避到鄙夷和自我厌恶的情绪中，好让自己远离那个"一团糟的蠢货"，当羞耻感深入内心时，自怜有时又会替代自尊。那天我说的每句话似乎都没什么作用。

在下一次治疗的那天（那一周的第二次治疗），在他开始视频通话之后，我发现他看上去更糟了。他脸色阴暗、意志消沉，低头盯着自己的大腿，一动不动。

"你还好吗？"我问道。他没有回答。

在几分钟的沉默之后，他抬起头来，狠狠地瞪着我，看上去绝望又愤怒，他突然结束了通话。

我试着重新发起视频邀请，他没有接受。我发了好几封邮件，他也没有回复。我用办公室的电话打他的手机，然后用自己的手机又打了一遍，两通电话都直接打进了他的语音信箱。在那次治疗中断之后的好几个小时里，我一直感到非常焦虑和担心。我也怀疑诺亚有意想要让我有那种感觉，尽管他不一定清晰地意识到自己在这样做。

"投射"的概念在很久以前就进入了主流文化，"五十步笑百步"这句话也为大多数人所熟知：因为我们不想承认自己身上的某些问题，有时我们会以此来批评他人。投射也有其他的复杂动机和用途。有时来访者会把难以承受的情绪投射到他们的治疗师身上，这样他们就不必亲身感受这种情绪了，有时他们这样做是为了获取某些自己想要的反应。诺亚这样夸张地关掉视频，在我看来像是在呼救："我已经忍无可忍了。帮帮我！"

我考虑过联系伦敦警方。我在周末查了好几个英国的自杀预防热线电话。我给诺亚又发了一封邮件，打了几个电话。一天半之后，他终于给我发了一条短信："我不会自杀的，明天同一时间再联系。"

在下次治疗的时候，视频接通后，我发现诺亚看上去没有像我担心的那样糟糕。他看上去没那么累了，好像他终于睡了个好觉。我感到如释重负……但出于多种原因，我还是很生气。诺亚在过去几天让我受尽煎熬，但我主要是在生自己的气，质疑自己哪来的自信能帮助他完全好起来。我在周末深陷焦虑的同时，决定我们不能再这样下去了。

"我不是要终止你的治疗，"我告诉他，"但是你需要在当地接受帮助。我们可以继续治疗，如果那是你想要的，但是我有一个条件，那就是你去联系我们之前讨论过的诊所。你需要的帮助超出了我个人的能力。"我的语气非常坚定，比我平常跟来访者说话的语气更为强硬。过去几天让我心神不宁，我的表现很明显地说明了这一点。

我提醒他，伦敦健康中心开办了一家诊所，不用提前预约，第二天晚上 5～7 点钟都能去。他没做丝毫抵抗就答应前去。看到我这样生气，这般确信他需要什么，我觉得他可能因此感到松了口气。很久以后，他告诉我，我的反应让他第一次相信我真的关心他。

社群意识

我们之前的努力已经为诺亚打下了基础,但他和其他心理咨询师的面对面互动为他提供了更多的帮助,这些帮助是远程心理治疗所无法提供的。根据诊所的治疗计划,他签订了一份戒瘾契约:他同意一整周内不和他人发生性关系,但也不必做出更多的承诺。虽然他最终只坚持了三天,但在他与咨询师的下一次会面中,他从咨询师那里得到了毫无批评的鼓励,这让他愿意再次尝试,而没有屈从于羞耻感(落空的期待)。最终他能够成功地坚持一周了,他感到无比自豪,这帮助他在更长的时间内保持节制。当然,他也遭遇过挫折,这是一个漫长的过程。

诺亚每周会参加支持性的团体心理治疗。他在很长的一段时间内都和其他组员保持着距离,不断地在我们的治疗中,对我用讥讽的语气讲述那些"失败者"的故事。我帮助他意识到,他这是在优越感和鄙夷的情绪中逃避,以此来防御羞耻感的侵袭。当他终于第一次在团体心理治疗中讲述自己的故事时,他惊讶地发现自己哭了。从其他组员那里获得的共情和支持,对诺亚来说是一种全新的体验。有几个组员还邀请他在集会结束后一起去喝杯咖啡。

"我猜我现在是失败者团体中的一员了。"他微笑着告诉我,并没有冷漠或鄙夷的意味。我们都理解,他很高兴自己终于找到了归属感。

第10章

回避日常生活中的羞耻感

更确切地讲,我们口中的"社交焦虑",应该被称作"羞耻感焦虑",也就是害怕或畏惧"非自愿的暴露"带来的羞耻感。心理学家莱昂·维尔姆泽写道:"羞耻感是一种特殊的焦虑。每当我们即将遭遇迫在眉睫的意外暴露、羞辱或排斥时,它就会在我们心中出现。"羞耻感焦虑预示着迫近的威胁,焦虑的人会通过回避那些让自己感到过分暴露的情境,来抑制这种威胁感。[1]

在这一部分中呈现的个案,描绘了一些竭力尝试回避羞耻感的来访者,他们无法建立关系、达成目标。大多数人经常也会尽量少地让自己体验到羞耻感家族中的情绪,他们必然会这么做——至少尴尬会让人感到不适,而羞辱让人痛彻心扉。因此,试图回避羞耻感既正常又可以理解。莉齐(第7章)、迪恩(第8章)和诺亚(第9章)采用的防御策略,在很大程度上与我们所有人时不时都会做出的行为只有程度和强度上的区别。

请试想如下这些日常生活中看似寻常的例子:

- 你在社交聚会上选择穿什么衣服,通常会考虑其他客人穿得有多正式或多随便。
- 尽管你盘算着邀请一位新朋友已经好几天了,但你尝试让自己的语气显得随意而自然。
- 因为那个盛大的聚会上没有一个你认识的人,所以你决定不去了。

- 因为你是新员工，还不清楚团队的氛围，所以你在会议上没有发言。
- 你不敢讲那个有些出格的笑话，因为你觉得听众好像有点保守。

我们调整自己的行为，以避免遭遇"无回应的爱""排斥"或"非自愿的暴露"，这通常是合情合理的。期待落空的羞耻感让人痛苦，我们经常想方设法地规避这种情况。只要我们的做法不会妨碍我们建立关系、为重要的目标而努力，那么回避羞耻感并不是什么病态的行为。但是，正如那些个案中显示的，在生活的各个方面都力图回避羞耻感，通常会孤立一个人，阻碍他在自尊方面的发展。

当然，回避羞耻感的意图有助于形成一致遵循的规则。如果你能回想起，羞耻感进化而来是为了"推行集体的价值观，促进部落的生存"，那么这一点就很好理解了。通过遵从规则来回避羞耻感的做法极其普遍，这可能会有助于共同价值观的形成，进而产生一种社群意识；与此同时，如果这些价值观过于狭隘，这种做法也可能扼杀个体的独特性。

即使是在那些约束性没那么强的社会中，人们也会时常感到羞耻。不论何时，只要我们尝试与他人互动、在集体中主动发言、设置目标、表达自己的欲求，我们都在冒着体验到羞耻感的风险。先前的个案描述了力图回避核心羞耻感的来访者所使用的策略，但是当我们努力减少日常生活中的羞耻感时，我们所有人都会遇到类似的问题。

表现焦虑

尽管有些极度自信（有时是自恋）的人真心享受成为主角，但许多人在成为群体注意的焦点时都会时不时地感到不适,其强度从轻微到强烈不等。莉齐的父亲就有怯场问题,不过一旦想到自己要作为演员、音乐家或其他形式的表演者登台演出,我们大多数人都会产生某种程度的焦虑。即使成功的演说家在对听众讲话时也会感到焦虑。我们通常把这种感受叫作"表现焦虑",不过,还是布鲁切克说得好:"羞耻感焦虑才是一个更准确的术语。"[2]

- 如果观众不喜欢我的表演怎么办?
- 如果我忘了台词,或者犯了错误,那该怎么办?
- 如果我看上去很愚蠢,或者很无能,那该怎么办?

为了避免潜在的羞耻感,许多人根本从一开始就不会让自己陷入那种境地。这不是病态的行为。除非你非常渴望登台表演,那么你将自己的精力投入没有那么多遭遇羞耻感的风险的活动中,是完全合理的。有的人很容易摆脱糟糕的表现给自己带来的影响,但在公众面前显得无能或不称职,会让我们大多数人感到尴尬甚至耻辱。

多年以来,我上了几十次电台节目,也上过几次电视。我已经习惯了在镜头前回答问题,以及接听广播听众打来的电话。每当这种事发生前,我都会感到有些焦虑,即使在我已经事先知道问题,或者我对相关主题非常熟悉的时候,我还是会觉得焦虑。只要我在公众面前露面,我都在冒着让自己感到尴尬或显得措手不及(非自愿的暴露)的风险。到目前为止,我的焦虑并没有阻止我参加这些活动,但我知道这种轻度的恐惧会一直伴随着我。

大多数人在课堂或会议上做报告时通常会产生某种程度的焦虑。我们很自然地想要给他人留下好印象:赢得老师、同事、上司或同学的尊重。我们有时会因为害怕自己的表现达不到预期（落空的期待），或害怕自己出丑（非自愿的暴露），而回避可能引发羞耻感的情境。我们可能会在工作场合保持低调，不轻易说出自己的观点。我们可能会拒绝抛头露面的工作机会，或者坐在一旁看着团队里的其他成员掌握话语权。

这一切都不是病态的行为。只有当表现焦虑或对羞耻感的恐惧让我们无法达成重要的目标时，这才会变成问题。如果我们过于害怕承担风险，以致阻挠自己达成目标，我们对自己的感受可能最终会变得更糟，这会导致一个恶性循环：强烈的表现焦虑导致对羞耻感的回避，进而导致了更强烈的羞耻感。

欧文·戈夫曼在他的经典社会学著作《日常生活中的自我呈现》（*The Presentation of Self in Everyday Life*）中，将一对一的人际互动与舞台表演做了类比，在这两种情境中，个体都在调整自己的外表与行为，以此来影响对方对自己的印象。[3] 戈夫曼认为，一旦我们与他人接触，我们就会通过调整自己的外表和言谈举止，来试图影响他们对我们的印象，这种做法通常是无意识的。那些想要从我们的表现中了解我们的其他人，也会做出相似的行为。

戈夫曼认为，对避免尴尬的愿望（既为了自己，也为了对方），会促使我们有这种表现焦虑。从这一角度来看，所有的社会互动都涉及某种程度的、潜在的表现焦虑，其背后的动力是对羞耻感的回避。

害羞

在苏珊·凯恩的著作《安静：内向性格的竞争力》中，她曾指出,某些人并非因为有自尊问题才性格内向。他们很满足于在他人讲话时倾听,或者把时间花在独处和有创造性的活动上。社会历史学家乔·莫兰(Joe Moran)认为,对于这些人来说,害羞可能只是他们的天性,而不是一种妨碍他们成为理想中的自己的特质或限制性因素。[4]

然而,根据莫兰的观察,对于许多其他人来说,害羞"通常是反应性的、保护性的表现:担心他人对我们怀有不赞成、不欣赏的想法,而我们的目标通常是不要犯错,避免遭受责难,而非追求赞美"。[5]害羞、腼腆,或过度的自我意识,意味着时时刻刻提防着"被羞辱的风险,而我们会认为这种风险时时刻刻都是存在的"。[6]换句话说,如果害羞成为一个人各方面的最典型的特质,这就表明,他在不断试图回避"非自愿的暴露"所带来的羞耻感,就像我的来访者莉齐一样。

许多自信的人可能也会在一些特定的情境里变得害羞。例如,当他们面对一群陌生人时,会倾向于变得比和熟识的人相处时更为保守,言谈更为拘谨。比如,假设你正在一个聚会上,而大多数宾客都是你不认识的人。你可能会变得比平常更在意自己的举动,你的情感可能不会像在和朋友相处时那样自然流露。这样的保留似乎是正常的。了解你身边的人,确信他们是友善的,这能让你自由地表现自己的人格特点,而不带限制性的自我反思,但当你在一个新团体中时,只要你还未感到足够安全,你就会自然地调整自己的行为,以避免"非自愿的暴露"或遭人排斥所带来的羞耻感。

同理,我们中的许多人都会在邀请某人去约会的时候变得害羞。虽然在那时谈及"无回应的爱"还太早,但当我们感受到并表达出对另一个人的兴趣时，就有一厢情愿的风险。尽管我们在与朋友交往时既活泼又投入，但我们可能会在一个潜在的浪漫伴侣面前有所保留。我们可能会做最坏的打算，表现得可能不如内心真实感受那样有兴趣，与此同时，我们会在对方身上搜索明显的"欢迎"信息，然后才会采取进一步的行动。在约会这方面，处处都有遭遇羞耻感的可能。

像 Tinder 或 Grindr 等交友约会 App 有许多功能，其中的一项就是帮助用户通过减轻羞耻感的强度来回避它。即使你对某人的简介页面感兴趣，而对方没有回应，你也能把注意力迅速地转移到他人身上。许多人通过使用这种 App 取得了联系，并建立了长期的关系，但其他人（比如我的来访者诺亚）就迷失在了浅层交往中，通过肤浅而短暂的性关系回避可能的羞耻感。与此同时，一旦我们违背了自己的价值观，或者做出了自己看不起的事情，这样的防御性行为通常会导致它特有的羞耻感。

拖延

出于多种原因，许多人都有难以控制的拖延问题，或者无法完成自己的创意项目。严苛的完美主义会让他们中的一些人受到阻碍，而其他人则难以忍受艰辛的创作和修改工作带来的沮丧。还有一群像莉齐那样的人之所以会陷入缺乏灵感的困境，是因为害怕自己可能遭遇羞耻感：要完成一部作品并公开发表，总是有可能遭受羞耻感（落空的期待、非自愿的暴露）。他们在无意识中相信，如果他们从没有完成过自己的作品，也没有将其暴露于众，他们永远不必感到羞耻。

在迪恩的案例中，拖延的困境还与夸大的幻想共存。例如，我的一位来访者只有最基础的音乐技能，尽管经常下定决心要勤加练习，但她很少能做到。她一直认为自己是个音乐天才，她的作品在未来的某一天会让她享誉世界。（她经常让我想起凯瑟琳·德波夫人（Lady Catherine de Bourgh），简·奥斯汀的《傲慢与偏见》中的一个角色，她就一直认为，如果自己学过弹钢琴，自己一定会成为"专家"。）这种无法实现的、夸大的期待，会强化对羞耻感的恐惧。面对这种恐惧，个体可能会产生两种反应：其一是永远处在构思计划和执行计划中间的边缘地带（就像乔治·爱略特的《米德尔马契》（Middlemarch）中的爱德华·卡索邦（Edward Casaubon）那样；其二是不断地对计划做出微小的调整而从不去完成计划。

你是否曾下过决心要在生活中做出重大的改变，但未能付诸行动？也许你曾为一项副业或有风险的创意活动想出过绝妙的主意，这个主意看起来万无一失，在业余时间就能搞定，但你最终不了了之。有诸多原因导致你难以执行自己的计划，而对羞耻感的回避通常是重要原因。所谓的害怕失败，反映了对于可能从"落空的期待"以及"非自愿的暴露"中产生的羞耻感的恐惧。

拖延和坚持到底的问题并不只困扰作家和其他艺术家，比如许多人都有完成和交付工作任务或作业方面的困难。同样地，许多心理因素可能一同促成了这样的困境，而羞耻感只是其中之一。如果对可能的羞耻感的恐惧使人们拖延，人们通常会在最后一刻、火烧眉毛时才开始工作，匆匆忙忙地赶出一篇论文，或者为了考试死记硬背、临时抱佛脚。他们在取得不够理想的成绩之后，会告诉自己，如果他们真的去努力过，肯定能做得更好，以此来减轻自己的羞耻感。

听起来熟悉吗？

我的一位来访者当时赋闲在家，他觉得找工作、投简历、去面试十分可怕，他有时会花上很多天，甚至好几周才能投出一份简历——他花的时间太长了，而在那时，那个职位事实上已经有人选了。除了拖延和回避投简历，他还会花上很多个小时来修改自己的求职信和简历，希望把它们改到完美无缺，这样就能保证自己求职成功。这个来访者的一生都在和深深的羞耻感做斗争，在职业生涯中遭遇过两三次严重的挫折，很害怕在求职过程中遭受更多的羞耻感。

当我们全身心地投入一项工作，并竭尽全力地去完成它时，遭受羞耻感的风险是最大的。但是，当我们这样做时，我们也掌握了赢得自我尊重的最好的机会。我将在本书的第三部分详细阐述这一点。

冷漠与鄙夷

我的来访者迪恩通过放弃一切志向来回避可能的羞耻感。如果你从不想追求某个目标，那么你就不会因为失败而感到羞耻。有些人之所以缺乏动力、无法为未来做计划、总是显得很懒惰，可能是因为害怕羞耻感，而那种羞耻感可能源于"落空的期待"：如果你不期待得到任何东西，如果你没有目标，那么你永远不会感到失望。

在对约会和建立友谊缺乏兴趣的表象之下，其潜在的原因可能是对羞耻感的恐惧。许多人陷入社交孤立的境地，是因为他们感到难以表达对他人的兴趣。他们成了孤独的人，或者工作狂，不愿意让自己暴露于遭受潜在拒绝的危险中（无回应的爱）。当对于人际联结的渴求变得过于可怕时，他们会在冷漠的面具背后寻求庇护。

我们中的多数人都会时不时地通过冷漠来回避羞耻感，只不过仅限于某些很小的范围内。你是否曾掩饰自己对另一个人的好感，因为你相信对方对你并没有同样的感受（无回应的爱）？当你发现自己没有被邀请参加朋友的聚会时，你是否曾试图表现得漠不关心？当你发现另一个同事升职了，而你却没得到提拔，你是否曾经说过"反正我也不稀罕那份工作"（落空的期待）？我们中的多数人都曾利用冷漠来减轻羞耻感。

在这种冷漠的表象背后通常隐藏着一种优越感，有时还夹杂着鄙夷。迪恩认为自己无忧无虑的生活方式比朝九晚五的工作生活优越，在朋友迪伦找到工作时，他对此表达了鄙夷。尽管诺亚渴望有一段稳定的伴侣关系，与他人生活在一起，但他看不起异性恋，坚称没有药物的性爱是枯燥乏味的。在"药爱"的亢奋状态里，他欣喜若狂，仿佛处在高高在上的极乐世界，远胜于凡人的寻常境地。

尽管冷漠所表达的是毫无欲望，而鄙夷则更进一步，坚称那些诱人的事物实际上毫无价值，不值得追求。作为一个害羞的人，乔·莫兰相信，"我们心中傲慢自大的那部分认为，许多用于社交的对话都是空洞的仪式，仅仅是为了填补令人尴尬的沉默，而这正是令许多人害羞的重要信念"。他也说道："害羞的人会有一种奇怪而过度的自信，自认为远离了社交生活中的虚情假意。"[7]就像其他人一样，害羞的人渴望人际联结，渴望成为集体的一员；一旦格格不入的痛苦变得难以忍受时，他们可能会对那个排斥他们的世界表现出傲慢和鄙夷，在这种情绪中寻求庇护。

有些遭受同辈排斥的、与众不同的青少年有时会躲避到自己的优越感和鄙夷中去，把那些受人欢迎的孩子看作"蠢货"。就像我的来访者诺亚那样，感到自己是局外人的男同性恋者，有时会对排斥他们的异性恋世界表达鄙夷。许多人都会设法贬低那些让他们感到自卑的人，常常使用一些轻蔑的绰号，例如"迂腐的书呆子"或"自命不凡的小崽子"。

《伊索寓言》里心怀鄙夷的狐狸，摘不到葡萄就说葡萄酸，时不时会成为我们大多数人的代表。当我们感到自卑、遭人排斥、嫌弃，或没取得理想中的成功时，冷漠和鄙夷会帮助我们回避羞耻感。

性乱和酒精

就像我的来访者诺亚那样，有些男女通常喜欢一夜情或偶暂式性交，因为他们试图把羞耻感的风险降到最低。这种非个人化的联结会将对方身上能够引发羞耻感的情感立场剥离出去。因为素昧平生的性伴侣没有了解你的机会，他们就无法对你的缺点评头论足。没有了情感投入，他们也不会对你形成期待，你也不会令他们失望。当偶暂式性交变成性成瘾或滥交时，核心羞耻感通常是背后的驱动力。

经历了令人痛苦的分手之后，我们会深陷遭遇拒绝的感受（羞耻感）中，许多人会试图避免再度受伤，所以他们决定不再找对象，或者和很多人约会，而不再寻求另一段稳定的关系。你身边可能有这样的朋友，在他们的上一段感情破裂之后，连续好几个月都跟你说自己"不想谈恋爱"，也许你也有过类似的经历。只要这些自我保护手段不变成持久的生活方式，它们就是正常的，也是可以理解的。作为一种暂时的保护性策略，回避羞耻感是合情合理的，可一旦它变得根深蒂固，就会导致孤独、隔离，以及更深层次的羞耻感。

酒精通常能削弱社会抑制，换句话说，也就是它们能让可能出现的羞耻感变得更易于容忍。聚会的东道主会通过为客人提供酒精饮料来帮助他们放松，帮助他们摆脱在陌生人面前会自然产生的害羞情绪。正如唐纳德·内桑森写道："酒精的主要功效之一，就是让我们从羞耻感的束缚中解脱出来。"[8] 在一天晚上，喝上一杯葡萄酒或鸡尾酒便能帮助我们的情绪从自尊心遭受的打击中缓和过来。

一旦回避羞耻感变成一个人的核心目标，例如像诺亚那样，他可能就会滥用酒精或药物，将其作为一种应对羞耻感的长期手段。当我们的内心深处深受羞耻感的折磨时，我们很容易对药物产生依赖，不断用那种方式来缓解我们的痛苦。此时，一种恶性循环就会产生：我们凭借服药来逃离羞耻感，一旦药效消退之后，我们就会感到更多的羞耻感，因为我们让自己失望了。由于这种复合的羞耻感格外痛苦，让人无法忍受，我们会再一次借助服药来缓解痛苦。

酗酒者将这种恶性循环的动力称作"松鼠的笼子"，因为借助酒精来寻求解脱会导致羞耻感，并让人更加需要酒精来缓解这种羞耻感，进而产生更多的羞耻感，如此往复，无休无止。《治愈束缚你的羞耻感》一书的作者，约翰·布雷萧曾详细地阐述了羞耻感和多种成瘾行为之间的关系。他认为，有强迫倾向或成瘾行为的人，都会受到羞耻感的折磨。他将赌徒、工作狂、性成瘾者以及身患进食障碍的人都归为此类。我们大多数人都会时不时地吃一些安慰性食物以寻求慰藉，这是一种对于痛苦和失望的正常而普遍的反应。一旦我们长期依赖进食来寻求安慰，这背后的部分原因通常是我们在试图回避和掩饰羞耻感。

如果我们遭遇了挫折，比如失业（落空的期待），或者受到了拒绝（无回应的爱、排斥），许多人会偶尔依靠食物、酒精来逃避羞耻感。我们有时会把这种行为称作"借酒浇愁"或"化悲愤为食量"。只要这些行为是暂时用于回避羞耻感的手段，而我们最终会直面问题，那么这些行为本身没什么问题。只有当物质滥用变成回避羞耻感的长期方式时，例如像迪恩和诺亚那样，它才会变成非常值得担忧的问题。

秘密与无恶意的谎言

许多羞耻感研究者都认为，"躲藏的念头是与羞耻感密不可分的本质特征"。[9]也许回避羞耻感的最显而易见的策略就是保守秘密，向可能评判或拒绝我们的其他人隐瞒真相。因为"非自愿的暴露"会带来羞耻感，我们可以通过让真相永远石沉大海来回避羞耻感。

也许你和伴侣进行过如下的对话。

"你今天已经跟医生更改预约时间了吗？"

"今天工作太忙了，我明天一早就打电话。"

事实的真相是，你可能仅仅是忘记了自己曾承诺要给医生打电话，但羞于承认，于是你撒了个小谎，说自己工作太忙。你的回答暗示了工作的职责让你无法信守承诺。

有时我们会把自己的关注点放在设想中的他人的反应上，即某个人一旦知道我们的秘密，就会对我们感到失望，或轻视我们，以此来避免向自己承认羞耻感的存在。在我们的想象中，那个人可能特别严厉，或喜欢评头论足（这可能是事实）。这是一种心理的障眼法，把关注点从我们自己"落空的期待"，转移到对方的批判上面，这帮助我们避免直面自己的羞耻感。

想象那段关于医生预约的对话继续下去,你的伴侣发出了恼火的叹息声。

"还有两天就到预约的时间了。你想让我来帮你解决这事儿吗?"

"我告诉你了——今天太忙了,别管我了!"

一旦我们把关注点放在对方的身上,尤其是当我们开始指责对方的性格缺点,而不承认自己的错误时,我们就不仅是在回避自己的羞耻感,而是在否认它的存在。我会在后面的章节阐释否认羞耻感的策略。

否认羞耻感

第 11 章

理想化的虚假自我

我经常用"可爱"这个词来形容有些来访者：他们有时出于难以言喻的原因，总能让人感到深深的喜爱。回顾我的职业生涯，我相信，在帮助这些我觉得很可爱的来访者的时候，我是非常成功的，尤其是当他们的父母对他们并没有这种感受的时候，更是如此。如果父母无法从孩子身上获得快乐，即使父母并没有虐待孩子，也没有对孩子疏于照料，都会让孩子心中产生持续一生的羞耻感。当来访者在咨访关系中感受到治疗师的关爱时，即使这种关爱并非言语关爱，心理治疗便达到了最好的效果。

我从治疗的一开始就觉得安娜很可爱。她当时近 36 岁了，住在休斯敦。她因为"抑郁和自尊问题"向我求助。在我们的第一次治疗中，她似乎很关注我对她的印象，经常问我是否觉得她说的某些话很傻。她不知道自己是否在顾影自怜，而自己需要做的仅仅是振作起来。她相信自己不招人喜爱，并且一直有这种感受。有时来访者很明显地在遭受苦痛折磨，这总让他显得惹人怜爱，并激发起我想要帮助他的愿望。

安娜在她的私人办公室里，坐在电脑前。她看上去身材高挑，颧骨很高，有一张小脸，赤褐色的头发向后梳，让她看上去有了一些复古的气质。她坐姿挺拔，背部直立，这并不是大多数人的自然姿态。尽管她在得克萨斯州出生、长大，但她并没有得州人拉长调子说话的口音。她后来告诉我，她在布林莫尔学院下了很大的功夫，才把那种说话方式纠正过来，改掉了她的方言口音。她说话的方式听上去并不虚伪做作，而给人以优雅而有教养的感觉。与此同时，她在治疗中看上去有些局促不安，难以保持目光接触。

安娜有一个严苛的"超我"，这个超我不断地指出她的过错，并在她反省自我时暗暗地嘲讽她。她觉得自己像个骗子，这种感觉让她深受折磨，这种现象在羞耻感缠身的人身上是很常见的。她是一名遗嘱见证律师，一直担心同事和合伙人不喜欢自己，她也说不清其中的原因。"也许是因为我没有幽默感？"她提出，"或者是我总是太紧张？我不知道原因。"

尽管安娜说自己缺乏幽默感，但她会给人一种诙谐、机智的印象，时常对事物有着敏锐的观察，而这种观察经常是指向自我的。我用的视频通话界面会全屏显示对方的画面，而在下方的角落显示自己的画面。她时常很突兀地把注意力转移到自己的形象上，说一些冷嘲热讽的题外话："天啊，看看这件衬衫。我看上去简直像别人的奶奶一样。"她有时会带着敏锐而犀利的洞察力谈到自己的同事，用她自己独特的修饰词来描述他们："毒蛇""尤赖亚·希普"⊖"冒牌布拉德·皮特"。我推测只有亲密的朋友和家人才会见到她尖刻的一面。

在开始治疗前的几个月里，她感到极度抑郁，用她自己的话说，虽然她不允许自己沉溺在这种感受中，但她依然很痛苦。她担心自己变成丈夫的负担，并且严厉地指责自己不是个好母亲，没有照顾好自己的小儿子——太没耐心、太自我，对儿子的需求和情绪起伏

⊖ 尤赖亚·希普（Uriah Heep），查尔斯·狄更斯（Charles Dickens）的小说《大卫·科波菲尔》(*David Copperfield*) 中的虚伪而贪婪的反派。——译者注

缺乏容忍。她的初级保健医生给她开了抗抑郁药，但安娜不能忍受药物的副作用，尤其是体重的上涨，这让她对自己的身体感到厌恶。

在我们刚开始治疗的时候，当我注意到安娜对待自己的严苛方式时，她感到有些松了一口气。像安娜这样的来访者，他们一生都在苛刻地批评自己，却无法意识到他们对待自己的方式有多恶劣。正如我向安娜描述的那样："这种态度就像你呼吸的空气，无处不在，甚至你都注意不到了。"我们的早期治疗主要关注如何帮助她进一步留意这种鄙夷和自我批评的态度，开始保护自己。

大多数心理动力学心理治疗师都对治疗的这个阶段很熟悉。在我职业生涯的前些年，我曾十分关注这种残酷的完美主义，但并没有完全理解它背后的无意识的羞耻感。多年以来，我逐渐理解了那些根植于生命早期的、难以承受的挫败感和无价值感，这些感受驱动着个体力图满足一种期待，去维持理想自我的形象。一旦核心羞耻感在童年时根植于内心，人们有时就会逃避到理想自我的念头中去，这就意味着掩饰和否认自身的残缺感。

这种心理动力深藏在自恋的核心里。那些成功活出虚假自我的男男女女，通常会用傲慢、鄙夷和优越感来捍卫虚假自我。他们通常会指责他人的错误，以伤害他们所鄙视的失败者为代价，来支撑自己作为赢家的状态。这些自恋者很少主动寻求心理治疗，不过我会在第 12 章讨论一个这样的来访者。

相反，安娜之所以深受抑郁和自尊问题的困扰，是因为在她看来，自己总是达不到预期。她相信，她原生家庭的其他成员（父母和哥哥艾丹）都很成功，取得了她无法企及的成就。她在一家律师事务所专门从事遗产规划工作，而且她最近取得了合伙人的身份。尽管如此，她依然觉得在父母眼中自己是个失败者，是一个令人失望、平凡无奇的孩子，身上没有任何特别之处。哥哥艾丹让父母感到骄傲和快乐，她在私下里与艾丹竞争，但她觉得自己永远也赢不了。

她小时候上过芭蕾课，学过小提琴，还从数位互惠生⊖那里学过法语。我明显感到：安娜的父母在培养儿女的时候，希望他们能表现出优雅的教养，但（很明显）只有艾丹达到了这个要求。安娜在十三四岁的时候就放弃了芭蕾，不久之后就退出州青年交响乐团，而她本来是乐团首席小提琴手。她的父母只是空洞地表示支持，说如果她想退出，那就是她"自己的决定"，但安娜知道他们不赞成。从那以后，她忘记了自己学过的大多数法语。

很明显，安娜的生活是了无趣味的。她偶尔会从儿子身上找到快乐，而每当此时，她都会喜极而泣，她为自己拥有正常母亲的感情而感到宽慰。她热爱音乐，但很少有时间听。她只有去上瑜伽课的时候，才会真正感到平静，才能摆脱期望和失败感。安娜和我想象中的"新时代"⊖类型的人相去甚远，不过，她确实很热爱瑜伽。她经常为此觉得自己很自私，感到很内疚，但她依然抽出时间，每周去上两次瑜伽课，通常是在早晨上班之前。

安娜梦幻般的家庭

安娜的父亲在职业生涯的早期，曾是华尔街的一名律师，后来

⊖ 互惠生是指寄宿在房东家中的外国家政助手，为学习外语而住在当地人家里，以照顾孩子和做家务换取食宿和小额报酬，通常是年轻女性。——译者注

⊖ 此处指新时代运动，即20世纪六七十年代在西方兴起的一种以唤起人们意识觉醒为主的思想潮流，它主张人们"爱自己，不批判、不定罪、不认同，活在当下"。——译者注

与自己的律师事务所的一名顾客合作，成了对方公司的法律顾问，并搬到了公司总部所在的休斯敦。他最终升任了公司的高级副总裁，据安娜所说，她父亲年薪接近 100 万美元。她母亲继承了一笔家族遗产，没有工作，是交响乐团和芭蕾舞团的董事，掌管着数家知名慈善机构的事务，有广泛的社交生活。他们家在纽约市有一处临时住所，时常四处旅行，旅途生活也颇为奢华，他们还认识许多休斯敦和曼哈顿著名的人物。

"听上去，你好像很敬佩你的父母。"我说。

"他们太魅力四射了。相比之下，我是寒酸乏味的人，做着一份无聊的工作。遗产规划！这可真是太讽刺了。"

哥哥艾丹是一个投资银行家，他和"美艳动人"的法国妻子莉莉安住在巴黎。莉莉安拥有索邦大学的比较文学硕士学位，能流利地说四种语言。艾丹和莉莉安过着富足的生活，他们在巴黎的 16 区有一间宽敞的公寓，在尼斯近郊有一栋夏季寓所。他们没有孩子。安娜的父母经常飞往法国，和艾丹、莉莉安一同在欧洲旅游。安娜和丈夫丹与父母住在同一个城市，但他们却很少见面。

"爸妈对丹很好，但是他们觉得他很无聊，"安娜告诉我，"他们希望我当年嫁给塞斯。"

安娜在上大学的时候认识了塞斯，在东海岸攻读法学院的时候，和塞斯分分合合地谈了好几年恋爱。她几乎从不向父母介绍自己的男朋友，因为她担心父母会不同意。当她终于和塞斯前往休斯敦去拜访父母时，她依然担心塞斯会给父母留下不好的印象，于是教他该如何行事，回避哪些话题，以及表达哪些观点会为他赢得好感。塞斯的表现超出了预期。

"比起我来，父母更喜欢他，"安娜说，"当他们听说塞斯卖掉了自己的小说时，他们简直欣喜若狂。塞斯在克诺普夫出版社（Knopf）出版了自己的作品，那可不是什么名不见经传的小型文学出版社，可想而知我爸妈是什么反应。我跟你说，我那天在父母心中的地位肯定有所提高。我也许是个令人失望的女儿，但至少我选男朋友的眼光不错。他的魅力让我也显得不那么寒酸了。"

"魅力"与"寒酸"的主题一直贯穿于我们的治疗中。安娜是那个暗淡、平凡因而不招人喜欢的孩子，而艾丹、莉莉安，甚至塞斯都是充满魅力的人，配得上世界上所有的关注和喝彩。

在他们谈恋爱的那几年里，安娜越来越觉得自己在和塞斯竞争，因为（她相信）她父母觉得塞斯更有意思。当塞斯的书出版后，他们甚至利用自己广泛的社会关系，为塞斯办了一场推介会。安娜在拜访父母的时候，时常会遇到一些家族的老朋友，他们都众口一词地告诉她，他们"听说了很多"有关塞斯的书的事情，有时甚至会告诉她，他们读过他的书。如果塞斯和安娜一起去拜访她父母，安娜经常出现口误，把他叫作"艾丹"，那个与她争夺父母关爱的人。她经常在回到纽约的时候感到愤怒和抑郁。

塞斯也许是个前途无量的年轻作家，但他是个糟糕的男朋友。他魅力四射，但以自我为中心，有时对感情不忠诚，在经济上也不可靠。安娜告诉我，他们之间的性生活是最棒的：充满着激情和创意，毫无拘束。但是，塞斯也很情绪化，容易陷入很严重的抑郁，一次发作就会持续好几周，在此期间，他们的性生活就会陷入停滞。安娜在生活中做出的一项比较健康的选择，就是和塞斯分手，离开纽约，最后找到了一个情绪更稳定的伴侣结婚。

丹在高中教英语。据安娜所说，丹做过的唯一令人兴奋的事就是在和平队⊖做志愿者时，在摩洛哥工作了两年。他是一个充满激情的自由主义者，热切地关注许多问题，尤其是贫穷与幼儿教育。丹爱着自己的妻儿，这在我看来是很明显的。他主动分担家务，并且在做饭和照顾孩子方面，比工作繁忙的安娜做得更多。他不介意洗衣服，而安娜不愿意做这事，是因为洗衣服让她觉得自己是个失败者。她希望像父母那样把衣服送到外面去洗，但丹认为这是在浪费钱。

　　安娜心中那个更健康的自我重视丹的稳健，但她的另一部分自我和父母一同看不起丹。尽管她从没有说过自己的看法，但她不断地在脑海中嘲笑丹——他衣着老土、大腹便便，做着一份不起眼的工作。她也为他们的性生活感到羞耻。自从他们的儿子出生以后，两人都有些忙不过来，很少有性生活。甚至在一开始，他们的性生活就缺乏她与塞斯在一起的激情。

　　和父母相处只会让安娜对自己的婚姻感觉更糟。父母已经年过六旬，但依然举止文雅、魅力犹存，很明显，他们在一起这么多年以后，依然彼此吸引。她的父母代表了一切她和丹两个人无法企及的状态。

　　在听了她对自己美好的父母和他们令人羡慕的婚姻发表长篇大论之后，我曾评论道："我听说在奥林匹斯山上，性生活简直妙不可言，而在这凡间，我们都太无趣了。"

　　她笑出声来，但这并没有给她宽慰。在她心目中有一个意象，

⊖ 也译作美国和平护卫队，是一个由美国联邦政府管理的美国志愿者组织。——译者注

即自己理想的父母过着理想的生活,而她在可悲的平庸之中,拖着沉重的步子缓缓前行,她为此深受困扰。从那以后,我们经常将奥林匹亚众神和平庸的凡人做对比。

"甚至他们根本不喜欢我的孩子!"安娜哭了起来,"难道外祖父母不应该宠爱自己的外孙吗?只要我让我妈来照顾尼克,她就总是在和某个专栏作家共进午餐,或者他们要去某个不能缺席的盛大活动。他们差不多每年都有充足的理由来错过尼克的生日。"

"小孩太不懂事了!"我说。听到她这样描述自己的父母,有时会激起我说些风凉话。"他才两岁。只要等他长大了,你的父母就会对他感兴趣的,只要那时他不太无聊的话。"

和其他人不一样的是,安娜的父母一直管自己的外孙叫"尼古拉斯"㊀。

安娜的父母从未忘记过尼克的生日,也会在圣诞节送他很贴心的礼物。尼克上不起幼儿园的时候,她的父母替他们支付了学费。除了安娜所说的情感缺陷之外,她的父母看上去是很棒的人:体贴、博学、健谈,只要你不对他们要求太多就好。我认识一些其他像安娜父母的人,与他们交往是件很愉快的事,但他们是糟糕的父母。安娜在很大程度上把自己的才智和洞察力归功于自己在这样一个有教养的环境中长大。

家庭假日

在治疗的第一年,我们取得了一些平稳的进展。治疗帮助她理

㊀ 相较于"尼古拉斯","尼克"是其昵称。一般而言,昵称更能表达长辈对晚辈的喜爱。——译者注

解了"理想中的安娜",那个她应该成为的人,是如何侵蚀她的自尊并破坏她的人际关系的。随着时间的流逝,她开始学着去重视真实的东西,而非理想中的东西,但只要她跟父母相处了一段时间之后,就会遭遇一些挫折。在挑战她的"父母是完美的"这个看法方面,我毫无进展。

有一次,安娜在来治疗的时候,显得既激动又不安。"我们要去法国了!"她告诉我。这是他们多年以来第一次真正去度假,因为丹作为教师,工资微薄,而他们有一个年幼的孩子,国际旅行看上去有些不切实际。现在她的父母提议带上安娜一家人一起去尼斯,他们会在艾丹和莉莉安的别墅里待一周,这是多年以来他们一大家人的第一次相聚。

"这听上去难道不是很不可思议吗?!"安娜问道。安娜看上去很焦躁,更甚于平常,她的后背比平时挺得更直了,她的肩膀抬得更高,也更紧绷了。她充满热情的微笑看上去有些不自然。

"在我看来,这听起来更像是一场噩梦,"我说,"你要跟奥林匹斯众神在一起待上整整一周,想想你旁边出类拔萃的艾丹、语言天才莉莉安。我们之前不是才谈过你和丹要找些独处的时光吗?你不是那天才告诉我说你想要好好休息一下吗?"

安娜很明显地放松了下来,但她的微笑消失了。要她放弃对于在法国南部光鲜亮丽的度假时光的憧憬,是很困难的。

"我本来想问莉莉安能不能找一天让我和丹独处。她给我发来了一个行程安排,里面是我们到那里可以和尼克一起做的事。我觉得,她明白让尼克一直有事做是很重要的。我只想要一天晚上跟丹独处就好,我相信她不会介意的。"

大多数人都很难拒绝一次前往法国南部的、费用全免的度假之旅。我提醒安娜，她可能会让自己暴露于一个对她并无好处的、有害的环境，但她几乎没听进去。在她出发去度假的前一次治疗中，她看上去极其激动、心不在焉，似乎在回避她在治疗中对自我和家庭的发现。我们那次的治疗是在一个周四的下午，而他们的飞机就在当晚起飞。我们有大约两周的时间没有预约下次的治疗时间。

在周二的时候，也就是自从上次治疗过去的五天后，我收到了一封安娜的邮件。她问我们能否尽快预约一次治疗，她希望当天就能开始治疗。尽管我们之间有时差，但她说只要我有时间，她就愿意配合治疗。很明显，她有些绝望了。我在当天下午安排了治疗时间，这意味着她会在法国的半夜与我通话。

当她在预约的时间出现在屏幕里的时候，我从未见过她如此心烦意乱。她筋疲力尽，露出憔悴而忧心忡忡的神色。她的双眼发红，她之前肯定哭过。

"你看上去简直像脱了一层皮。"我说道。她大哭了起来。

从他们到达尼斯的那一刻起，没有一件事称心如意。她父母原本答应来机场接机，当他们走出乘客通道时，安娜急切地扫视着等待着的人群，却找不到父母。在漫长的旅途之后，尼克已经筋疲力尽、烦躁不已了。尽管丹在离开休斯敦之前就给手机办好了国际通话业务，但他们俩的手机都打不出去电话。安娜对尼克发火了，对他怒气冲冲地发出嘘声，要他安静下来。她还责备丈夫没有把手机的国际通话业务搞定。她因为疲惫、羞耻和愤怒而感到浑身发热。

丹的手机虽然连上了当地的数据服务信号，但依然不能进行语音通话。丹最终收到了一条安娜父亲发来的短信："午饭耽搁了！打个出租车过来,我们会付你钱的。"

安娜感到很受伤,仿佛自己被遗忘了,遭受了冷落,而这种感受在接下来几天里愈演愈烈。她父母在一周前就到法国了,在巴黎待了几天,然后一直和艾丹、莉莉安在一起,过得"棒极了"——去他们在尼斯最喜欢的饭店吃饭,去戛纳音乐节游玩,去沃克吕兹一日游,还顺便去了那里的近期刚从《米其林指南》中获得一星评级的饭店吃午餐。安娜觉得她的父母、哥哥和嫂子之间有着很深的情感联结,他们有共同的兴趣,将她和她的家庭成员排除在外。

"我觉得自己特别像个失败者,"她告诉我,听起来既苦涩又心怀怨恨,"一切安排都得围绕着尼克的午睡,抱歉,应该叫'尼古拉斯的午睡',这对大家来说太麻烦了。顺便说一句,他们总是在讲法语,或者在英法语之间来回切换。当我建议所有人出门去做什么事的时候,没有人想去,可那就是莉莉安之前发来的行程清单上的活动啊!妈妈总是那么体贴,她说'别让我们拖你后腿,你想去就去吧'。没有人问我们想去哪儿,没有人想和尼克玩。我真希望自己没来。"

我为安娜感到难过。没有人喜欢听"我早就跟你说过",所以我当然也没这么说。

"更离谱的是,"她继续讲道,"当他们在巴黎的时候,他们居然跟塞斯一起吃饭。他的新书就要在法国出版了,我猜他是去巴黎参加营销活动的。虽然他们都没说出口,但我知道他们的想法,'你应该嫁给塞斯。你的生活本来可以是那样的——在巴黎和你的丈夫一起参加新书发布会。真是太遗憾了'。"

当时安娜的话语中夹杂着些许法语。她说法语的方式既带着讽刺的意味，也是在试图融入那个排斥她的双语圈子。

促使她给我发邮件的那件事发生在那天早上。当她悄悄地下楼时，听到了其他人在厨房吃饭时的聊天内容。安娜没有这样告诉我，但我很明显地觉得她是有意这样悄悄地走近厨房，好偷听他人的讲话。她内心最深的恐惧得到了证实。艾丹、莉莉安和她父母在压低声音讨论安娜的教养方式中的缺陷。

- "就像在她之前没人养过孩子似的。"
- "她为什么总是要迎合孩子的所有要求？"
- "似乎大部分的事都是由可怜的丹做的，但她为什么看起来压力那么大？"
- "很明显她不适合当母亲。"

听到他人用如此负面的语气来讨论你，任何人都会感到羞耻。安娜遭受的打击很像身体上的伤痛，也让安娜感到怒不可遏。她走进厨房，责备地瞪着每个人的脸。

"你们在背后说我的闲话。"她说。

你可能会预料到，他们没有一个人表达了歉意。安娜想不起来他们具体是怎么做的了，但他们很快就把这一切弄得好像是安娜的错。她误会了。她不应该如此敏感。她为什么要偷偷摸摸地在门外偷听，这也太可悲了吧？安娜无言以对，既愤怒又痛苦，她冲出了厨房，逃回了自己的卧室，一整天都没再出来。她最终通过邮件向我求助。

在那次治疗之后的时间里，我们在为她制订自我保护措施。我强调，保护她自己、丈夫和孩子免受轻蔑态度的伤害是很重要的。

尽管安娜和丹很难负担得起，但他们在 24 小时内就在尼斯找了一家酒店，单独度过了这次假期。

平凡的安娜

尼斯之旅是一个关键事件，证实了我们之前在治疗中形成的见解，也让安娜有了动力去做出更大的改变。安娜过去一直对她的父母和哥哥大加称赞，罔顾其中有许多对她自尊不利的信息，而这次糟糕透顶的旅程终于动摇了这种理想化的预设对于安娜的心理控制。回到休斯敦以后，她远离了自己的父母，和丹的关系更近了。安娜开始更加重视丹的"接地气的"品质。她开始关注生命中那些让她真正感到有意义的东西，而不是苦于努力成为那个"理想中的安娜"，并总是遭受失败。

随着尼克渐渐长大，安娜觉得照顾他变得更容易了。我经常看到许多婴儿和幼儿的父母感到不堪重负，但随着孩子年龄的增长，他们就会感到自己更胜任为人父母的职责，对自己的孩子产生更多的正常感受，他们不仅会因此感到宽慰，也会找到新的快乐。安娜的情况尤其如此。随着父母的批评和世故的看法放松了对她的控制，安娜变得更能接纳和忍受尼克的幼稚行为了。

她也越来越意识到自己讨厌目前的工作。安娜在多年以前就决定要追随父亲的脚步，成为一名律师，希望借此获得他的认可，但她后来选择了一个父亲所鄙夷的专业领域。她并没有看不起遗嘱见证法，但她觉得这个领域强调遵从晦涩又冗长乏味的法律条文，既无聊又过于程序化。她渐渐意识到自己看重工作中的人际交往——会见客户，帮助他们评估自己的目标，见证那些促使家庭成员做出选择的怨恨和争端。然而，她要的不只这些。

在接受了几年心理治疗之后，安娜决定放弃法律，上了一门瑜伽教师培训课，最终开办了自己的瑜伽工作室。丹支持她的选择，但其他家庭成员觉得她简直是发了疯。安娜热爱她的新工作。丹在安娜感到焦头烂额时接管了瑜伽工作室的运营业务，展示了让她意料不到的经营才能。他们后来一起在休斯敦又开了第二家、第三家工作室。丹最后放弃了教书，全职管理他们的"瑜伽帝国"。

塞斯在一次巡回签售活动中途径休斯敦，他联系了安娜，他们俩见面喝了杯咖啡。安娜有几年没见过塞斯了，用安娜的话说，他过得"一团糟"。他离了两次婚，有着酒精成瘾和抑郁的问题，他在喝咖啡时向安娜吐露了自己的问题，流下了几滴自怜的泪水。尽管安娜同情他，但她感到有些宽慰和窃喜。如果她按照父母的意愿嫁给了塞斯，她自己的生活可能就会被塞斯所毁掉。

如果说安娜此后再也没有受到羞耻感和自我厌恶的困扰了，这并不确切。只要她听说父母的"丰功伟绩"，或听说艾丹近期取得的成就时，她就可能会很轻易地忘掉对她最重要的东西。她可能会沉溺在那种"自己的生活很失败"的感受中，再次把自己看作那个无趣又一事无成的凡人，在奥林匹斯众神面前自惭形秽。她心中那个残酷的、自我批判的声音从未完全消失。

她要想把自己从绝望的境地中拯救出来，有时也需要丹提供一些帮助。她会在自己的工作中重拾愉悦感，并且再度为她和丈夫一起取得的成就感到自豪。尽管"理想中的安娜"会对她的生活施加一些微弱的影响，但她已经学会珍视这一点：一个平凡而普通的安娜，脚踏实地、和所有其他不完美的凡人在一起的感觉有多好。

第 12 章

优越感与鄙夷

当治疗师把来访者的个案写进专业论文里给同事看,或者写进书里给广大的读者看时,他们通常会讲述自己成功的故事,把自己工作中最好的一面展示给他人。当然了,心理治疗经常遭遇失败,而且失败的次数多到我们不愿承认。有时我们无法与来访者建立情感联结,或者我们难以理解来访者,因而无法为他们提供帮助。有时我们会犯下重大的错误。还有的时候,来访者的防御会顽固地阻挠他们从我们这里获得领悟和情感支持。

我认为本章讲述的案例反映了所有那些失败,与此同时,也说明了为竭力否认羞耻感的来访者治疗会面临怎样的挑战。我从来不觉得凯莱布可爱,他和安娜(第 11 章)完全不一样。他傲慢与鄙夷的态度有时让人很是窝火,而且他坚决否认自己脆弱的一面,以至于我很难与他建立深层的联结。所以有时我会过早地做出干预,或过于肯定地做出解释,这可能是由于我想要对抗他对我的贬低。在我职业生涯的那个阶段里,我还不理解核心羞耻感会如何导致自恋性防御。

我接受的是精神分析思想中的客体关系学派的训练,该学派认为大多数精神健康问题的根源在于早期的母婴关系。该理论主要关注这种感受:婴儿全然无助,完全依赖另一个人来满足自己的一切需求。"足够好的"养育者会让你相信,当自己需要他人时,你能够依靠他们来满足你的需要,至少在绝大多数情况下如此。然而,客体关系理论认为，一旦那种关于需要和依赖的早期体验出现了严重的错误，你就会发展出阻止你意识到那种需求的防御方式。

否认：我不需要任何人。

投射：你黏人，我不黏人。

你可能会躲避到"我拥有自己所需的一切事物"的夸大幻想中，或者试图控制那些你所依赖的人，这样你就不必再感到无助。

在现在的工作中，我不再那么关注对于需要的防御，而更多地关注对于羞耻感的防御，后者正是自恋的核心。自恋性防御使个体完全否认让自己感到羞耻的任何理由。这种行为并非出于自己有意识的选择，而是由于个体终其一生都在无意识地排斥自我。在他看来，这种自我是有缺陷的、丑陋的、低劣的、不值得被爱的。自恋者向外界展示出的那种傲慢自大、目中无人的人格特点掩盖了深深的羞耻感，将其藏在自己和他人都看不到的地方。凯莱布和我在之前章节中讲述过的来访者不同，他的羞耻感几乎无迹可寻。

凯莱布近30岁了，是一位正在接受培训的心理治疗师，在一家社区精神卫生诊所工作，我偶尔会给那里的实习生做督导。尽管他的学位课程和实习都不要求他接受个体心理治疗，但该诊所的主任强烈建议学生接受治疗。对于新手治疗师来说，与来访者的初次工作经历通常会唤起许多强烈的情绪，触及他们自身的情绪困扰，所以每个进入心理治疗工作领域的人都应该接受心理治疗。在见我之前，凯莱布从未接受过心理治疗。诊所主任建议他接受心理治疗，但他好几个月以来都不愿意。在主任的再三坚持之下，他才勉强同意。

在凯莱布给我打电话之前，我跟诊所主任有过交流，他告诉我，其他实习生都不喜欢凯莱布。在开会和进行团体督导的时候，凯莱布总是瞧不起自己的同伴，批评他们的工作，竭力炫耀自己充满优越感的洞察力。在团体和个体督导中，接受心理动力学治疗训练的实习生会呈现自己治疗过程的逐句记录稿，他们通常都是根据记忆将其复述出来的，而非根据录音将其转录出来。当和凯莱布一组的其他实习生在念自己的记录稿时，他经常强调自己认为的其他人疏忽的地方，告诉他们他认为其原本应该说的话，而且凯莱布的说话方式让人感到不舒服。他会与团体督导师竞争，想尽办法出风头。除了团体督导师的抱怨，其他实习生也对凯莱布非常不满。在接到多起投诉之后，诊所主任给了凯莱布一份可供选择的治疗师的名单，要求他参加治疗。

显而易见，没有一个治疗师愿意相信，来访者选择自己的理由是因为自己缺乏经验，而我花了几十年的时间（以及几次有关谦卑的经验教训）才终于明白：凯莱布选择我的理由可能是在那份名单中，我是最年轻的治疗师，还未达到其他人的职业高度。我只比他大七八岁。他是一个好斗的年轻人，他很可能会选择一个年轻的治疗师，这样他就更容易向治疗师发起挑战，并且更有可能打败治疗师。从我们的治疗开始时，我就明确地体会到，凯莱布想要让我感到自己是没用的，自己给不了他任何有价值的帮助。

大多数人都会根据初次交流很快地形成对陌生人的印象，我们心理治疗师也一样，尽管我们会更加清醒地看待自己对他人的观察，以及由观察得来的推论。诊所主任对凯莱布的描述已经让我对他形成了特定的预期。当我在第一天打开等候室的门时，凯莱布正在看杂志，那是一本《新共和》（*The New Republic*），是我放在那里供来访者阅读的杂志。我开门时，他没有像大多数来访者那样立即抬起头来。他盯着书页，犹豫了几秒，似乎读完那段话是当下的重中之重。当他终于抬起头来时，他微微一笑。

"布尔戈博士。"他从椅子上站起身来，说道。他叫我名字的方式让我感到他有些难以言喻的优越感或讽刺感。

凯莱布身材高大健壮，有着宽阔的肩膀。他穿着卡其色的裤子、笔挺的白衬衫，系着一条有着蓝色条纹的、鲜红色的领带。他把金发理成了寸头，再加上他挺拔的身姿，让他看上去有点像个军人。（后来我在治疗中得知，他的确在军中服役过。）他给人一种威严而略带威胁的感觉。

我向他伸出手去，我们握了握手，他几乎没有用力，只是握了握，很快就松手了。他走过我身前，径直走进我的办公室，悠然自得地环顾四周，好像在品评我的家具和墙上的画作，然后坐在了我座位对面的来访者的座椅上。他把自己的右脚踝搭在了左膝上，略显期待地看着我。

"跟我讲讲你为什么会到这儿来吧。"我说。

凯莱布面色冷静地点了点头："没问题。刘易斯博士认为个体治疗会对我的工作有所帮助。"

"那么你是怎么看的？你认为治疗会有帮助吗？"

"我愿意试试看。"他再度微微一笑。

就像迪恩一样，凯莱布不是自愿来治疗的，至少不是完全出于自己的意愿。我对于我们的治疗工作能否成功也有着类似的怀疑。

我询问了他的家庭背景。他很乐意回答我的问题，但总是很简明扼要，提供的细节很少，几乎让我觉得他这是在帮我的忙。在很久之后，这种感觉变得明显起来。面对像凯莱布这样传达微妙贬义的来访者，我当时还缺乏经验，我感到有些不自在，难以与他建立情感联结。

凯莱布在南方的乡村长大，生长于一个功能失调的大家族，他说到这儿的时候带着明显的轻蔑态度。那些靠着残疾人保险金过活的吸毒者和失败者（叔叔、阿姨、表亲和兄弟姐妹们），他们大多是无业游民，而且根本找不着工作。青少年怀孕、虐待配偶、一连串的离婚都是家常便饭。他母亲有过多段婚姻，生过5个孩子，他一直觉得自己像个局外人。他和家里其他人不一样，他的成绩很好，十几岁就加入了美国预备役军官训练营（ROTC）。他在军队里服役了4年，然后获得了大学的奖学金。

服役生活为许多来自混乱家庭背景的士兵提供了稳定感和可供遵循的惯例，这有时能拯救他们的生活。服役生活也能帮助他们取得成就和认可，感到自己归属于集体，并且尊重和采纳所属集体的价值观，以此建立自豪感。我相信军队帮助凯莱布脱离了他那个可怕的、功能失调的家庭，但根据他告诉我的极少的细节来看，他好像从没有像其他新兵那样把军队当成自己的家。他在军队里也像个局外人，从未体会到真正的归属感。他没有亲密的朋友，也没能与他人形成长久的情感联结。

"你谈过恋爱吗？"我问他。

他告诉我，军队、大学以及现在的研究生生活让他没什么时间去谈恋爱，至少直到最近他才有机会谈恋爱。他目前的女朋友凯蒂娅出生于萨尔瓦多，在小时候和父母一起来到了美国。"她是个物业经理，晚上会去上学，"他说，"她对现状并不满足，很有志向。如果她不是这样的人，我们就不会在一起了。"

凯莱布的话让我对他形成了一些模糊的印象，直到这次治疗结束后，我才将其厘清。他似乎因为凯蒂娅有着拉美血统，并且做着一份明显配不上他的工作而尴尬。他很迫切地辩解说，凯蒂娅的工作状况只是暂时的，而且伴侣与自己有着共同的抱负。当我逐渐习惯了凯莱布的鄙夷态度和优越感时，我开始为凯蒂娅感到难过。很明显，凯莱布认为她不如自己，我也怀疑那些关于她未来的抱负是凯莱布的，而非她自己的。

"你为什么想要做一名心理治疗师？"我问道。这对他来说似乎是个不太可能的职业选择。

"我一直都想帮助他人，"他说，"从来没有人帮助我找到出路。我不得不一切靠自己，尽管这很难。如果我能让他人不那么挣扎，那肯定是一件好事。"他告诉我，他希望自己后来能与贫民区的孩子一起工作，他已经开始向我描述他想建立的治疗项目的类型了。他认为自己不会进入联邦的、州立的以及地方政府运营的现有社会服务体系，他对这些社会服务体系仿佛不屑一顾。他希望在"有远见的慈善团体"的资助下，建立一个私立的社区服务中心，将个体和团体的心理治疗整合到慈善团体的服务中去。

我确信凯莱布在意识层面上是相信自己的话的，但在另一个层面上，他对自己未来的愿景是由一种夸大感所驱动的。正如他拼尽全力，不肯满足于仅仅作为诊所里的"一名实习生"，他也从未设想自己仅仅作为"机器里的一枚螺丝钉"（他的原话）。他不能接受自己成为现存的组织系统中的一部分，因此计划建立自己的社区服务中心。

"你把自己看作领袖而非追随者。"

"没错。"

"你一直都是如此吗?"

"你是什么意思?"

"军队是什么样的?我从没有参过军,但我猜那里肯定很强调等级制度和服从命令。你还是新兵的时候,军旅生活是什么样的呢?"

"我理解自己的职责,上级叫我做什么,我就做什么。"

"你在服从权威方面有问题吗?"

"没有。"凯莱布的表情明显有些僵硬,他不喜欢这个问题。

根据我从诊所主任那里听来的信息,以及凯莱布自己告诉我的话,我对凯莱布进行了第一次心理干预。后来回想起来,我觉得当时这样做的时机可能并不成熟。无疑我想要表示自己有能力为他提供帮助,而且由于我在无意识中觉得他在颠覆我的权威,所以也想表现得更加令人信服。

"听起来,由于年轻而缺乏经验,你好像度过了一段艰难的日子。考虑到你的童年经历,作为一个依赖他人的小孩,日子肯定不太好过。我猜想你是不是想要一下子长大成人,这样你就不必感到自己很幼小了。"

即使这是准确的,这也不是个很好的解释。我受训的思想流派鼓励治疗师在来访者自行领悟之前提供指点,揭示他们传达出来的无意识信息,通常我们会接收到这些信息,而他们对此一无所知。考虑到凯莱布是个正在受训的治疗师,我假设那种需要与依赖问题对他来说并不陌生,也属于他所学的理论框架。

"有意思,"他说道,他感兴趣的样子有些做作,"我怎么知道那是不是真的？"

他的问题让我措手不及。"你是什么意思？"

"你说我不喜欢感到自己幼小而渴求照料，那与我的感受不符。不过，你的理解可能比我更深入，所以我怎么才能知道你是对的，而我忽略了某些东西？"

"如果这与你的感受不符，那这种说法就是没用的。我们讨论的是你的感受，这最终是由你来决定的。我只能告诉你我认为可能是对的事情。"

"然而，你比我有经验，你可能会看到我看不到的东西。也许我只是在防御罢了。"

"有这种可能。"

"所以我怎么才能知道我是不是在防御？"

在我为凯莱布治疗的几个月里充斥着这样的对话。当我说出自己的观察结果时，他经常公开质疑，询问他怎么才能知道我的观察是否准确。有时他会提出另外一种假设："另一种理解也很可能是对的。"一方面，他看上去很配合治疗，也很投入，承认我从事心理治疗的经验可能会让我观察到他看不到的东西；另一方面，他经常坚称我的解释"不符合他的感受"，有时会提出另一个假设，就好像我们是两个合作的治疗师。

最终，我开始对这些互动提出我的看法。在心理动力学治疗中，治疗师和来访者的关系有时会成为关注的焦点：来访者把他们的情绪问题和关系模式带入咨询室，与治疗师互动，以此增进他们对于自己其他关系的理解。凯莱布把自己看作有远见的领袖，用高高在上的态度对待其他的实习生，他与督导师竞争，以及他对我的解释所做出的反应，让我感觉一切顺理成章。

"我觉得要你把自己当作一个来访者有些困难，"我不止一次这样说过，"你更想做我的同事，而不想向我求助。"

"我猜那也是有可能的，"凯莱布从不直接反驳我，但会用一种"通情达理的"语气提出质疑，"那我怎么能肯定自己是这样的呢？"他看上去很配合治疗，愿意考虑我所说的一切，即使他从没有接受过我的任何意见。他对我的态度让我隐约地觉得他有些居高临下，仿佛我比不上他，也不太聪明。依赖自恋性防御来抵抗无意识的羞耻感的人，通常会把自己的羞耻感转移或投射到周围的人身上，迫使他人感到羞耻。

"这听起来有点耳熟，"他曾这样回应我说的话，"我们上周在课堂上刚好读过梅兰妮·克莱茵（Melanie Klein）有关这个主题的著作。我记得好像是《嫉妒与感恩》(Envy and Gratitude)。她对自己的来访者说过类似的话。"

凯莱布频繁地把关注点从个人层面转移到智力层面。如果我指出他在用微妙的方式忽视和贬低我，他就会把我的话与他读过的某篇理论文章联系起来。如果我指出，他觉得自己需要帮助会让他感到羞耻，他就会说这个想法很有趣，然后将其与自己在诊所见过的来访者联系起来。多年以来，我治疗过许多身为治疗师的来访者，他们时不时地会把他们对于自己来访者的痛苦或关切的感受带到治疗中来。凯莱布经常在治疗中讨论自己的来访者，但从未隐约地表露出任何求助的意愿。他不断地讲述自己出色的洞察力，告诉我他的来访者感到从他那里获得了很多的帮助。

"似乎你想向我展示自己是个很棒的治疗师，而不是把我当作你的治疗师。"

"难道你治疗的其他治疗师从不讨论自己的个案吗？刘易斯博士告诉我，那些事很适合在个体治疗中讨论。"

这种互动让我觉得自己既无用又毫无工作效率。我说的每句话都没什么作用。我毫不怀疑凯莱布在贬低我、与我竞争，但我找不到办法让他看清这一点。因为我很清楚他让我也变得具有竞争性了，我在对他进行面谈的时候变得比以往更为谨慎。

比起其他案例，他会更多地提到一个特定的案例。席琳是一个年轻漂亮的演员，曾在一部在纽约拍摄的电视连续剧里担任主演。在她离开剧组之后，就搬到了洛杉矶。她目前在酒吧做兼职服务员，她选择到这家诊所来做心理治疗是因为这里会根据来访者的支付能力，按比例收取费用。作为那一周的值班治疗师，凯莱布接听了席琳的电话，并接受她作为自己的来访者。

当他在治疗中讨论席琳的时候，他似乎对她有些着迷。她很聪明、活泼、开放，并且受过良好的教育，愿意为心理治疗付出努力。她很愿意接受凯莱布的建议，并在治疗之外将其付诸实践。她经常告诉凯莱布，自己多感激他的帮助，她为自己能有一个这样优秀的治疗师（即使凯莱布仍在接受训练）感到幸运。据凯莱布所说，席琳觉得他才华横溢。

一方面，凯莱布讲述自己对席琳的治疗，延续了他想要在我们的治疗中显得高人一等的模式：他才华横溢，富有洞察力，而我毫无成效。另一方面，我担心席琳出于自己的需要和问题，在无意识中配合了凯莱布的自恋。出于某些复杂的原因，有些来访者会在治疗的早期阶段把治疗师想得过于理想，他们可能会因为找到了救星而兴高采烈。尤其对于刚从业的治疗师来说，他们渴望轻松胜任工作，来访者的崇拜很容易让他们冲昏头脑。席琳的反应证实了凯莱布对于自己的理想化看法。

当然，在谈论席琳的问题时，我不能过于肯定，但除了应对凯莱布有关竞争的感受之外，我的确也尝试过处理他对于理想化的渴望。我提到了身为一个新手治疗师，他会有许多焦虑和不可避免的困惑，而受到来访者的崇拜肯定让他感觉很好。我也谈到了理想化正是憎恨的反面，这是我听自己的督导师讲过的一句话。凯莱布觉得这种想法非常有趣。

"克莱茵写过有关的文章，"凯莱布告诉我，"分裂和理想化是应对矛盾的方式。当然，前提是席琳真的在用理想化的眼光看待我。"

在我职业生涯的那个阶段，我还不能理解无意识的羞耻感在推动着被理想化的渴望。一旦你遇到某个认为你很完美的人，那些让你觉得自己丑陋、有缺陷和自卑的隐秘感受可能就会促使你投入他的怀抱。

凯莱布在没有事先说明的情况下就结束了治疗，这不足为奇。他给我的答录机留了一条语音信息，告诉我他很感谢我的付出，但他决定去寻求"更为资深"的人的帮助。他祝我事业有成。

由于我们是同行，而且我偶尔会去他实习的诊所担任督导师，我会时不时地听到有关凯莱布的消息。据诊所主任说，凯莱布在几个月之后才提到自己终止了治疗，当他终于把这件事说出来之后，他拒绝再接受心理治疗。诊所员工和其他实习生一直都很不喜欢他。每个人都期盼着他在结束自己的实习期后离开诊所。

在他的实习即将结束的时候，他的一个来访者（我毫不怀疑，这一定是席琳）指控他违反了职业伦理。来访者向委员会提交的投诉记录提到，凯莱布建议他们终止治疗，并开始一段恋情。凯莱布在不久之后就离开了诊所，从此以后我再也没有听到他的消息了。

虽然有些心怀不轨的治疗师会故意借助他们的地位和影响力来利用来访者，满足自己的性需求，但还有一些治疗师会在不经意间屈服于那种让凯莱布着迷的理想化之中。有的来访者因为自身的情绪问题和需求，会无意识地尝试诱惑自己的治疗师，还有的来访者会用理想化的方式看待帮助自己的人，因为他们极度渴望被拯救。一旦有理想化倾向的来访者遇到了逃避羞耻感的治疗师，这就可能会让来访者遭受创伤，并且毁掉治疗师的职业生涯。

第13章

指责与愤慨

我为妮科尔断断续续地治疗了好多年。我们最初在洛杉矶进行面询，后来她结婚了，丈夫因公调到了外地，我们就做了一段时间电话治疗，最后由于技术的进步，我们就采用了视频治疗的形式。大多数治疗师都曾有过像妮科尔这样的长程个案，这样的来访者在他们的职业生涯中占据了重要地位。开始治疗妮科尔的时候，我的理论取向严格地依从我所接受的早期训练，也就是以客体关系理论为基础，关注有关需要和依赖方面的长期困难。在我不断发展对于羞耻感的观点时，她一直在我这里接受治疗。

妮科尔也帮助我理解到共享的快乐在建立自尊方面的重要作用。在治疗的初期，我一直在为她充当"空白的屏幕"，随着时间的推移，我开始更为坦率地表达自己的情感，当她有了进步或达成重要的目标时，我会表达真诚的喜悦。通过我和妮科尔以及一些其他来访者的交流，我逐渐认识到，治疗师与长程来访者之间相互的爱，在长程来访者建立自尊的过程中是最为重要的因素。帮助这些来访者成长，会让治疗师的自我感觉也变得很好。

最初的岁月

妮科尔最初是由一位精神科医生转诊给我的，这位医生觉得她需要接受深入的心理治疗，而非药物治疗。妮科尔当时18岁，既愤怒又抑郁。她吸毒，还会用刀片割伤自己。她因为失眠而憔悴不堪，每天晚上只能睡上寥寥几个小时。她还深受性别认同问题的折磨，怀疑自己可能是个女同性恋者，经常表达希望自己是个男人的愿望。她在举手投足间的一些特点（昂首阔步的走路方式以及有些僵硬的姿态）让她看上去有些男性化。

在我们的第一次治疗中，妮科尔几乎不看我。当她回答我的问题时，她会看着地板、墙壁，双手不断做出手势。她的手指非常修长。我现在知道，无法保持目光接触通常意味着一种深深的、害怕被人看见的羞耻感，尽管在那时我还没有形成相关的理论概念，但我能凭直觉了解她的感受。对于像妮科尔这样的来访者来说，让他们坐在咨询室里，让一个陌生人聚精会神地盯着自己，问一些非常私人的问题，会让他们产生近乎难以忍受的羞耻感（非自愿的暴露）。在我们的首次治疗，以及接下来几个月的治疗中，她一直坐立不安，频繁改变坐姿，双腿不断上下抖动。她会时不时地向上拉扯自己像头盔一样的头发，看上去很疼。

妮科尔表现出了与边缘型人格障碍（borderline personality disorder, BPD）有关的大多数特点和行为，该障碍是一种难以根治的临床问题，大多数治疗师都不愿意治疗身患 BPD 的来访者。他们通常会在治疗间隙（有时是在大半夜）给治疗师打电话，时常做出自我伤害的冲动行为，很容易让你在治疗的间隙担心他们。他们总在"把你看作最棒的治疗师"和"恨透了你"这两种情绪之间摇摆不定。有时他们会对你恶语相向，对你大喊大叫、百般辱骂，而你只能尝试保持冷静，不要做出防御性的反应。

在我的生活中，无论是一般来访者、朋友还是家人，除了妮科尔，从来没有人向我表达过如此不加掩饰的轻蔑和敌意。她有时会在治疗中大发雷霆，大叫一声后摔门而出。她会在答录机里留言侮辱我。她经常批评我"高高在上的态度"——她认为我觉得自己很特别，比她优秀，因为我是一名心理治疗师。她会时不时地向我表达深切的恨意。

即便如此，妮科尔依然是我治疗过的最可爱的来访者。你可能很难理解为什么我会对她有这种感觉。尽管当时我还不能理解，在她对我的攻击言行背后，羞耻感发挥了怎样的作用，但我总是把她的羞辱行为看作一种防御。尽管我们的关系反复无常、痛苦不堪，但我能意识到她是一个内心充满痛苦、渴求帮助的人，她总是坚持赴约、向我求助。出于某种难以言喻的原因，我们在第一次治疗中就建立了情感联结，其中部分原因在于她让我想起了年轻时候的自己。在早年接受精神分析的时候，我还在未经审视的羞耻感中苦苦挣扎，虽然我没有像妮科尔那样用言语辱骂治疗师，但我也让他很不好过。

很久以后，妮科尔告诉我，在我们第一次治疗的时候，她很想哭。在此之前，她做过几次心理治疗，她感觉到，那些治疗师都在与她保持距离，仿佛他们厌恶她，或者觉得她很危险，当她给他们看过自己在胳膊上留下的伤疤时，这种感受尤其明显。妮科尔并没有吓到我，在某种程度上，这是因为我有些过于自信，我很肯定自己能帮助她。

她成长于一个完整的中产阶级家庭，父母双方的家族都有精神病史。她祖父患有精神分裂症，有一个表亲死于自杀，家族中还有不止一个重度抑郁症患者。从妮科尔的描述中，我推测她母亲不喜欢表达情感，反而时常残酷地嘲讽他人。她父亲好像是个乐天派，有点像那种喜欢开玩笑的人，表面上很温暖，但其实在情感上疏离别人、以自我为中心。她有一个嫉妒心很重的哥哥，在童年时一直折磨得她痛苦不堪——故意弄出很大的声响来吵醒她，把她按在地上，对着她的脸放屁，用尖锐的东西戳她，以及其他诸如此类的事。

虽然妮科尔在童年时没有遭遇过性侵犯，但她总是对家庭中模糊的性边界感到困惑和害怕——父母在家经常一丝不挂，故意展示自己的裸体，她还时常感到父亲向自己投来挑逗的眼神；她觉得自己还要满足母亲对于陪伴、情感支持和同情的需求。妮科尔的一部分性焦虑来自自己的性幻想。在早年间，当她面临恐惧和困惑的情境时，就会依靠自慰来安抚自己。在我们的治疗进行了几个月后，她向我承认，她曾相信我们最终会发生性关系，用她的话来说，我们的性关系会"治愈"她。

妮科尔是个狂热的摇滚乐迷，甚至比一般的青少年更喜欢摇滚。她对大大小小的音乐家了如指掌。她曾经和两个朋友一起长途旅行，追随自己喜欢的乐队，到遥远的城市去观看他们的巡演。她对几个著名的乐队主唱很是崇拜，经常幻想自己见到他们，或者和他们发生性关系。最重要的是，她自己也想成为明星。尽管她从来没上过吉他课，只知道几个基本的和弦，但她觉得自己很有天分。她相信，星探会发现她，唱片公司也会和她签约，把她打造成一个明星，这只是时间问题。

妮科尔写过许多歌，有时会在治疗中放给我听——简单的流行乐和朗朗上口的歌词，但太过稚嫩，没有形成真正的旋律。她没学过作曲，也没有和其他音乐家在乐队中一同演奏过。她不断地告诉我，她对音准的把握很完美。她会把录音机带到治疗中，给我放自己的歌，很明显她希望我为她深深折服，献上溢美之词。

尽管妮科尔把自己看作"默默无闻的天才"，注定要成就大事，她却对如何成为一名音乐家一无所知。她经常谈到要组建乐队，但她从未付诸行动。她偶尔会想到自己应该去上这方面的课程，而且她后来真的找到了一个老师。她只跟老师学习了几个月，就放弃了，因为练习太难了，缓慢的进展让她生气。她相信自己不必努力学习：真正的音乐天才应该天生就知道如何演奏乐器。

起初妮科尔的父母为她的治疗付费，但一年多以后，他们拒绝继续付钱，因为妮科尔不但对他们的态度极其恶劣，而且毒瘾缠身。那时我已经大大降低了自己的收费标准，这样妮科尔才能负担得起一周数次的治疗。由于她的情况很严重，而且我很担心她会自我伤害，所以我们有必要进行如此频繁的治疗。当妮科尔告诉我，她的父母不会再付费时，她问道："我现在该怎么办？"她听上去既生气又害怕。她知道自己需要治疗，即便她很少承认这一点。

"我想你只能找份工作，然后自己付费了。"

我的回答激怒了妮科尔。她希望我能给她免费治疗。一想到她现在要自己承担经济上的责任，她就勃然大怒。"你这个吸血鬼！"她冲我大叫，"你就是个寄生虫，靠吸食我这种人的血为生！"

关于这个问题，我们有过数次艰难的治疗，有几次妮科尔对我大骂一通，冲出我的办公室，摔门而去。尽管如此，她还是会回来的。尽管她有一种权利错觉[⊖]，经常怒不可遏，但她在某种程度上知道我很关心她，想要帮助她。最终她开始找工作了。起初她为艺

⊖ 权利错觉是指一个人误以为自己有权利不劳而获。——译者注

课做模特赚钱，幻想自己可能会成为一个成功的时装模特。她很享受在课堂上艺术家看着她的感觉。也许他们中的某个人会告诉自己的经纪人朋友，说他在艺术课上发现了一个大美女。

妮科尔后来在零售店找到了一份工作，尽管她瞧不上这份工作，为自己不得不干这种事而生气，但她一直干了下去。在这段时间里，我们治疗的重点在于她的怒气和权利错觉上。她不断坚持说我应该免费为她治疗，应该有人来支付她付不起的那部分治疗费用；她认为自己应该是一名摇滚明星，过着富足、优渥的生活。关于她对现实的憎恶，也就是对在现实世界里为了获得任何有价值的东西而付出漫长、艰辛努力的憎恶，我做了许多解释。我经常说："你觉得自己想要某些东西的时候，就应该得到它。"我也谈到了她在逃避弱小和无助的感受，想突然变得强大起来——变成一个摇滚明星、一个超级名模、一个音乐天才。

在此期间，妮科尔谈到了一个颇有启发性的梦境意象。她没有出现在那个梦中。相反，她梦见了一个戴着大大的黑色眼镜的科学家站在讲台后面发表演讲。他身着一件白色的实验工作服，头上戴着一顶学位帽。台下的听众看不见的是，在实验工作服下，他穿着一条需要换的脏尿布。这个意象让妮科尔想起了皮博迪先生（Mr. Peabody），即妮科尔小时候最喜欢的卡通片《皮博迪的超凡历史》（*Peabody's Improbable History*）中的一个角色。在卡通片里，作为一只比格犬，皮博迪先生是世界上最聪明的生物，在生活中的各个方面都取得了许多不可思议的成就：皮博迪先生是一个商业巨头、发明家、诺贝尔奖得主，两次荣获奥运会奖牌，还有许多其他的成就。

妮科尔的梦境传达了一种夸大但虚假的自我,即一个冒充著名科学家的婴儿。当时我还没有像现在这样形成对于核心羞耻感的理论观点。相反,我们讨论了她对于自己弱小而渴求照料的憎恨。关于我们之间的关系,我们讨论了她在感到依赖于我时爆发出来的怒火。她经常威胁说要终止治疗,坚称我毫无用处,她不再需要我了。但是,她对治疗一直很投入,从未缺席过一次。

现在我会对妮科尔这样的来访者做出不同的解释:"你害怕自己身上的缺损太过严重,以至于没有任何好转的希望。唯一的出路似乎只能是一种奇迹,也就是突然变成某个完全不同的人——一个拥有一切的'赢家'。"我也会谈到羞耻感带来的痛苦,希望借此传达我对于她深受苦难的理解。

我最初对妮科尔做出的解释并不是错的。虽然这种解释对相关情绪问题的看法是不同的,但并不矛盾。是的,妮科尔的确在弱小、渴求照料,以及无助的感受中苦苦挣扎,但那种体验也让她产生了强烈的羞耻感,担心自己会遭受难以弥补的伤害。她认为,渴求照料的感受等同于自己是个"彻头彻尾的失败者",然后为了逃避羞耻感,她躲进了"拥有一切"的幻想中——幻想自己是一个赢家。这就是病理性自恋的核心动力。

中间的阶段

妮科尔的治疗持续了许多年。随着时间的推移,她学会了容忍弱小和缺乏经验的感觉,学会了忍受在坚持不懈地努力时所感受到的沮丧,而不再躲避到夸大的幻想中。在这段治疗关系中,她感到自己被看到、被理解、被接纳,于是她渐渐地能够面对自身心理上的缺损所带来的羞耻感了，尽管我们当时并不会用这样的词来形容她的问题。她的自我伤害在某种程度上既是愤怒的表达，也是情绪的释放，在她学会更有效地思考、学会控制情绪之后，自我伤害的问题就逐渐消退了。

在她20岁左右时，她和一些女性有过短暂的性关系，但她还是对男性更感兴趣，尽管在很长的时间里她都很难承认这一点。她将自己的女性化特质等同于缺陷和不足，她把自己的阴道看作一个恶心、发臭的洞，这个洞里有着让她难以忍受的需求（也充满了羞耻感）。与此同时，她对男性和他们"没有需求"的阴茎有着理想化看法。

这其实反映了一种困惑、一种错误的看法：将女性特质等同于羞耻感，而拥有阴茎代表了治愈羞耻感的理想化的奇妙解药，这并不是对拥有男性生理结构的渴望。帮助妮科尔理解这种困惑，并最终珍视自己的女性特质是一个漫长的过程，也是我职业生涯中最令我感动的经历之一。在她近26岁的时候，她开始和男性谈恋爱，并最终嫁给了一个年轻的专业技术工作者。他们有了自己的孩子。

在多年的治疗之后，妮科尔开创了成功的生活，拥有了一段美满的婚姻。我为她所取得的进步感到欣慰，也为我们之间共同的努力感到自豪。许多治疗师会认为她的治疗已经取得了成功，并就此结束治疗。虽然妮科尔有了长足的进步，但是她早年的问题依然对她的生活有着重大的影响，这种影响有时对于她的婚姻、子女以及身为专业工作者的能力方面都造成了相当大的破坏。我们一致认为，在结束治疗之前，妮科尔需要学会更好地处理这些问题。

在这个阶段，我逐渐开始接纳自身的羞耻感，以及为了否认羞耻感所形成的充满优越感的、受过精神分析的自我。我看待自己的方式曾经与妮科尔很相似，她非常想把自己看作成长于健康家庭的孩子，拥有关爱自己的父母。通过否认自己多年以来的挣扎，她坚信自己是一个受过精神分析的赢家，比其他人（甚至包括像她丈夫那样成长于正常家庭的人）更优越、更有智慧。

理想中的妮科尔

在和丈夫埃里克大吵一架之后，妮科尔通常会几个小时不眠不休，在脑海中不断回想之前的对话，指责丈夫的错误和缺点，在脑海中对他进行激烈的诋毁。她会在接下来的那次治疗开始时，用非黑即白的态度来重述吵架的情景：尽管她并没有明说，但她相信自己经过多年的心理治疗，比埃里克拥有更强的洞察力和自我觉知，而埃里克恐怕对于自身以及自己的破坏性行为毫不知情。她高高在上，更有智慧，埃里克却什么都不懂。她是对的，埃里克是错的。

在妮科尔年少的岁月里，她经常觉得自己不如他人，因为她来自一个有问题的家庭，早年有过很多挣扎，但她现在认为自己优于他人（是一个受过精神分析的赢家），因为她在我们的治疗中获得了许多领悟。"蒙昧无知"的埃里克经常觉得自己被妮科尔当作失败者，一个遭受嘲笑的对象。妮科尔的叙述让我想起了自己与当时的妻子之间的冲突，以及我是如何用我的精神分析理论来反驳她的，想到这一点，我心中充满了羞耻感。由于我已经开始接纳那种羞耻感了，所以我终于能够帮助妮科尔面对她自己的羞耻感了。

在她成为"赢家妮科尔"的不懈努力中，她拒绝承认自己能力的极限，以及"边缘型妮科尔"在她生活中不断施加的影响。她经常承担超出自己能力范围的责任，并因此饱受折磨。她希望把自己看作一个"超人"，比普通人优越得多，能够从容应对事业、婚姻和育儿方面的挑战。因此，她承受了太过沉重的负担，她的状态容易因压力而恶化，变得健忘、急躁、易怒，难以容忍家人的情感需要等。她反复受到失眠的困扰，在睡不着的时候，她会产生关于蜘蛛的幻觉，或者被脑海中不断循环的歌曲所折磨。她不但不为自己做出的糟糕选择而后悔，反而去指责埃里克，没完没了地找碴儿，直到两人吵起来为止。

在妮科尔看来，只有两种可能性：要么她是完全正确的，而埃里克是所有错误的罪魁祸首；要么她就是个疯女人，那我们还不如彻底放弃治疗，破罐子破摔。如果要承认自己在这些争吵中的责任，就会再次体验到羞耻感，所以她通常会竭力借助"赢家妮科尔"来维护她的自我意象。埃里克在遭受指责的时候，通常会以牙还牙，说她"疯了"，以同样的轻蔑态度对待她。如果我尝试表达稍有不同的意见，她也会对我发脾气，说我不关心她的感受，或者指责我和埃里克"联手"对付她。

妮科尔和我最终一同承认，即便经过多年有效的心理治疗，也没有人会完全治愈核心羞耻感。我们可以通过培养自豪感来抵消羞耻感，并与那些重要的人分享我们成功的喜悦。但是，像妮科尔和我这样来自混乱家庭的人总是满身伤痕。对于我们来说，维护自己的心理健康意味着把"边缘型妮科尔"（或"边缘型乔㊀"）记在心里，接纳这样一个事实：在深深的痛苦或严重的情绪困扰中，我们往往

㊀ 乔（Joe）是对作者约瑟夫（Joseph）的昵称。——译者注

会退回以往的防御模式中，尤其是当我们感到羞耻或耻辱时，更容易如此。

当他们即将离婚的时候，埃里克在我的一个亲密同事那里开始了心理治疗，这位女士对羞耻感有着深刻的理解。最终妮科尔和埃里克的婚姻维持了下来，因为他们学会了如何化解争吵中常见的"赢家—输家"的互动模式，变得更加真诚了。随着时间的推移，妮科尔学会了忍受自己的羞耻感，承认自己能力的极限，更好地照顾自己。她也成了一个更好的母亲。

在我们治疗的最后阶段，她重拾了自己对于音乐的热爱，并以一种不带夸大幻想的方式去追求这种热爱。她找了一个新的吉他老师，经过几年的学习，她已经弹得相当不错了。她也学习了作曲，并充分发挥自己的天赋，创作出了更复杂、更悦耳的歌曲。尽管她没有追求音乐事业，但她和朋友们组建了一个乐队，偶尔在当地的小俱乐部里演出。乐队成员在一起演奏主要是出于自己的兴趣，为了分享他们一起创作音乐的乐趣。

第14章

否认日常生活中的羞耻感

那些在生活各个方面否认羞耻感的人，通常会躲避到理想化的虚假自我背后。安娜（第11章）在她父母的理想榜样面前相形见绌，她能够很清晰地意识到这一点，并为此感到痛苦；与之相反，凯莱布（第12章）相信自己活成了理想中的样子。他离开了自己混乱不堪的家庭（以及自己的羞耻感），把那一切都留在了南方的乡村，把自己看作一个开悟的心理治疗师，深受来访者的敬仰，认为他的见地远比自己的老师、督导师以及其他心理治疗师更深刻。同样地，妮科尔（第13章）也把接受过精神分析的自我视为更加优越的存在，拒绝承认童年创伤对她的心灵造成的持久影响。

弗朗西·布鲁切克写道，"羞耻感驱使人们去塑造理想化的自我"，这种动力正是病理性自恋的核心。[1] 本书所描述的大多数自恋行为和对羞耻感的防御，并没有那么戏剧性的表现。相反，它们相当普遍，是日常生活中的一部分，也并不一定是病理性的。在某种程度上，只要有可能，我们所有人都会试图否认羞耻感，至少会暂时这样做。

自恋性防御

欧文·戈夫曼在《日常生活中的自我呈现》中指出，人际互动就像两个角色之间的舞台剧，每个人都在试图影响对方对自己的看法。有一些人会故意贬低自己或尝试引发自己负面的情绪反应（第

15～18章），但我们大多数人都想给他人留下最好的印象，展示自己最好的一面。我们更愿意他人把我们想得很好，而不是很差。

与此同时，我们大多数人还会意识到，我们除了好的一面，还有不好的一面——我们承认自己有缺陷和不足，如果这些缺陷和不足被暴露于众目睽睽之下，我们可能因此产生羞耻感。相反，那些极端自恋者很难有上述意识，他们坚称自己没有缺陷或任何不完美的地方，因此没有任何理由感到羞耻，进而他们希望你相信，他们的每一面都是最好的，每一面都比你好得多。凯莱布和安娜的父母就是这样的人，而妮科尔尝试把自己看作那样的人。

在以自我为中心的年纪，许多人的自我感觉都有些过于良好，并且会利用社交媒体来吹捧自己——他们是一般自恋者。极端自恋者会更进一步，时时刻刻都要以胜者自居，通过贬低那些自己所鄙视的失败者来抬高自己。为了逃避无意识中的缺陷感和自卑感，极端自恋者会以理想化的虚假自我自居，以此来否认所有羞耻感。当他们受到威胁时，会竭力维护居高临下的自我，用典型的"防御三连招"来打败任何胆敢挑战他们的人：指责、鄙夷和愤慨。

妮科尔在和丈夫吵架的时候，一直在用这些防御手段。她用轻蔑的态度对待他，把自己的缺点归咎于他；她会满怀愤怒地攻击他，指责他无法面对真实的自己。凯莱布用一种微妙的鄙夷态度，挫败了任何有能力去挑战他的优越感的人。安娜责备父母用轻蔑的语气讨论她时，父母却反过来指责她"可悲的偷听行为"。

我们大多数人都会时不时地使用类似的策略来转移或否认羞耻感，但我们不像极端自恋者那样事事如此。当我们感到自己遭到批评时，偶尔会产生责备、轻视他人的想法，以及愤慨的情绪，这与自恋的病态行为在程度与强度上有所区别。如果这些防御机制没有严重影响我们的性格或关系，就可以把它们视为正常的行为。

自尊心遭受打击（用我们的专业术语说，就是自恋受损）是令人难以承受的，总会引起羞耻感家族的某些情绪。下面的故事描绘了我们所有人抵御自恋受损的典型方式，通常我们产生的反应是短暂的，不一定是病理性的。故事讲述了娜塔莉生活中糟糕的一天，她是一个二十五六岁的年轻女子，在亚特兰大的一家中型律师事务所做法务助理。

生活中的一天

娜塔莉起床后心情很糟，因为闹钟又没能叫醒她，今天上班肯定会迟到。她依稀记得自己按过闹钟的延时按钮好几次……她应该早点睡觉，而不该在 Netflix 网站上看那两集《国土安全》(*Homeland*)。娜塔莉匆匆地冲了个澡，狼吞虎咽地吃下一根蛋白质能量棒，正要离开公寓时，她在厨房的柜台上看到了室友塞莱娜留的一张纸条。塞莱娜是 CNN 电视台早间节目的助理制片人，通常在天亮前就开始工作了。

"嗨，娜塔莉，"纸条上写道，"提醒你一下，这周轮到你打扫浴室了。"塞莱娜在自己的签名上画了一排笑脸，这让娜塔莉有些恼火。"洁癖！"她大声说道，走出了家门。

当她钻进车里时，娜塔莉想起自己和布莱恩在今晚有个约会，不禁喜上眉梢。他们只交往了几个月，但她觉得他俩的关系开始认真起来了。布莱恩英俊潇洒，有着与众不同的幽默感，他在安永会计师事务所有一份很棒的工作。她和布莱恩有许多共同爱好。最近她不禁开始考虑布莱恩是否是个理想的结婚对象。

由于出门太晚，娜塔莉在州际公路上遭遇了早高峰，到公司的时间比平时还要晚。虽然她会晚上加班来弥补早上迟到的时间，而且她的老板丹和马修通常比她晚到很多，但她仍然为自己没能准时上班而内疚，她一再下定决心要来得早一点。前台的尼娜见了她，笑着说："45分钟，这肯定破纪录了！"娜塔莉的脸颊烧得通红，气冲冲地回嘴道："75号州际公路上出了车祸——这不是我的错！"虽然她知道这是个谎言，但她觉得自己辩解得理直气壮。

当娜塔莉坐在电脑前时，她打开了日程表，发现行政经理芭芭拉要在11点对自己进行年度绩效评估。她彻底忘了这回事。由于收件箱里有许多工作要做，早上的时间过得飞快。娜塔莉对绩效评估有些紧张，但她更期待加薪。她在事务所工作了两年，还从没加过薪。当然，人无完人，她的工作中有一些小毛病，但总的来说，她觉得自己的工作干得相当不错。她应该加薪。

行政经理芭芭拉在11点把娜塔莉叫到了办公室。芭芭拉非常准时，几乎准时过了头，而且她非常注重细节。她对娜塔莉露出了一个灿烂的、标志性的假笑，便开始了评估，她把一张纸递到桌子对面，那是娜塔莉的评估报告。

娜塔莉顺着表格往下看，她发现自己的评分都是清一色的3分——符合要求。她还看到了"需要改进"的两个方面："守时"与"注重细节"。她的总体表现得了3分，但在这个数字后有一个小小的减号。娜塔莉觉得自己的脸颊和头皮开始发烫，眼中充满了泪水，但她竭力保持平静。有那么一会儿，她想拔腿就跑。她目光低垂，因为她觉得难以直视芭芭拉的眼睛，这让她感到痛苦。

"迟到不是什么大问题,"芭芭拉说道,"它本身并没那么严重。你知道,我们公司的管理很人性化,而且我们很满意,你能很细心地弥补迟到的时间。"娜塔莉抬起头,发现芭芭拉正面露微笑,同情地看着她。她能感觉到芭芭拉想要表现得温柔一些,但这只会让娜塔莉感觉更糟。

"我们更关注的是你在工作中犯的不必要的错误。丹和马修都觉得你做事过于匆忙。也许这是因为你经常迟到,总是忙着赶时间,但我们都希望今后你能慢下来,仔细检查自己的工作。"她脑海中突然浮现出一段记忆——上周法院的来电说她忘记在戴维斯的诉状里附上申请费的支票。她那天也迟到了,整个上午都疲惫不堪。

娜塔莉回到自己的办公桌前,难以集中精神。芭芭拉在绩效评估中说的话不断地在她脑海中回响,让她无法集中注意力。她在努力回想自己是否跟塞莱娜和布莱恩讲过这次绩效评估的事。也许她根本不用跟他们提起这回事。随着下午的时间慢慢过去,娜塔莉开始怀疑自己是否应该去找新工作,一份薪资更高、更好的工作。律师事务所太沉闷了,律师也太无聊了。这儿不像她刚来的时候想象的那么令人兴奋。也许塞莱娜能帮她在电视行业找份工作。如果身边有一帮更有创造力的人,也许她会做得更好。

到了快下班的时间,娜塔莉决定取消和布莱恩的约会。她心情这么糟糕,只会让人扫兴。她可能会哭出来的。如果布莱恩问她怎么回事,她就不得不告诉他绩效评估的事,她害怕布莱恩认为她是个失败者。此时她只想回家,蜷缩在床上吃掉一大盒哈根达斯冰激凌,然后把最后几集《国土安全》看完。她掏出手机,发现布莱恩在她和芭芭拉开会的时候给她打过电话,给她留了一条语音信息。

她听到布莱恩的声音时，心跳有些加速。

"嗨，娜塔莉，是我，布莱恩。我打电话来是想说晚上的事。今晚我去不了了。其实……天哪，我真的不想在语音信箱里说这件事。有空给我回个电话，我们得谈谈。"

听到最后的几个字（"我们得谈谈"），娜塔莉觉得自己的心沉了下去。这一整天的痛苦让她不堪重负。她强忍尖叫的冲动，泪水夺眶而出。娜塔莉咆哮道："男人都是混蛋！太不公平了！"当时前台的尼娜路过她身边，着实被吓了一跳。

羞耻感和自恋受损

像我们所有人一样，娜塔莉必须应对羞耻感家族中的情绪，它们是生活中不可避免的部分。这一天可能对她来说特别痛苦，她的自尊不断地接受一个又一个挑战，但她所经历的自恋受损，或者她对这些短暂的羞耻感所做出的反应并没有特别之处。

她在一天开始的时候就对自己感觉不好，因为她还没能找到按时起床去上班的办法（落空的期待）。在某种程度上，她知道自己是因为做了一些错误的选择才迟到的（决定看《国土安全》，而不是关灯睡觉）。室友提醒娜塔莉打扫浴室的纸条让她感觉更糟了，但她通过在心中批评塞莱娜"洁癖"转移了这种情绪。这不是我的错，问题在于塞莱娜是个完美主义者。到了公司，当前台的尼娜对娜塔莉开了个有关迟到的玩笑时，她做出了相似的回避反应："这不是我的错！"为了逃避自恋受损带来的痛苦，以及随之而来的羞耻感，我们常会采用三种策略。

最常用的策略就是推卸责任。

她一直期待在得到积极的绩效评估和加薪，但结果让她深受打击（落空的期待）。她眼里含着泪水，因为芭芭拉的同情而感到羞耻，全身发烫（非自愿的暴露）。尽管娜塔莉之前成功地避开了许多对自尊的挑战，但这次她无处可逃，感到陷入了困境（至少暂时如此）。她知道芭芭拉说的没错。然而，随着时间的推移，她渐渐恢复过来：她对律师事务所的沉闷乏味嗤之以鼻，并说服自己，她是个更有创造力的人，换一个环境会做得更好。

躲在优越感的背后，或者蔑视自恋受损的来源，是另一种逃避羞耻感的常见策略。

尽管娜塔莉竭力维护自己的自尊，但她那天依然深受打击。她觉得自己像个失败者，并试图把这种念头归咎于布莱恩——如果布莱恩知道了她糟糕的绩效评估，会认为她是失败者。这一天，娜塔莉痛苦不堪，她想取消和布莱恩的约会，逃回自己的卧室寻求安慰。听到布莱恩的留言后，她知道布莱恩想跟她分手，便更加难过了（无回应的爱）。然而，她几乎立刻就避开了这种痛苦，她为女性在约会中受到的糟糕对待感到愤慨，这种感受让她不那么痛苦了："男人都是混蛋！"

愤慨是人们在自恋受损时的第三种常见策略，它是指通过攻击来逃避羞耻感带来的痛苦。

娜塔莉会暂时使用这三种防御策略来缓解羞耻感，而极端自恋者并非如此，他们会随时随地做出这类反应。他们膨胀的自我意象需要得到不断的支持，无法容忍哪怕是最轻微的批评，所以一旦有人可能引发他们的羞耻感时，极端自恋者就会对其发起猛烈的攻击：

- 就像安娜的父母一样，如果你责备他们，他们就会反过来指责你。
- 就像凯莱布一样，他们会以优越和轻蔑的态度把别人当作竞争对手。
- 就像妮科尔一样，一旦他们的自尊受到了轻微的挑战，他们就会大发雷霆、愤愤不平。

极端自恋者会不断地运用这些防御策略，但是正如娜塔莉一样，如果羞耻感变得难以忍受，我们每个人偶尔都会依靠这些策略来应对自己的羞耻感。对于上述来访者来说，他们运用的防御策略最终主宰了他们的生活，但我们每个人都会时不时地采取这些防御措施。换句话说，暂时运用防御策略抵御羞耻感，是正常的。

在日常生活中，我们如何抵御羞耻感

对批评做出防御的反应，这再正常不过了，甚至可以说这是一种全人类都有的反应。《人性的弱点》（How to Win Friends and Influence People）是20世纪深受低估和误解的著作之一，戴尔·卡耐基（Dale Carnegie）早在1936年就在这本经典著作中提出："批评是无用的，因为一旦某人遭受批评，他就会维护自己，这通常会使他竭力证明自己是正确的。批评是危险的，因为一旦某人遭受批评，他宝贵的自尊就会受伤，这会让他看轻自己，心怀怨恨。"[2]

批评可能是危险的，这主要是因为被你批评的人通常会觉得受到了攻击，不论你如何斟酌措辞，对方都可能对你还以颜色。由于你伤害了他的自尊，所以他可能会觉得你在故意羞辱他，因此他也会试图伤害你、报复你。当娜塔莉看到塞莱娜的那张纸条时，她对自己的感觉很糟糕。她觉得自己遭受了某种程度的攻击，好像塞莱娜想要让她感到羞耻（尽管塞莱娜画了好几个笑脸），所以她在心中反击道："洁癖！"

你可能会对娜塔莉的反应感同身受。尤其是在恋爱中，许多人在争吵时都会用否认来回应批评，坚称这种指责是毫无根据的；他们还经常把矛头转向对方，或把话题转移到伴侣的错误上。多年以来，我有许多来访者在开始治疗时，都会严厉驳斥伴侣对他们的批评，即便那种批评是合情合理的。早年间，我还在回避自身的羞耻感，我经常对我自己的朋友和我爱的人使用这种糟糕的防御策略。否认羞耻感、指责他人是很常见的，只要这种做法是暂时的，而且我们最终会承认自身的羞耻感，它就不是病态的行为。

当伴侣指出我们的错误时，我们有时会变得愤愤不平，特别是如果我们本身就心怀怨恨，那就更是如此。"你总是把盘子放在桌子上，从不把它们放到洗碗机里，你还好意思批评我忘了干洗衣服？"只要我们爱的人说我们让他失望了，不论他说得有多委婉，我们都会感到"无回应的爱"，这通常会引起羞耻感家族中的某些情绪。许多人都会试图否认，声称自己没有任何感到羞耻的理由，（至少是暂时地）以此来回避那种痛苦的体验。此时，指责和愤慨就成了我们的救命稻草。"该为自己感到羞耻的人不是我，而是你！"

一旦羞耻感变成一块烫手的山芋，在吵架的双方之间来回交换，恋爱中的冲突就会升级。[3]在这样的争吵中，双方最常用的是"从不"或"总是"这样的词，这可能会升级为全面的人格诋毁。请你回想一下自己经历过的争吵。当你们都坚称对方该为争吵负责的时候，你们俩是不是都越来越生气了？即使在健康的恋爱关系中，只要双方都在防御羞耻感的侵袭，这样的争吵也很容易升级。随着时间的推移，当我们冷静下来，再次感到对对方的爱意时，我们就可能最终承认自己的错误，向对方道歉，并尽力弥补自己造成的伤害。

如果关系中的双方执着于相互施加羞耻感，都不愿意让步，那么双方可能会转而采用鄙夷的态度（这是一种杀伤力更为强大的武器）对待对方，以此来消除自身的羞耻感，并将其施加于伴侣。指责和愤慨通常属于应对羞耻感的正常防御反应，而鄙夷代表了一种更为严重的否认，它可能会对关系造成更为严重的伤害。像诺亚的母亲（第 9 章）那样的人，他们随时随地都在否认自己的羞耻感，经常与伴侣或家庭成员冷战，用鄙夷的态度对待他们："你太卑劣了，不配与任何人交流。"

我曾在本书的第一部分讲到，审慎地施加轻度的羞耻感，可能对不良行为有积极的影响。然而，鄙夷会给对方造成一种全方位的羞耻感，其言下之意是，对方全部的自我都是没有价值、不值得被爱的，甚至是令人厌恶的。一旦鄙夷的态度在婚姻中占据了主导地位，这通常不会有什么好结果。

痛苦的离婚和残酷的法律斗争通常会接踵而至。离婚意味着爱已经消散，这通常涉及一种深深的、痛苦的羞耻感，尤其是一方不忠（无回应的爱）时，更是如此。当那种羞耻感变得难以承受时，人们通常会用责备、自以为是和鄙夷的方式，千方百计地攻击前任伴侣，以此作为解决之道。在你认识的人中，很可能就有人经历过这样的离婚。这很常见。采用法律的手段报复前任，通常反映了人们想要证明前任毫无价值、卑鄙至极、理应承担所有那些难以承受的羞耻感。

用幻想来否认羞耻感

你的朋友们在筹划一次晚间聚会,但他们没有邀请你。你告诉自己,他们相互认识的时间更久,而且没必要在每次聚会都要邀请每个人。尽管如此,那天晚上你还是独自在家,感到很痛苦。你打开电视,观看自己最喜欢的节目,但你无法集中精神,因为你总是情不自禁地沉浸在幻想之中。

- 你碰巧出现在朋友们的聚会上,身边有个特别迷人的约会对象。他们备感惊讶,嫉妒你的好运气。
- 你意外地收到了一个超棒的聚会邀请,那里的人既时髦又迷人,现在你很庆幸自己没有和朋友们出门。
- 那次晚间聚会中的乐队表演糟糕透顶,你的朋友们玩得很不愉快,早早地回家了。

我们大多数人偶尔会沉浸在这种幻想的安慰中,来逃避排斥带来的羞耻感。用这种方法来否认自己感到受伤,想象让他人感到嫉妒或受到排斥,或者想象扫了他人的兴致,使自己不要因为没有受到邀请而耿耿于怀,这是没有害处的。我们通过这样的幻想否认羞耻感,在优越感中寻求安慰,这有些类似于凯莱布的做法,但没有那么极端——他塑造了一个理想化的虚假自我,用于否认自己更为深刻的核心羞耻感。

简而言之,我们经常否认自己的羞耻感,并对此毫不知情。我们告诉自己没必要感到羞耻,或者因为自己的问题而指责他人。我们在遭到批评时感到愤慨,借助优越感或通过轻视那些威胁我们自尊的人来安慰自己。想要否认羞耻感的动力会影响我们外显的行为,以及我们对待他人的方式，但更常见的现象是，对于羞耻感的否认会以幻想的形式，在我们的"内心剧场"中上演。只要这些是暂时安慰自己的做法，而不是与他人交往的普遍行为方式（从长远来看，这会破坏我们的关系），这就都不是病态的行为。

某些深陷羞耻感的人既不能回避羞耻感，也无法否认羞耻感，他们找到了控制和预测羞耻感的办法。我将在下面的章节介绍那些方法。

控制羞耻感

第15章

自嘲

在我的职业生涯早期,那时我刚开始私人执业,收费很低,因为我的来访者大多请不起资深的治疗师为他们治疗。我相信大多数新手治疗师都会经历这样一个阶段。一方面,我们会感觉这种工作像是一种剥削,尤其是此时我们自己仍在接受治疗,付给治疗师的钱是来访者付给我们的数倍之多。另一方面,这段经历是一个绝佳的机会,我们能够遇到许多有趣又罕见的个案,帮助许多身陷困境的人,他们不论在工作中,还是在个人生活中,都难以发挥自己全部的潜能。这些来访者不像那些成功的律师、医生和其他专业人士,等我们变得更加资深之后,后者能付得起我们的全额费用。

经济拮据的人通常有一些棘手的个人问题,这使得他们很难治疗。早年间,我治疗过几个可能会被诊断为边缘型人格障碍的来访者,他们的情绪起伏不定,有时会大发雷霆、口出恶言,可能还有药物滥用和自我伤害的问题。这样的来访者可能会在治疗结束的几个小时之后打来紧急电话,把你的生活搅得天翻地覆,也可能在治疗中对你进行人身攻击;他们的生活极端混乱,可能经常被炒鱿鱼,或者辞掉自己的工作,以至于连削减后的费用都负担不起。在我为妮科尔(第13章)治疗的早期,她就是一个这样的来访者。

诺拉有着一系列截然不同的问题。尽管把她转给我的治疗师称她是个边缘型人格障碍患者,几乎对于把她送到我这儿心怀歉意,但她的问题并不完全符合边缘型人格障碍的诊断标准。现在回忆起来，我觉得我的这位同事似乎害怕诺拉，就算诺拉能负担得起治疗费用，这位同事可能也不会接受她。听完我讲述与诺拉的最初几次治疗，你可能会对我那个同事表示同情。

到了预约的时间，我走出办公室，到等待室去迎接诺拉。她穿着一条蓝色的牛仔裤、一双帆布高帮鞋，还有一件松松垮垮的T恤。她棕色的头发被修剪成圆寸，像个士兵一样。她看上去有28岁左右。在我开门的时候，她好像受到了惊吓，跳了起来。她看上去瘦削而结实，神经颇为敏感。她无法直视我的目光，急匆匆地进了我的咨询室。

当时，我的大多数长程来访者都会躺在沙发上接受治疗，我的椅子就在沙发后面，还有一把来访者座椅摆在我的椅子对面，那是为喜欢坐着接受治疗的来访者准备的。诺拉环顾四周，瞥了一眼那把来访者座椅，然后一头扎进沙发垫里，做起了头手倒立。我呆立在咨询室里，一时间有些不知所措。

她的胳膊肘撑在沙发垫上，身体靠在沙发靠背上，双手把自己脑袋的朝向从一边扭到另一边，脸上挂着夸张的、难以置信的表情。

"哇，这才叫换个角度看世界！"她叫道。她的声音听起来像个来自纽约的中年犹太妇女。"我从没试过从这个角度看待问题，博士。不，我是说真的。你真的让我大开眼界！要我说，你可真是个天才！"

尽管我受到了些许惊吓，但我仍然觉得诺拉很有趣。我努力忍住没笑出来。

这就是我和"犹太妇女"的第一次见面，这是她幻想出来的几个古怪角色中的一个，她的想象力极其丰富。即便是在当时，我也知道这不是典型的多重人格障碍。我觉得，对于诺拉来说，在心理治疗的情境下与一个陌生人见面，这让她感到非常焦虑，扮演这样的角色能帮助她应对压力。在那时，我没有看到她行为背后的羞耻感焦虑（"非自愿的暴露"带来的羞耻感），但很明显的是，我对她的观察让她感到很不舒服。我在来访者座椅上坐下，静静地等着。

过了一分钟左右，诺拉轻巧地翻身坐下，靠在沙发的正中间。

"博士，你说说看，"她捋了捋自己假想中的头发，就像坐在镜子前梳妆打扮，用犹太式的纽约口音继续说道，"你觉得我的新发型如何？是不是太蓬松了？我拿不准。有个女孩说我肯定会喜欢的，但我不确定。我就是不确定。跟我说实话，这会不会显得脸太胖了？"

我仍然在拼命控制自己，不要笑出声来（那可太不专业了）。我说："我猜，和我一起待在这儿，你可能不太舒服。"

"真是个绝妙的判断！"她叫道，"要我说，你真是绝了，上哪儿找像你这样的治疗师去啊！我的天，你真漂亮。我不想让你难堪，博士，但我想说，你真是个小可爱。"

她根本没有正眼看过我。她在自顾自地表演着一场喜剧，而我被她安排在剧中扮演了一个角色，这就是她应对这种陌生（或可怕）情境的方式——经过回忆，我能补充上"可怕"这个词，是因为这个情境可能会让她暴露于强烈的羞耻感之中。"犹太妇女"喋喋不休，目光在整个房间的各个角落游移，就是不肯与我有任何眼神交流。她双腿交叉，盘着腿坐在沙发上。

"我喜欢你的办公室！装修得太有品位了！你是雇了装修设计师，还是你妻子帮你设计的？请勿见怪，亲爱的博士，我得说，这设计里有女性的风格，如果你能明白我的意思……我家的马文，愿他安息，他一点品位都没有。我真命苦！他每天穿得跟个土鳖一样。在家里装修这件事上，他全听我的。'装修是件小事'，他是这么说的——他的幽默感也就这样了。大多数人都不会觉得这好笑。他真是个好人！"她用一张看不见的纸巾抹了抹眼角，然后抬头仰望天空。"等着我，马文——我会来找你的！用不了多久了！"

面对这样的来访者，治疗师该怎么办呢？你怎么才能与她建立情感联结呢？很明显，她觉得很不舒服，而这也让我感到很不舒服，但她同时也让我很想笑出声来。诺拉很有喜剧表演的天赋，她有许多种说话的音调，几乎能让她说的每句话都很滑稽。

"你为什么决定来做心理治疗？"我弱弱地问道。

诺拉突然伸出腿，在面前的地板上摊开双腿。她把双手撑在大腿上，挺起胸膛，显得很自信，甚至有些阳刚。她眯起眼睛，向我点了点头，斜视着我，仿佛在打量我。当她开口时，她的声音听上去沙哑而低沉。

"你很有口才，博士。我一眼就能看出来。大家都能看出来你很有潜力。我店里需要你这样的人——我是说真的。只要你开口，这工作就是你的了。我敢打赌，你把车卖掉的速度快得就像在过圣诞节一样。"

这就是"二手车销售员"，她的另一个有趣的角色，我后来对这个角色也逐渐熟悉起来。诺拉抽着一支想象中的雪茄，然后假装从嘴角把烟吐出来。"啥也别说！我求求你。我老婆唠叨得已经够多了。听着，我知道自己该戒烟，但我是真喜欢时不时地抽上一支。说真的，那有什么害处呢？你倒是说说看，博士，除了我自己，我又伤害了谁呢？"

我突然想到了自我伤害。我试图把目前对诺拉的各种印象拼凑在一起，但它们之间始终缺乏连贯性。我也感觉到咨询室里仿佛有几个心理观察员（他们是我自己的分析师），以及一些我尊敬的其他资深治疗师。他们想知道我在面对这样的来访者时会怎么做，对我处理这种个案的能力感到怀疑。我从没读到过像诺拉这样的个案记录，完全不知道该怎样对她做出回应。

"这是你能控制的吗？"我问道。我不知道自己应不应该这样问，但我脑海中的心理观察员催促着我说些什么。"如果你愿意的话，你能不这样说话吗？"我继续问诺拉。

诺拉突然瘫倒下来，仿佛整个人都垮了。她绷紧自己的手掌，开始击打自己的头部——头顶以下，太阳穴以上的位置。她的泪水夺眶而出，顺着脸颊滑落下来。她看上去既痛苦又生气。片刻之后，她又转换角色了。她抬起一只胳膊，肘部抬得高高的，用食指指着自己的鼻子，做了个鬼脸。

"她的脸蛋儿中间有一个超大的青春痘！你看见了吗？"

在我职业生涯的那个阶段，我还完全不了解核心羞耻感，也不知道它如何让人觉得自己是丑陋的，但我理解诺拉心中满是痛苦，这让她觉得自己十分丑恶。任何坐在咨询室里的人都能感受到她的痛苦。我终于找到了合适的语言来表达我的想法，我从需求与依赖问题的惯用视角出发，重新组织了语言。这种视角贯穿了我所接受的训练和分析的始终。

"我猜，需要接受心理治疗让你觉得自己无比丑陋，以至于任何见到你的人都不会真心想要帮助你。"

解释得不准确也好过不解释。好几个月之后，诺拉告诉我，我没有在第一次治疗时赶她走，这让她感到很宽慰，也很感激。我愿意和她一起待在咨询室里，尝试去理解她的感受，这就像上天的恩赐。在我的职业生涯中，我见过一些别的很困难的来访者，我无法和他们建立情感联结，他们在几次治疗后就不再来了。尽管诺拉的问题很严重，但我依然觉得她很可爱（这次同样不可言喻）。

渐渐地，我了解到，当诺拉表现出"犹太妇女"和"二手车销售员"的人格特征时，她不仅是在模仿滑稽的角色，更是在自嘲——嘲笑那些让她感到羞耻的自身特征（她的犹太出身、僵硬的体态，以及不够纤细、缺乏女性魅力的腰）。诺拉错误地将她感到的核心羞耻感与自己的鼻子，以及有些男性化的身体姿态等同起来，于是抢在他人羞辱之前嘲笑自己，以此作为一种保护性的自嘲。

班级小丑

尽管诺拉在治疗中表现出的人格特征有不少问题，甚至还有些混乱，但她在一家医疗设备供应商那里上班的时候，依然是相当尽职尽责的。她离群索居，没什么朋友，也没有任何亲近的人。她没有结婚，有限的性经历也相当令她不满意。在工作中，她要么把大家逗得哈哈大笑，要么就埋首于工作中。

单独在家的时候，她会写故事，并配上插图，创作她口中的"漫画书"，按照现在更时髦的说法，这叫作"绘画小说"。尽管她在看电视的时候难以集中注意力，甚至都不能坚持看完一集情景喜剧，但她能花好几个小时为自己的漫画作画，构思精巧的故事情节。她也写诗，有时还会在客厅为她的两只猫表演脱口秀。诺拉是个多才多艺的艺术家，但还没找到与世界分享自己天赋的方法。

她一直都是个搞笑的人。从她记事起，她就知道如何逗别人笑，她尤其擅长模仿，经常逗得别人忍俊不禁。她能为丧偶的母亲带来欢笑，减轻她的抑郁。小时候只要能逗其他孩子笑，诺拉就觉得自己不那么格格不入了。她从小就觉得自己是个怪胎，与其他孩子截然不同，这在一定程度上既因为她没有父亲，也因为母亲毒瘾缠身，但最主要是因为她觉得自己很奇怪，就像个外星人一样。她觉得自己和别人太不一样了，经常受人排斥而感到羞耻。

她一走进房间里，她的存在就会让你感到不舒服——毕竟，她很古怪，又极度紧张不安，所以她很容易让周围的人也感到焦虑。当她感到不安时，就会做一些反映自己奇怪感受的表情模仿秀，用自嘲的方式吸引他人的注意。每当这种时候，我都觉得她非常有趣，但我从没忽视她的痛苦。当时我还未能把这种痛苦看作一种几乎难以承受的羞耻感。

想要准确描述诺拉的幽默感几乎是不可能的事。我们都认识一些非常有趣的人，有趣到难以形容的地步。在治疗中，她会做各种鬼脸来逗我笑。即便是最平淡无奇的话语，从她的嘴里说出来，也能变得极其搞笑。或者，她会变成自己幻想中的诸多古怪角色中的一个，其中包括"山谷女郎"。

"哦，天啊，布尔戈博士！哇，这太神奇了！哦，不，等等！讨厌，我忘了。你刚刚说什么来着？"

"对你来说，不幸的是，"我重复道，"你很擅长逗我笑。"

我经常对她这样说，因为她会用幽默感与我保持距离，以至于我无法与她建立情感联结，也无法帮助她。

当我们谈及心理防御机制的时候，通常会隐含着负面的意义，好像直面真相带来的痛苦比防御更加健康。在某种程度上这是对的，就像诺拉一样，许多出身悲惨的人只能使用自己在成长过程中东拼西凑而成的防御策略来应对痛苦，除此之外，别无他法。一言以蔽之，诺拉根本没有"更健康的应对方式"，她不知道那是什么样的。在理想状况下，婴幼儿会在父母的帮助下学会管理自己的情绪。一旦父母完全无法提供孩子心理成长所需的支持（就像诺拉的情况），孩子就不得不找寻其他应对方式。这些方式可能是不恰当的，通常会导致另一种不同的痛苦，但在某种程度上，它们确实有效。对于那些棘手的问题来说，这些应对方式通常都是相当有创意的解决方案。

诺拉还在襁褓中的时候，她父亲就死于服药过量了，留下她与母亲相依为命，但母亲根本没有能力照顾她。诺拉的母亲是个毒瘾缠身的抑郁症患者，她漂泊不定，工作不稳定，喜怒无常，时不时地和那些给她毒品以换取性关系的男人生活在一起。在诺拉的记忆中，她的母亲从来没给她做过一顿饭，尽管她知道自己肯定吃过饭，不然自己已经死了。她的童年回忆中充满了饥饿。毫不夸张地说，诺拉是自己把自己养大的。

婴儿来到这个世界上的时候，天生就有去爱和被爱的需要。回想一下无表情实验。这可能还不完全是成年人所说的爱，但婴儿与照料者愉快互动的渴望代表了爱的先兆。正如我在第5章讲过的，婴儿大脑的正常发育也依赖于这种快乐的互动。诺拉几乎从没有过这种互动，因此她不会觉得自己是漂亮的、值得被爱的，也不会觉得自己是母亲情感世界的中心，相反，她觉得自己是丑陋的、畸形的，在无情的宇宙中飘浮着。

诺拉有时会称自己是个东拼西凑的残次品：身体各部分勉强被电线、绳子和胶带捆在一起，随时都有可能四分五裂。在某种程度上，她觉得自己丑陋到无法忍受，极其不讨人喜欢。诺拉就像我的来访者莉齐，那个因严重社交焦虑而饱受折磨的有抱负的作家（第7章），她与他人不相往来，是为了回避羞耻感——在公司埋头工作，在家孑然一身。当诺拉偶尔不得不出现在他人面前时（例如，在治疗中），她故意做出极为滑稽的行为，让自己显得很奇怪、丑陋、怪异，以此来控制自己那时的感受。她迫使别人去嘲笑她，从而防止他人以自己无法预料或控制的方式来取笑或羞辱她。

没有人想受到嘲笑或取笑。我们大多数人都会千方百计地避免这样的经历，而有一些像诺拉这样的人会故意寻求这样的经历，故意让自己在别人面前显得很可笑，去逗乐他人。"非自愿的暴露"带来的羞耻感是很痛苦的，可它一旦是故意制造的、受自己控制的，那这种羞耻感就变得可以忍受了。娱乐大众，听到他们的笑声可能会引发一种自豪感，而不只是防御羞耻感。这种行为起初是一种控制羞耻感的防御策略，如果经过艺术化的巧妙加工，也会变成自我尊重的来源，正如诺拉的情况一样。

独角戏

我和诺拉的治疗持续了将近20年，最初的治愈源自我们的情感联结。除了提供见解与理解之外，我还为诺拉提供了一种情绪环境，在一定限度内弥补了她童年缺失的东西。心理治疗不是万能的，即使我与诺拉成功地建立起了牢固的情感联结，也不足以让她变得像一个在更为稳定可靠的环境中长大的成年人。即便如此，我依然让她感到安全，不被忽视，最终让她感到有人爱真实的她。

她在我们的治疗中获得了极大的成长，即使她依然是个有些古怪的人，在友谊和爱情中艰难地尝试着敞开心扉。很难用三言两语来总结我们多年以来形成的相互的尊重与爱。诺拉最终为自己在治疗中取得的进步，以及在生活中取得的成就感到深深的自豪。随着我在心理治疗工作中变得更有信心、更加自如，我也更加能够分享她所感受到的成功的喜悦，并且真诚地告诉她，我多么为她感到自豪。

在我们治疗工作的早期，诺拉会经常躲避到夸大幻想中去。她幻想自己获得了财富和名望，以此来战胜自己的残缺和丑陋感。她不但喜欢画出自己的故事，还喜欢写小说。她虽然构思了几部长篇小说，但从未坚持写完一部小说。她有时会幻想自己是一个著名的作家，自己的作品被翻译成 50 种语言，还被好莱坞拍成了电影。在当时，我会把这些幻想解读为她在借助全能感来否认自身的需求：一旦她不能忍受那种弱小和依赖的感觉，就会立刻奇迹般地变成文学明星。现在我会把这些幻想解释为对羞耻感的逃避，而不是对需求的逃避。

在后来的治疗阶段，我得知了她的夸大幻想并不仅是一种防御，它们还表明，诺拉对富有创意的人心怀深深的敬意，并且渴望成为像他们一样的人，即便她难以坚持付出成功所必需的艰苦努力。她敬佩的那些作家，写出了经得起时间考验的作品。她敬仰的那些画家，改变了人们看待世界的方式。

她也非常尊敬一些脱口秀演员，她认为他们本身就是艺术家，尤其是来自《周六夜现场》(Saturday Night Live)的才华横溢的安迪·考夫曼(Andy Kaufman),他后来还出演了电视剧《出租车》(Taxi)。诺拉说,他极其古怪的表演让他看起来像是自己的亲戚。我们的终极治疗目标之一,就是切断夸大幻想与艺术之间的联系,这样她才能为了取得成功而付出漫长、艰辛的努力。

像我的另一位来访者莉齐那样的人,他们总在回避羞耻感,对他们来说,以任何形式发表自己的作品,都会对他们的感受发起巨大的挑战,因为一旦自己遭到拒绝,这种做法就会因遭人排斥或期待落空而带来羞耻感。要克服恐惧勇往直前,需要极大的勇气。诺拉也许能私下在公寓里给猫咪表演脱口秀,但在公共场合表演就太可怕了,那完全是另一回事。她也完全不知道该如何融入自己渴望已久的世界。她没有导师,没有任何人能指导她如何达成自己的目标。

和莉齐一样,诺拉的成长之路也很漫长和崎岖。她偶然发现了一些成人教育课程的广告传单,授课地点在洛杉矶,这成了关键的转折点。尽管她从未对即兴戏剧表演感兴趣,但她最终报名参加了一门即兴戏剧表演课。她中途退出了课程,但又在下一学期重新报名。最终,她加入了一家剧团,他们在市郊的一家经过改造的店面里定期演出。

诺拉多次邀请我去看她的剧团表演,我后来同意去观看一场演出。那时我已经为诺拉的进步投入了许多年的时间和情感,我自然对于她在咨询室以外的表现感到好奇。她在舞台上的表演非常滑稽,她怪异的表演风格让同事很难入戏,常常忍不住笑场。我能看出来,诺拉也因此惹得同事不开心。

看完这场演出,我决定开始关注她在我们治疗过程中控制羞耻感的方式,她一直在用幽默的方式远离我,尽管这种做法不再像以往那样明显。在大多数方面,她似乎已经和很久以前那个来找我做心理治疗的年轻女士截然不同了。现在她衣着得体,把头发留长,剪了个时髦的发型,再也不怕与我有目光交流了。她机智又聪明,为她治疗非常愉快。她依然知道如何逗我发笑。我很享受我们的治疗过程,没能注意到她一直在用幽默来调整我们之间的亲近程度。

只要我做出一个令她惊讶的解释,她通常会评价说"真有意思",然后放声大笑。一方面,她是在表达真诚的欣赏;另一方面,她的评价和笑声让我们远离了她内心深处的痛苦,以及挥之不去的羞耻感。我也开始关注她如何精心把控治疗进程,控制话题的转换,有时让我感到被边缘化了,就像我被降格为一个听众。

当时的治疗集中于我们的互动上——诺拉常拿我们的对话开玩笑,她难以体会我顺口说的话,并做出发自肺腑的回应。我最终发现这种控制手段是一种针对"非自愿的暴露"的防御方法:尽管我们花了多年时间来建立信任关系,但她仍然害怕我可能会用意想不到的方式嘲笑她。我们后来把她这种具有控制性的互动方式与她在舞台上的表演联系起来,并探讨了这种行为如何让她与同事格格不入。

尽管诺拉非常渴望在表演方面获得成功,但她也很需要归属感,需要感到自己是集体中真正的一员。在我们治疗的最后阶段,她学会了控制自己的幽默,让舞台上的其他演员也有机会开始自己的表演。她学会了做一件看似完全陌生而可怕的事:关注其他演员的表现,对他们实际所说的话做出回应,而不是用让人喘不过气来的幽默控制整个舞台。出于很明显的原因，诺拉很难相信他人（包括她剧团里的成员）能够帮助她。她总是不得不靠自己应付一切事务。

诺拉后来继续为当地的剧组写作戏剧，并逐渐成了一名小有名气的剧作家。后来她恋爱、结婚，几年之后离婚。最近我听说，她的一部剧本正准备被拍成电视剧。

第16章

自我憎恨

在我的职业生涯后期，有一次我发现自己同时治疗了三个在中学时遭遇过霸凌的来访者。那时我是一个深受客体关系理论影响的精神分析师，该理论认为精神疾病的根源在于生命最初的几年，我还不完全理解后来的创伤（例如霸凌）对于一个人的心理会有多么重大的影响。瑞安的案例将这点体现得淋漓尽致。他来治疗的时候，还是一个未满30岁的年轻人。他的主诉是，他有严重的自我憎恨情绪，有时会让他陷入近乎紧张症[⊖]的状态。瑞安在上中学时遭遇过霸凌、嘲笑和排斥，这些经历为他留下了难以磨灭的伤痕。

霸凌者通常会欺负那些深陷羞耻感和自尊问题的人。尽管瑞安的情况也是如此，但我怀疑，如果不是他在中学时的同伴团体以突然而又难以预料的方式来攻击他，瑞安也不会心怀如此深重的自我憎恨。我的这三位来访者都遭受过突然而难以预料的霸凌，这对他们造成了重大的打击。在他们遭受霸凌的那一刻之前，他们都以为自己是安全的。他们相信自己在周围的社交世界中能有一席之地，即便他们并不特别受人欢迎。然而有一天，他们突然遭受了因排斥带来的羞耻感。他们被同伴嘲笑，遭受了"非自愿的暴露"，以及随之而来的羞耻感，这一切让他们猝不及防。这种创伤塑造了他们余生的人格，它的影响之大，再怎么强调也不为过。

⊖ 紧张症（catatonia）表现为精神和肢体运动方面的双重紊乱，并伴随行为异常，通常表现为木僵状态。——译者注

在我为瑞安治疗的一年半里，我从没见他露出笑容，也没听过他的笑声。在我见过的人里，很少有人像他这样闷闷不乐，他看上去遥不可及，拒人于千里之外。在我们进行视频治疗的时候，他通常会出现在同一个逼仄的房间里：坐在一张小书桌前，背后是一面书柜，空间十分狭小，仿佛要把他困在其中。他房间里的灯光很昏暗。即便他的室友上夜班，在我们治疗的时候并不在家，他也总是用一种克制而柔和的声音讲话，仿佛害怕别人偷听。

瑞安有些异国的样貌，颇为英俊，有着杏仁形的双眼，肤色与他的母亲一样。尽管他认为自己很丑，但他依然能时不时地意识到，总会有女孩觉得他很有吸引力。瑞安通常特别害羞，当女孩跟他调情的时候，他总是难以回应，他的退缩让人觉得他很自负。他非常渴望与女孩约会，交到女朋友，这既是因为他极度孤独，也是因为他的孤独让他觉得自己更像个失败者。他的大多数同龄人都在谈恋爱，并且有的已经结婚了。

瑞安的朋友圈很小，他认识的人基本上来自高中和大学，都是与他年龄相仿的、不善社交的男性，他与这些人一起打游戏、听摇滚乐。在上大学时，瑞安一度在乐队里担任键盘手，但在当地俱乐部登台演出会让他感到剧烈的自我憎恨，最终他离开了乐队。他喜欢演奏乐曲（他用一种了然无趣的语气告诉我），喜欢在乐队里的感觉（他的语气极为平和），但他实在无法忍受每场表演前的内心煎熬。

瑞安开始接受心理治疗的时候，他在一家营销公司上班，强势的男同事在他的工作团队里占据主导地位，他们外向、聒噪、自信——"大龄兄弟会成员"，瑞安这样称呼他们。整个工作日，他们都在互相开玩笑。不似令人喜笑颜开的幽默对话,他们的谈笑让瑞安觉得自己像个局外人、嘲笑的对象。瑞安讨厌自己如此逆来顺受,觉得自己应该更像自己的同事。只要有人嘲笑他的沉默寡言,就会唤醒他中学时的创伤,让他内心充满羞耻感和自我厌恶。

尽管他每次治疗都按时上线,但他似乎对我和我们的治疗毫不关心。他经常说自己像个外星人,即便自己外表和真正的人类一样,但内心与他们不同。我觉得,瑞安仿佛创造了一个孤独、黑暗的洞穴,而他就生活在其中。

一次治疗让我对瑞安的孤独有了切身的体会。当他像往常一样出现在屏幕里的时候,他坐在方向盘的面前,而不在自己的书桌旁。附近的一盏街灯在漆黑的夜色中发出光芒,光线穿透了车窗,呈现出一种奇异虚幻的色彩。那场面孤独至极,在我脑海中久久挥之不去。在这之后,我见过一些其他的来访者,他们也在车里与我通过话——在公司的停车场里,因为他们找不到其他的私密空间,或者像瑞安一样,当有人在家时,把车停在路边与我通话,但这是我第一次经历这样的事情。我有些震惊。

"发生了什么?"我问。

"丹尼斯改成白天上班了。"他说。当我们开始治疗的时候,瑞安的室友从没在治疗的时候在家。

在那次治疗中,路过的车灯会时不时地照亮瑞安的脸。此时瑞安会突然露出警觉的表情,他会停止讲话,仿佛准备应对威胁。他有好几次仿佛听到车外的人行道上响起了脚步声,此时他会中断谈话,侧耳倾听。

"没事,"过了好一会儿,他说,"没有人在那儿。"

中学时的创伤

瑞安的父亲年轻时在石油和天然气行业工作，在亚洲旅居多年。当他回到美国科罗拉多州的老家工作时，他带回来了妻子和他们襁褓中的儿子瑞安。父亲的新公司位于一座小城市，其中的居民大多数是白人，还有一些西班牙裔，几乎没有亚裔。这座城市的经济支柱是军用设施产业，一家全国性的保守派宗教基金会的总部也设在这里。几年后，他们的另一个儿子出生了——瑞安的弟弟亨特。

瑞安觉得，他的童年早期没什么值得关注的地方，没什么重大家庭创伤，相对正常。我却不这么认为。瑞安的父亲是个羞怯的人，与他人关系疏远，而瑞安的母亲十分强势，处处压其父一头，显然他母亲认为自己的丈夫是个失败者，丝毫不掩饰自己对他的鄙视。母亲是个野心勃勃的女人，在来到美国不久之后就创立了一家物业管理公司，经营得非常成功。她还和两个姐妹一同经营着一家进出口贸易公司。母亲终日忙于生意，爱掌控儿子们生活的方方面面，却不怎么顾及他们的感受。

即便是在上小学的时候，瑞安也觉得自己与周围的同伴有所不同，这种不同不仅体现在相貌上（他有一半的亚洲血统），还体现在性格上。他性格羞怯，细声细语，几乎没有朋友，他觉得自己缺乏某些重要的特质——那种他在许多男孩身上常见的自信与活力。母亲为他报名参加足球联赛，并坚持要他一直踢球，尽管瑞安不喜欢这项运动，但他依然坚持踢了好几年。轮到瑞安的母亲为比赛球员准备零食的时候，他对母亲送来的小吃感到难堪——她准备的是凤梨酥和肉包子，而不像其他母亲那样带来包装好的零食。

虽然他不那么受欢迎，但他依然觉得自己在社区中拥有一席之地。即使没人把瑞安当作自己最好的朋友,但他的同龄人经常邀请他去参加他们的生日聚会。当他的同学分成两队进行体育活动时,瑞安总是能加入更强的那队。老师在课上叫瑞安回答问题时,他也没有觉得有多不舒服。他有时希望自己能更受欢迎,但这种想法并不会让他难过。

瑞安在 12 岁的时候升入了中学,而他的弟弟亨特被正式诊断为阿斯伯格综合征。亨特一直看上去有些不同寻常,他讲话特别正式,有些奇怪,并且拒绝使用任何缩写词;他走路的时候,也会以奇怪的方式蹦蹦跳跳,总是用前脚掌着地,身体向前倾斜。有些男孩会因为他弟弟而嘲笑瑞安,并且叫亨特"怪胎"。或者,他们会在瑞安面前模仿亨特的讲话方式,用强调的语气说"不会"(will not),而不说"不"(won't),或者说"不可以"(cannot),而不说"不行"(can't)。后来,他们的嘲讽集中在瑞安眼睛的形状上,甚至自己所在的足球队多年的队友也开始嘲笑他了。他们的新任队长丹尼成了带头欺负瑞安的人,一直对他纠缠不休。

在青春期之前,丹尼个头很小,身体不是很协调。尽管丹尼的父母在许多年前(丹尼两岁时)就离婚了,可他们一直争执不休,既在公共场合吵闹,也打过官司。瑞安记得在一场足球比赛上,丹尼的父母都出现了(他们通常轮流来看比赛),他们在场边大吵大闹,让丹尼无地自容。瑞安曾经觉得与丹尼有些亲近之感,因为他们似乎都很像局外人,与其他孩子不同。中学生活让一切都变了。

升入中学之前的那个夏天,丹尼长高了几英寸[⊖],长出了肌肉。

⊖ 1 英寸 =0.0254 米。

他变得更好看了。升入中学是一次社交地位洗牌的机会,丹尼成了"酷小子"中的一员,在男孩和女孩中都非常受欢迎。丹尼在走廊里嘲笑瑞安,管他叫"猴子",其他孩子纷纷效仿。丹尼跟朋友说,他觉得瑞安肯定是同性恋,一时间谣言四起。男孩们开始在路过瑞安身边的时候,把他往自己的储物柜里塞。成群结队的女孩们会在餐厅的餐桌旁对瑞安指指点点、暗中窃笑。在球队训练的时候,队友会故意绊倒他,在他摔跟头时哈哈大笑。

尽管母亲百般反对,瑞安还是退出了球队。当瑞安终于告诉母亲,自己在球队遭受的欺侮时,她只是耸耸肩,告诉他应该坚强一点。瑞安觉得母亲对他的态度很轻蔑——把他看作一个弱者,就像他父亲一样。瑞安知道不能像父亲求助,因为父亲似乎与其他家人越来越疏远了。瑞安接下来受到了长达两年的霸凌,他的羞耻感越发强烈,甚至他考虑过自杀。他希望自己变成透明人,大多数时候都会躲着其他孩子。

升入高中的时候,青少年的社交地位又进行了一次洗牌,此时瑞安突然发现自己不再是被欺负的对象了,然而羞耻感的影响依然伴随着他的整个青春期,一直延续到成年期。到了近29岁的时候,瑞安终于开始寻求专业的帮助,那时他已经深受自我憎恨的折磨,并且因此感到寸步难行。他曾经试过认知行为疗法。他在读了我的几篇有关羞耻感的博文后,联系了我。

新的视角

在我们的治疗早期,我曾这样说过:"当你说你恨自己的时候,具体是在指什么?当这种自我憎恨的情绪发作的时候,你在想什么?"

尽管我们相隔数千英里,身处不同的城市,通过视频进行治疗,我依然能感到屏幕中的他开始紧张了。他陷入了沉默。

我最终开口说道:"仅仅是跟我谈论这件事,肯定都让你感到很羞耻。"

他向我僵硬地点了点头。他的目光一如既往地低垂着。最后他告诉我了那些时候的想法:"'你是个该死的失败者。你太可悲了。你太丑了。没人喜欢你。你还不如去死。你是个蠢货。你做的事有什么意义吗?你知道你肯定会失败的。'这些念头会一连几个小时都挥之不去,不断重复。这些念头一刻都不曾停息,仿佛我时刻被人监视着、评价着。'你太可悲了。你太丑了。'他们一遍又一遍地重复这些话。"

他的身体缩了一下,好像在那一瞬间遭受了攻击。告诉我这些需要勇气,而现在他觉得自己好像受到了惩罚,因为他竟然胆敢把这些话讲出来。

尽管当时我已经相当资深了,但我从未见过如此强烈的自我憎恨。从我和瑞安开始治疗的时候起,我就发现自己用于理解这种问题的主要理论模型(惩罚性的超我、完美主义倾向,它们通常是针对需要和依赖的防御机制)已经帮不了我了。在瑞安的自我憎恨中,似乎有着更为深刻和难以解释的东西,而瑞安将逐渐帮助我去理解它。

尽管瑞安在许多方面都感到羞耻,但他的羞耻感主要集中在自己的身体上:他觉得自己的背部和肩膀上长满了恶心、厚重的汗毛,一直延伸到胸部上方。在我们开始治疗之前,他在电蚀除毛上花了数千美元，成功去除了一部分体毛，但是（据他所说）这还远远不够。由于这种有关身体的强烈羞耻感，他除了偶尔在喝得烂醉如泥时与人发生性关系之外，就再也没有其他的性经历了。当他不喝酒时，一想到在另一个人面前赤身裸体，瑞安就觉得无法忍受。

虽然他对自己的体毛明显抱有很深的羞耻感，他却时不时地穿着背心或无袖 T 恤出现在我们治疗的视频中，这让我感到很惊讶。在我看来，他的手臂、肩膀和胸部上方似乎相当光洁。当我指出这点时，他告诉我他的实际状况很糟，而且我应该看看他除毛前的样子。我有一种从未能在治疗中表达出来的看法，即我觉得瑞安渴望别人觉得他是英俊的，但这种英俊是纯洁的，不含有任何性感的意味，因为他害怕这种渴望会带来羞耻感（落空的期待、无回应的爱），所以他既不能向自己承认，也不能向我承认。因此，他露出自己的皮肤，在我或者其他人贬低他之前，就声称自己很丑。

你可能认识一些人，他们常常在社交情境中贬低自己。有时他们会说一些自嘲的笑话，有时他们会对自己做出贬损的评论，这会使他们身边的人感到不适。我们一般说这样的人缺乏自尊，对自己要求太高。瑞安让我理解到，自我贬损也是一种控制羞耻感的方式。与其希望他人觉得自己很漂亮、很有趣，或很聪明，从而让自己陷入脆弱的境地（进而可能遭遇羞耻感），不如先下手为强，将羞耻感施加在自己身上，这样别人就不会这样做了。虽然这样的羞耻感会让人痛苦，但至少这种羞耻感不会出乎意料。

在我们较早的治疗阶段里，我就有了这种认识，但要理解这种认识与自我憎恨的恶毒攻击行为之间的联系，我花了很长的时间。那种自我憎恨时常让瑞安寸步难行。尽管我尝试帮助他面对内心对自己不留情面的批评，但收效甚微。几乎每个月，他都会残酷地折磨自己，以至于几乎不能从床上爬起来去上班。只要瑞安带着自我厌恶的痛苦来到治疗中，他都会显得很封闭、遥不可及。我很想帮助他缓解这种痛苦。

我开始发现了一种模式：只要他任由自己设想走出孤独、主动向前的时候，就通常会遭受自我憎恨的猛烈抨击。在工作中，他准备申请升职，但他一想到要参与访谈，就严厉地斥责自己，结果他偏头痛发作，整整卧床休息了两天。当他在工作中遇见了一位年轻女士，打算约她出来的时候，他不断想象对方拒绝他时的鄙夷神色，因此从未能鼓起勇气去表明心迹。有时，甚至像想要给同事讲个笑话这样的想法，都会引发难以承受的自我憎恨，让他难以启齿。

有一天，我突然有了一个想法，尽管这种想法最初有些违背直觉，但这种自我攻击可能代表了一种心理防御机制。

心理动力学理论认为，所有人都会借助防御机制来保护自己免遭难以承受的痛苦。每个人都或多或少地依赖这些防御机制。在大多数时候，这些防御机制帮我们应对难以承受的困境，但这种做法通常是暂时的。只有当防御变得根深蒂固、无所不在的时候，它们才会阻碍个人成长。

尽管自我憎恨让瑞安陷入困境、寸步难行，但也让他免于遭受他人的嘲笑和拒绝。换句话说，他羞辱自己、让自己感到羞耻，是一种自我保护的方法，是一种保护自己免受无法控制的羞耻感的防御机制。

在我们的下一次治疗中，瑞安再次谈到了他的工作团队，特别是其中一个聒噪的同事。那个同事正在申请一个空缺的职位，而这个职位正是瑞安想要的。瑞安跟我讲到他在那周的不眠之夜，他在漫长的黑夜里不断地因为自己的缺点而折磨自己。他鄙视自己，因为自己是一个没勇气申请新职位的弱者。此时，我提出了一个试探性的意见：我猜，尽管这种自我憎恨相当痛苦，但也保护了他免受遭遇拒绝时的潜在羞耻感。只要他不主动向前，就永远不会遭受由"落空的期待"或"非自愿的暴露"带来的羞耻感。瑞安立刻承认了这一点。

我多希望能说，这次治疗成了瑞安治疗中的转折点，他去申请了那个职位，并获得了升职。与大众对于顿悟导向的心理治疗的看法不同，领悟本身很少能带来改变。对自己产生新认识是很重要的，但关键是你如何将这种领悟转化为行动。即使瑞安明白了自我憎恨保护他免受无法控制、无法预测的羞耻感，但他也发现自己几乎无法打破这种桎梏。在接下来的几个月里，自我憎恨一遍又一遍地让他遭受挫败、与世隔绝。

小步前行与治疗的局限性

在我们的治疗即将到一年的时候，瑞安遇到了萨曼莎，他想与这个年轻女子约会。瑞安在某天感到了片刻难得的自由，他答应去和一些大学时的老朋友一起喝酒，他已经好几个月没见过他们了。作为一个瑞安朋友的朋友，萨曼莎也来参加聚会了。瑞安立刻就被她吸引了，她的安静内敛也让瑞安觉得她是个与自己相似的人。

瑞安认识这些朋友已经很多年了，觉得与他们相处最为舒服。两杯酒下肚，再加上酒吧昏暗的灯光，瑞安更为放松了。当朋友问及自己的工作时，瑞安说了几句嘲弄同事的话，把萨曼莎逗笑了。瑞安看得出来她被自己吸引了，于是他立刻开始贬低自己。在那一刻，他似乎非常清楚，这种自我憎恨是一种自我保护的方法，在做出想做的事（问她要电话号码）之前阻止自己，以免自己遭受拒绝。

瑞安没有向萨曼莎要电话号码。那天夜里，这段经历让他产生了更为严重的自我憎恨，出现了偏头痛的症状，整个周末都卧床不起。几天后，当自我憎恨终于缓和下来时，他给那天晚上邀请萨曼莎的朋友打去了电话，询问萨曼莎的电话号码。又过了两个星期，瑞安终于打电话给萨曼莎（尽力表现出毫不在意的态度），邀请她晚些时候一起看电影。萨曼莎答应了。

我们在治疗的最后几个月里，一直在讨论瑞安与萨曼莎那进展缓慢、有些折磨人的恋爱关系。想到要在他人面前暴露自己的身体，瑞安感到极大的恐惧，以至于好几次在他们做爱之前，他都临阵退缩了。在他们第五次或第六次约会的晚上，上床似乎再也不可避免了，瑞安在去接萨曼莎之前吃了一粒安定药片⊖，还在晚餐时喝了几杯酒。在之后的治疗中，瑞安告诉我，那次性经历很顺利，而且随后的自我憎恨也没有打垮他。听起来他好像很庆幸那件事已经结束了。他的语气听起来仿佛他从中没有获得任何快乐，在性爱中没有任何愉悦。

萨曼莎似乎是个敏感而聪明的年轻女士。从瑞安的描述中，我能清晰地看出，萨曼莎能理解他对于安慰的需求。萨曼莎经常赞扬他的外貌，说她觉得瑞安很性感。她似乎凭直觉感到瑞安想要关系

⊖ 安定药片是一种镇静剂，主要用于缓解个体的焦虑症状。——译者注

进展得缓慢些，给他留下充足的空间，允许他消失好几天都不联系自己，从不逼迫得太紧，也不要求瑞安做出承诺。尽管瑞安在提到他们的性生活时显得很冷漠，似乎毫无乐趣可言，但他告诉我性生活正在变得越来越好。他从没提到过自己的体毛，也没提过萨曼莎对自己体毛的反应。

大约在这个时候，瑞安发现了我的一篇博文，其主题是"在心理治疗关系中爱的治愈力量"。我在那篇博文中也表达了本书提出的观点——经过多年治疗形成的来访者和治疗师之间的爱，是促进情绪成长的最有力的因素。瑞安最初就是因为读了我的其他博文而联系的我，而在读了这篇博文之后，他感到颇为焦虑。在我们的下一次治疗中，他告诉我，他永远无法想象让自己像我所描述的那样敞开心扉，将自己置于脆弱的地位。他无法想象自己会对我怀有"爱"这样的情感，也无法接受我可能会对他怀有同样的感情。

在随后的几周里，瑞安没有再提起这个话题，但我感到了瑞安在与我保持距离。有一天，他在治疗开始的时候宣布要立即中断治疗。他告诉我，对自我憎恨及其在生活中的自我保护作用的理解让他深受启发。他感谢我提供的帮助，但他决定日后独自面对这些困难。

他压低了声音，把目光移开，几乎是用恳求的语气说："请不要让我为自己的决定感到难过。"他说这话的时候，声音听起来有些颤抖，仿佛有些害怕。

我明白他在害怕什么，他害怕我利用自己作为心理治疗师的权威地位来委婉地羞辱他，因为他做了一个我眼中的错误决定。他害怕我会把他的决定视为一种站不住脚的纯粹防御。那个时候，我也感到了自己的羞耻感：我过去也在无意中对其他来访者做过同样的事。那时正值我职业生涯的早期，我的实践工作还在发展之中，任何一个来访者的流失，都会对我的财务状况产生巨大的影响。将他们要离开治疗的决定解读为防御，我是在尝试让他们感到羞耻而留下来。

"好吧。"我说。

那是我们的最后一次治疗，我再也没有见过他。

第17章

受虐

为什么强奸和身体虐待的受害者经常为发生在自己身上的事情感到羞耻？许多女性（有时也包括男性）长期背负着沉重的羞耻感，保守着可怕的秘密，好像她们在某种程度上需要为自己遭受强奸而负责。许多人认为是女性诱使男性犯罪，警察和刑事辩护律师也经常挖掘出受害者的性历史，使她们再次受伤，因此社会有一种指责女性的倾向。这种倾向会促使受害者感到羞耻，但不能完全解释她们为什么感到需要为过去的事情保密。信任他人、无力自卫的受害者在遭受别人的暴力侵犯之后，为什么总会留下深深的个人羞耻感？

正如一个战火之中的国家，它的国民可能会因遭受侵略，向外国侵略者屈服而感到耻辱，强奸的受害者也会因为自己的身体被某人侵犯、无力反抗，而承受长期的羞耻感。如果侵犯者是潜在的浪漫对象（约会强奸）或自己所爱的人（婚内强奸或童年性虐待），这种侵犯会促成最为严重的"无回应的爱"。为了寻求联结、感受爱，并渴望得到爱的回报，却遭受性侵或身体虐待，这种经历会产生深重的羞耻感。[1]强奸的受害者不但没能在与他人共享的快乐经历中感到自己是美丽的、有价值的，反而感到自己是丑陋的、有缺陷的、不值得被爱的，好像自己身上有什么严重的问题。

我和詹姆斯一起通过视频做了好几个月的治疗，他才给我讲了自己的故事。当他第一次提到那件事的时候，几乎是随口一说，好像这件事无关紧要似的,而事情的全部细节在随后的几次治疗中才逐渐浮出水面。詹姆斯在初中时就遭受了霸凌,并且一直持续到高中阶段。那是一场发生在更衣室的袭击,詹姆斯为此保守了几十年的秘密。当我们开始治疗的时候,詹姆斯已经接近50岁了,他是个富有而受人尊敬的外科医生、马拉松运动员,也是他们社区内少有的条件最好的"单身贵族"。他英俊潇洒、性格外向、充满自信,至少在表面上看来如此,詹姆斯似乎拥有别人想要的一切。他有许多"熟人",大多数都是崇拜他的,或者向他寻求经济帮助的人,但没有真正的朋友。他一直都没有结婚。

刚上高中的时候,詹姆斯参加过橄榄球队的选拔,但没被选上。他一直很热爱橄榄球,遭到球队拒绝,让他深受打击,尽管他知道这多半是由于自己的体型而非能力:尽管詹姆斯体格健壮,但他比其他选手矮。他也觉得教练出于某些自己不知道的原因而不喜欢他。在选拔的训练课中,教练经常嘲讽他的身高和他犯的错误。

詹姆斯渴望成为橄榄球队的一员,即使自己当不了选手,也自愿为球队送水,每天都参加训练,当然还会参与所有的比赛。球队的主力队员似乎也学会了教练的态度,很快也开始欺负詹姆斯。最初是嘲讽和辱骂,后来发展成在更衣室用湿毛巾抽他,最严重的一次发生在一个下午,三名队员把他按在浴室里,对他实施了性侵。詹姆斯感到极度羞耻和恐惧,当时他没有把这件事告诉任何人,尤其不愿向教练提起,因为他怀疑教练会为了保护队员而矢口否认。当詹姆斯放弃送水小弟的职务的时候,没有人(甚至他的父母也没有)问他为什么。

此前詹姆斯从未对任何人提起过那天在更衣室里发生的事情,

我是第一个听到这件糟糕事情的人。他在重述这件事的时候，眼里含着泪水，带着明显的自我厌恶情绪。尽管他知道自己是受害者，但他依然为那次性侵感到深深的羞耻，几乎觉得自己罪有应得——他肯定自身有什么问题，那些橄榄球队员才会用那种轻蔑和残酷的方式对待他。他肯定有什么令人厌恶的缺点，教练才会那么不喜欢他。

尽管这件事看上去不容忽视、意义重大，但它无法完全解释詹姆斯遇到的困难。甚至在遭受强奸之前，他就觉得自己不讨人喜欢，是个没有真正朋友的局外人。他坚持认为自己的父母深深地爱着自己，并尽职尽责地把他抚养成人，虽然他没有批评父母，但明确表示，父母对他的爱始终是有条件的。詹姆斯是五个孩子中最大的，很早就明白了自己生活中的责任是实现父亲未能实现的梦想——取得优异的学业成绩，并且日后成为一名医生。尽管詹姆斯的父亲是一个成功的商人，是社区的支柱，并最终成为这个中西部小城的市长，但他一直渴望成为一名医生。詹姆斯觉得，只有自己满足了父亲的期待，才能得到爱。

虽然没有任何证据表明，在詹姆斯和父亲之间发生过什么与性有关的事情，但他们之间的关系异常亲密，甚至亲密到有些不自然。从詹姆斯的描述中，能很明显地看出父亲似乎患有某种焦虑障碍，并偶尔伴有惊恐发作。只要父亲受到焦虑困扰的时候，他就会到詹姆斯房间里，睡在他床边的地上，就好像詹姆斯有种神秘的能力，能保护父亲的安全。尽管父亲工作很忙，但依然会每天在儿子放学回家后给他打很多次电话，想要知道詹姆斯到底在做什么，要去哪里。即使现在，父亲已经垂垂老矣，他依然会每天给詹姆斯打十几次电话。我觉得他父亲不像是一个想要掌控儿子生活的控制型父亲，而更像是需要不断与自己理想化的孩子接触，以便帮助自己控制焦虑。

这种不同寻常的行为似乎是一种在家族中延续的模式：詹姆斯的奶奶也有惊恐发作的问题，在爷爷死后，她就一直和詹姆斯的父亲睡在一张床上，一直到后者十几岁的时候。我从未设想他们之间有过不合适的性意味。相反，这件事在我看来更像是个人边界感的模糊，这是在滥用亲子关系来处理个人问题。詹姆斯的奶奶利用他的父亲来安抚自己的焦虑，而父亲转而以相同的方式利用了詹姆斯。

詹姆斯没有一致的自我认识，这一点都不奇怪。多年以来，我听过其他来访者说不知道自己"到底是谁"，但詹姆斯除了能说出自己对橄榄球和马拉松的热爱之外，就再也说不出能区分自己和他人的任何特点了。他说不出自己喜欢哪个学科、哪本书，甚至不知道自己最喜欢的颜色是什么。他讨厌闲聊和聚会中的谈话，害怕自己没什么有意思的话可说，于是发展出了一种温暖的、爱开玩笑的人格面具，以此来掩饰自己内心的空虚。一旦不得不参加聚会，他就会尽早离开。

他自有方法应对无处不在的恐惧和焦虑，而认识他的人根本不知道他有这些情绪。多年以来，他和一些漂亮的女人有过几段恋爱关系，但他觉得她们都不是什么好女人，每段关系都持续了几年，用他的话说，其中都有激烈的、近乎"色情的性行为"。当我们开始治疗的时候，他告诉我，他从未与那些女人产生过亲密的情感。他也不信任她们对他的感情，相信她们只是为了钱而和他在一起。她们没有一个人了解他。

后来，他遇到了谢琳。

左右为难的选择

谢琳当时只有 28 岁，比詹姆斯小 20 岁。她高中辍学，结过两次婚，并且离婚了，她在每段婚姻中都生下了一个儿子。她的两个前夫拥有孩子的主要监护权，她只能在周末见到两个儿子。她在詹姆斯的健身房做健身教练。

在他们居住的小社区里，谢琳以滥交和情绪不稳定而闻名。当他们正在约会的消息传开后，几个熟人来告诫詹姆斯。他不止一次听人说过："她不是什么好女人，离她远点儿。"詹姆斯在早些时候曾在邮件里给我看过她的照片，毫无疑问，这张照片是她用来宣传个人健身服务的。她有着乌黑的头发、洁白的肌肤、健美的身体，她非常性感迷人。

詹姆斯总觉得自己需要一个漂亮的女人作为伴侣，这样才能证明自己身为男人的价值。他在高中时不受女生欢迎，很少有约会的机会，觉得自己像个失败者。他在大学的时候，在酒精的影响下有过几次性经历，但在他担任住院外科医生的时候，一切都变了。作为一名有着潜在高收入的年轻医生，他突然发现自己深受女性的欢迎。以往对他不屑一顾的漂亮女人突然开始和他明目张胆地调情。参加高中毕业同学聚会的时候，有个选美冠军挽着他的手臂，让他觉得自己仿佛获得了救赎："我不是你们认为的那种失败者。"

一旦名字后多了个"医生"的头衔，他就突然拥有了受女性欢迎的本事，这让詹姆斯变得愤世嫉俗。他坚持说，过去没有，未来也不会有人爱他本身。女人唯一关心的东西就是他的钱。对于女人，他渴望、倾慕又憎恨。他总是怀疑她们的动机。他相信谢琳只把他当作钱包。她在健身房里接近他，并且热烈地追求他。在他问谢琳要电话号码的第二天，谢琳给他发来了一条短信："想要过来做爱吗？"

他们开始了激烈的肉体关系和坎坷的情感纠葛。他们经常发生口角和分手，多数情况都是由詹姆斯在开始感到被困住时挑起的。"我跟她玩儿完了。"他每次都这样决绝地对别人说。几天之后，谢琳就会给他发来色情短信，他们很快就又复合了。詹姆斯就在这样的混乱时期找到了我，寻求治疗。他告诉我，他无法保持恋爱关系几个星期而不感到窒息，但在没有谢琳的日子里又坚持不了几天。

"虽然这真的不正常，"他告诉我，"但我控制不住。"

根据詹姆斯对谢琳的描述，甚至考虑到他可能夸大了谢琳攻击行为中的"疯狂"，很明显，谢琳符合边缘型人格障碍的临床特征。她喜怒无常，情绪极不稳定，她可能在某一天用理想化的态度对詹姆斯，称他为"白马王子"，在他的外套里留下爱意满满的纸条，这样他就能在随后发现惊喜；她也可能在第二天就把詹姆斯贬低得一无是处，说他是个"废物"，既软弱又爱发牢骚。她有物质滥用的问题，让她上瘾的东西远远不限于他们一起分享的酒精。由于出轨，她毁掉了自己的两段婚姻。据詹姆斯所说，她管自己的原生家庭成员叫"住在活动房屋里的废人"，她曾遭受过祖父和哥哥的性侵。

当詹姆斯决定和谢琳搬到一起住的时候,他的朋友、牧师和心理治疗师(我)都尝试劝阻他,但没有成功。当他们订婚的时候,詹姆斯的家人尝试进行干预,说他简直是疯了。詹姆斯坚持说道,尽管他们的关系不稳定,尽管他不信任谢琳,觉得她只把自己当作钱包,但他真心地关心谢琳,并且珍惜他们相处的每一分钟。他告诉自己,谢琳真的关心他,有时他几乎都相信了。我感到很无奈,完全不知道詹姆斯留在这段关系里的原因,我怀着一种不祥的预感,观望着,等待着。

自怜 vs. 自尊

詹姆斯的治疗呈现出了一种模式。他会每周两次准时出现在屏幕中,我们的治疗通常安排在他没有手术的时候。他经常看上去很疲惫,有点蓬头垢面:穿着宽松的、带有标志的T恤,满脸胡茬,反戴着一顶棒球帽,帽子下露出了乱蓬蓬的浓密棕发。尽管他已经快50岁了,他经常给我一种十几岁的冲浪或滑板少年的感觉。总的来说,从情绪特点上看,詹姆斯看上去比实际年龄年轻许多。

在询问了我的健康之后(他总是如此礼貌),他会花很长的时间讲述自己的故事:"最近我一直在回想,过去我在大学里没约出来的那些女生,我有那么多机会与她们建立关系,我却没有行动。我不知道为什么。曾经有这样一个女孩……"

尽管他会回避目光接触,但他会详细地谈论自从上次治疗之后任何困扰他的话题,例如某些必须回忆的过去,或与谢琳又大吵了一架。他经常反复地讲我听过的事情。当我提醒他我已经知道这件事时,他显得似乎真的很惊讶,完全不记得这回事,但不管怎样,他还是会接着讲这个熟悉的故事，好像不得不把这些都讲出来似的。我经常觉得自己只是个观众，或是个容器，我唯一的职责就是静静地见证他的痛苦。

当然，谈话治疗意味着分享你的痛苦，但理想情况下，其中也包括吸收某些东西——来自治疗师的领悟、同情，以及指导。有些像詹姆斯这样的来访者会以重复的、单方面的方式讲话，而忘记我们告诉他们的事。你可能认识某些人会用同样的方式和朋友或亲戚讲话，让任何愿意倾听他们的人分担自己的痛苦，但忽略对方给出的建议。

尽管这种强迫性的倾诉确实能在一定程度上缓解痛苦，但这种效果是暂时的，一旦心理痛苦和压力再度袭来，就必须重复这一过程。以这种方式利用心理治疗的来访者经常看似用心，花费多年的时间进行治疗，但并无好转，他们只会倾诉，而很少吸收任何有关自己的有用的信息。

詹姆斯仿佛仅仅把我当作一种功能，而不是一个关心他的、与他有关系的人。他很少听进去我的话，尽管他当时会同意我说的话，但他很快就会回到自己的叙述中去。他花了好些时间才理解我告诉他的话——他利用心理治疗来倾诉心中痛苦，这种做法使他与我保持距离，让我难以提供帮助。最终我们在这个方面取得了一些进展。他开始发现，自己有多么不愿意被人真正看见和了解。有时，似乎他很明显想要让我为他感到难过。他经常在开始讲自己的故事时说："虽然我不想显得太可怜，但是……"他很明显想要我可怜他。

詹姆斯用相同的方式向许多人倾诉往事，他有一份"熟人"名单，每当他和谢琳再次争吵时，他就会给那些人打电话，寻求他们的同情。詹姆斯没有真正的朋友，但他确实认识许多喜欢他、尊敬他的人。尽管他通常不抽烟，但他偶尔会买上一包，开车在城里转一转，一根接一根地抽烟，打上一个又一个的电话，对名单上的每个人重复同样的故事。

"你肯定不会相信谢琳这次做了什么，"他会这样开始自己的讲述，"那个女人简直是疯了！"

他讲的故事总会夸大谢琳的糟糕行为，却没有提到自己激怒谢琳的微妙方式，把自己描绘成一个无辜的受害者。

深受核心羞耻感折磨的人和缺乏真正自尊的人，会通过自怜来寻求安慰。他们无法为自己以及自己的成功感到自豪，于是通过为自己感到难过来进行补偿，通常也会试图引起他人的怜悯。当你注意到他们的自怜情绪时，来访者可能会很容易感到遭受了批评或羞辱，所以，在强调这种自怜背后的核心羞耻感的同时，你要对他们的痛苦表达同情，这是至关重要的。詹姆斯最初拒绝接受我说的话，但他最终接受了这一点。因此，他渐渐地不再试图让我为他感到难过，而是开始更多地领会我给出的建议。

重要的梦

在我们治疗的这个阶段，詹姆斯给我讲了一个简短的梦。在梦中，他住在一个大峡谷底部的院子里。这座大院位置偏远，四周高墙耸立，没有窗户，与峡谷之外的世界完全隔绝开来，好似一座监狱。他想不起来还有谁住在这个院子里，但他模糊地意识到，还有一些没有面孔的人站在上方峡谷的边缘。詹姆斯和我立即达成共识——这个梦描述了他对于自身存在的感受：与生活的主流隔绝，孤零零地待在一种类似监狱的精神状态中。

进行了更长时间的治疗之后，我们最终理解了，这个有关监狱的梦也描述了他与谢琳的关系。尽管他多次告诉我，他和谢琳彻底决裂了，坚称要离开她，但他从未彻底摆脱谢琳。她一度有过短期精神病发作，当邻居从门前经过时，她在屋外大喊大叫，语无伦次地辱骂他们。当他外出参加医学研讨会的时候，曾发现谢琳给陌生人发色情短信，想要寻求一夜情，但这一切都没什么用。只要谢琳泪流满面地恳求他再给一次机会，他的决心就会一次又一次地动摇。

他对这段关系上瘾了吗？他和谢琳在一起，是否因为在某种程度上，他觉得自己配不上更好的伴侣吗？他在近期的一次治疗中告诉我，他设想过一个没有谢琳的未来，他和一个"更像话"的人在一起，但这个未来看上去完全不可能实现。他无法想象自己和一个身份相近的人约会——另一个医生，或拥有自己的名望和金钱的专业人士。我终于明白，尽管他觉得和谢琳在一起的生活充满了屈辱，但仍然比被别人拒绝更好。从某种奇怪的意义上看，与谢琳在一起的生活是安全的，或者说，至少是可预测的。

他熟知谢琳所有的心理问题，以及她时常侮辱自己的方式。事实上，他不时地故意引诱谢琳来攻击他。"我决定回家去跟她摊牌。"在与谢琳的一次最为糟糕的争吵之后，他在治疗中这样告诉我。他说自己故意刺激她，直到谢琳最终大发脾气，尖声地辱骂他："废物！""失败者！""懦夫！"詹姆斯摔门而出，买了一包烟，在城里开车转了几个小时，给一个又一个"熟人"打电话，给他们讲自己悲惨的故事。

我现在理解了，引发羞耻感的能力是一种控制羞耻感的手段。事先知道什么会引起别人对自己的人身攻击，并巧妙地设局引发这种攻击，能带来某种安慰。这种做法能避免某些更糟糕的事情：詹姆斯多年前在更衣室里遭遇的那种突然的、出乎意料的羞耻感，或者他离开谢琳，遇到别人之后可能会感受到的"无回应的爱"。你能够预测和控制的羞耻感没有你无法预见的羞耻感那么可怕。

尽管我没有治疗谢琳，但从我治疗其他类似的来访者的经验来看，我敢肯定许多她的行为背后也有着深深的羞耻感。谢琳的祖父和哥哥都侵犯过她，她把自己看作"住在活动房屋里的废人"。但她和詹姆斯不同，她并没有尝试控制和预测自己的羞耻感，相反，当詹姆斯把她逼到崩溃边缘而暂时失去思考能力的时候，她转而让对方感到羞耻。从詹姆斯对她的描述来看，她似乎有时在羞辱詹姆斯的时候能获得一种施虐的快感。

施虐者和受虐者在无意识中合作完成了这样的剧本，并一同演绎了这样的剧情，如此一来，他们就能以互补的方式来缓解羞耻感。

仍需努力

对于我的干预能否最终帮助詹姆斯离开这段破坏性的关系，让他与其他人形成更为健康的联结，我心怀希望。当我写下这些文字的时候，我们仍然每周进行两次治疗。他仍然和谢琳住在一起，时不时坚称自己要离开她，与她彻底决裂，但我们俩都不相信他能坚持到底。这是一次发人深省的经历，也表明性侵能够给人带来顽固的羞耻感。

除了羞耻感之外，治疗还需要处理一些其他的问题。如果在你小时候，父亲利用你满足他自己的需求，那么你在成年后就倾向于建立相同模式的关系——例如詹姆斯口中的所有那些不关心他、只想要他的钱的女人。如果你在童年遭受霸凌，那么你会发展出一套针对羞耻感的防御机制，这些防御机制不会轻易放松对你的控制。如果你快 50 岁了，却感到没获得真正的身份认同，那么你需要花很多时间去认识真实的自我。

我想，在未来的一段时间里，我会继续每周为詹姆斯进行两次治疗。

第18章

控制日常生活中的羞耻感

精神分析师格哈特·皮尔斯（Gerhart Piers）与人类学家米尔顿·B. 辛格（Milton B. Singer）在研究内疚与羞耻感之间的区别时认为，受虐即"通过让自己感受挫败（羞耻感），从而避免他人以同样的方式伤害自己"。换句话说，正如我在对詹姆斯（第17章）的治疗中所知，受虐是一种试图控制和预测羞耻感的行为，它使个体免于遭遇突然的、意外的羞耻感。这样一来，"就避免了真正具有灾难性的羞耻感"[1]。

同样地，诺拉（第15章）和瑞安（第16章）也在尝试控制自己的羞耻感。我们所有人都会这样做，但并未如此极端。通过预测和控制羞耻感，从而避免遭遇突然和意外的羞耻感，这种做法是相当普遍的。

我早就知道

我有一个名叫戴安娜的高中校友，她是一个聪明的女生，最后成了班级的优秀毕业生。尽管她的考试成绩从未低于 A，但她总是在考试后看上去愁眉苦脸，坚持对朋友说自己这次考试会不及格。我们中的许多人都觉得这种行为很讨厌，我们以为她只不过是想要我们反驳她、夸奖她，所以我们不会安慰她。相反，我们会说："你总是这么说，而你总会得 A。"

"不，这次不同，"她总是会带着明显的痛苦表情，坚持说道，

"我敢说这次肯定不及格。"

"呵呵,是啊。"我们会这样说,然后走开。

戴安娜可能想从朋友那里得到安慰,但现在回忆起来,我相信她只是难以忍受一旦自己在擅长的学科上考试不及格,就可能会感受到意料之外(尽管不太可能)的羞耻感。我想那种不良的完美主义是从她的家庭中习得的,她的父母过度依赖羞耻感来促使戴安娜达到他们设下的标准。不论出于什么原因,戴安娜发展出了通过预测羞耻感来应对意料之外的羞耻感(落空的期待或非自愿的暴露)的独特方式。

在对瑞安和詹姆斯的描述里,我特别提到了他们遭受的霸凌是突然的、意外的。他们随后便开始抢在所有人之前羞辱自己,以此作为预测和控制羞耻感的方式。更常见的是,相信自己能预先想到自己会感到尴尬,能为你带来一种无害的安慰,就像那些总是预见坏结果的悲观主义者,一旦坏事终于发生了,他们就会说:"我早就知道会这样了!"悲观主义者无法忍受意外的失望,所以他们总是预期最坏结果的出现。

许多人都会这样做,只不过程度更为轻微。他们会说:

- "可能他们会录用别人。"
- "我敢肯定,没人会来我组织的聚会。"
- "我相信你肯定也想到这一点了,但是……"
- "晚饭可能不会像我们想象中那么好。"
- "这个想法肯定不会实现的,但是……"

我每天都会听到别人说这一类的话。尽管"预期失望"是很痛苦的，但很明显它不如遭遇意料之外的失败、拒绝或嘲讽那么痛苦。

是我先说的

瑞安通过残酷的自我批评让自己寸步难行，这样他就不会做一些事情，使得他人借此来让他感到羞耻。但是，大多数人偶尔都会说出自我批评的言论，以阻止他人说同样的话。就像戴安娜一样，这些人可能希望他人来反驳自己，但阻止他人通过意想不到的评论来伤害自己。这种先发制人的做法，就像做出预测一样，能够帮助我们控制羞耻感："我知道这条裙子让我看上去很胖。"

很少有人（尤其是朋友）会这样回应："你说得对，它的确让你看起来很胖。还是去换一件衣服吧。"大多数人会说这条裙子其实显得你身材不错，并称赞你的品位。自我贬损有如下常见说法：

- "我这么说实在太傻了！"
- "天啊，我真是笨手笨脚！"
- "虽然这个问题很蠢，但是……"
- "很抱歉蛋糕烤得不好。"
- "尽管我不是专家，但是……"

尽管对他人说出自我贬损的评论会让自己不快，但我们明显觉得这比其他人批评我们要好得多。在某种程度上，我们之所以感到宽慰，是因为通过认同那些会批评我们的人，避免成为不知所措的批评对象，我们让自己与羞耻感拉开了距离。这就像我们在说："不要以为我真的认为自己很聪明、很有趣、很强壮、很有魅力，或者是个好厨师等。你不需要指出我的缺点，因为我有自知之明。"

除了促使他人来反驳自己，自我贬损也能让他人放下戒心，引发友好的感觉。有些网站甚至教人们如何巧妙地利用自我贬损来吸引或影响他人。对你友好的人不太可能在将来做出或说出为你带来羞耻感的事情。尽管自恋的人拥有短暂吸引他人的能力，但我们多数人都不喜欢那些自视甚高的人。傲慢让人想要打压那种嚣张的气焰，而羞耻感就是最可靠的武器。

就像瑞安那样，许多人通过自我贬损的想法来控制羞耻感，他们从不会把这种想法说出来。这种源自内心的批评会贬低我们的价值，侵蚀我们的勇气，这样我们就不会去冒险，以免遭遇"非自愿的暴露""落空的期待""排斥""无回应的爱"。

- "我不够聪明。"
- "我不够漂亮。"
- "我太胖了，穿那件衣服不合适。"
- "我太笨手笨脚了。"
- "我配不上她。"
- "我不够风趣，讲不好那个笑话。"

这种让人气馁的自我对话还有很多。尽管自我贬损很痛苦，但这种做法把潜在不可控的、丢脸的体验变成一种我们能够私下在脑海中调控的体验。

有时候，我们会做出既有批判性又刻意搞笑的自我评价，希望通过自我贬损来控制羞耻感。诺拉正是由于害怕可能会有人出乎意料地羞辱或嘲笑她，引发无法预测和控制的羞耻感，她才培养出了逗人发笑的天赋。她的喜剧天赋能够通过让自己显得滑稽，来使他人发笑，从而把羞耻感变成一种更为可控的体验。许多人以相同的方式利用自我贬损的幽默，但不像诺拉那样频繁。人们可能会嘲讽自己的体重、爱情生活、穿衣风格。

羞耻感与喜剧

在脱口秀中，羞耻感起到了夸张的作用。有些喜剧演员是出色的肢体表演艺术家，还有些人天赋异禀，仅仅通过大笑就能逗乐观众，而且他们中的许多人都会通过挖掘带有羞耻感的经历来制造幽默。脱口秀演员开羞耻感的玩笑，观众报以笑声，此时演员就成功地控制了羞耻感，这种做法在一定程度上缓解了羞耻感。

有的喜剧演员例如唐·里克斯（Don Rickles）会通过羞辱他人来制造笑料。你可以登录 YouTube 网站，看看他在夜间电视节目和名人吐槽大会上的表演片段，你会看到他在节目中羞辱许多像约翰尼·卡森（Johnny Carson）、马丁·斯科塞斯（Martin Scorsese）和罗伯特·德尼罗（Robert De Niro）这样的名人——当然，这些人都是和他有着深厚情谊的老朋友。里克斯很擅长围绕朋友身上显而易见的特点开玩笑，让他们感受到被爱，而不是被羞辱。

里克斯在斯科塞斯的《赌城风云》（*Casino*）中扮演了一个角色，而在一场祝贺斯科塞斯荣获美国电影学会终身成就奖的宴会上，他这样开起了玩笑：他请人给斯科塞斯找一本电话簿，让这位大导演坐上去，这样斯科塞斯才能看清楚屏幕。因为斯科塞斯本人的身高只有 163 厘米。"演艺圈里有 4000 万份工作，我却偏偏在一个侏儒手下打工。"他说斯科塞斯是自己见过的最惹人厌的导演，而当镜头转向斯科塞斯时，他正在里克斯旁边哈哈大笑。在演讲结束时，里克斯衷心地表达了他对斯科塞斯的爱，而之前的嘲弄让这一切更令人感动。

当然，充满爱意的戏说和残酷的嘲讽之间的界限是很微妙的，一旦没有了感情，这种幽默可能很容易变成残忍的羞辱。

其他喜剧演员会让自己变成被嘲弄的对象，他们通常会暴露自己某方面的羞耻感，让羞耻感变得既诙谐，又让观众产生共鸣。尽管当今社会上反对肥胖羞辱的呼声日渐壮大，但超重仍然是许多人感到羞耻的一个方面。路易斯·C. K.（Louis C. K.）在他的几个段子里都嘲笑过自己的肥胖，管自己叫"废物"，嘲笑自己控制不住冲动。"当我吃饱的时候，这顿饭不算吃完，"他宣称，"等我开始痛恨自己的时候，这顿饭才算完。那样我才会停下来。"

尽管路易斯·C. K. 的段子很有趣，但你也能看出来，自我厌恶和缺乏自我控制的确是他的问题，无疑许多观众也对这些问题感同身受，能够从他的幽默中得到宽慰。我想，喜剧演员从自己的饮食/超重问题中发掘素材，用这些自嘲的笑话来逗乐观众，也能帮助自己控制羞耻感。人们没有在背后对喜剧演员的体重冷嘲热讽，他们正是在他想要他们笑的时候发笑。

和许多其他的喜剧演员一样，路易斯·C. K. 也拿"变老"来开玩笑。性生活日渐减少、皮肤越发松弛、大小便失禁都为这类喜剧提供了素材。对许多男人和女人来说，人到中年总是会伴随着一定程度的自恋受损，即使对于那些并不主要依靠长相来维持自尊的人来说，也是如此。当你感到自己突然失去了存在感，对那些自己青睐的人不再具有性吸引力（无回应的爱）的时候，也会产生羞耻感。当你无法像刚毕业的大学生或新晋专业人士穿着时髦衣服，经常出入俱乐部时，你会产生遭受排斥的羞耻感。

在一个崇尚青春和魅力的文化中，单是衰老的身体就代表了一种"非自愿的暴露"，因为所有人都能看到你的皱纹和老年斑。琼·里弗斯（Joan Rivers）在她的职业生涯后期，就探索了这个领域的问题，并取得了巨大的成功。里弗斯一生做过多次整形手术——颈部提拉、眼部整形、定期肉毒杆菌注射，以及数次面部拉皮手术等，她显然在与衰老的羞耻感做斗争。她在自己的脱口秀里设法嘲笑自己和自己的身体，以此来娱乐大众。通过抢在别人之前嘲笑自己，让别人只在自己想要的时候发笑，她控制了羞耻感并拿自己的羞耻感开玩笑。可惜的是，她也不断尝试通过整形手术来控制羞耻感，而她最终死在了手术台上。

我们多数人都会时不时地通过嘲笑自己以及我们犯下的错误来排遣尴尬的情绪。抢在他人之前，或和他人一起嘲笑自己，我们能借此控制羞耻感，从而让它变得不那么痛苦。艾伦·德詹尼丝有一个绝妙的脱口秀段子，很好地描述了这种日常经历。她询问观众："你们有没有撞上过平板玻璃窗？这时会出现两种结果——疼痛和尴尬。但尴尬远比疼痛'扎心'，不是吗？不论你有多疼，如果其他人在嘲笑你，你就跟着他们一起笑好了。"她用一只手蒙住眼睛，发出她那极具感染力的笑声，一遍又一遍地坚持说道："太搞笑了！我流血了吗？看啊，我流血了——这难道不好笑吗？"

嘲笑自己笨手笨脚或失礼，让你能够控制并用幽默排遣羞耻感（非自愿的暴露）。我们通过笑声与羞耻感拉开距离：我们站在围观的人群中，拿那个出丑的人开玩笑，而那个人不只是一个满怀羞耻感的、倒霉的嘲笑对象。我认为自嘲的能力是一种情绪健康的标志，证明了羞耻感并没有过分困扰你，而你并未隐藏或完全否认羞耻感。

当我十二三岁的时候，我的哥哥丹尼斯刚刚拿到驾照，他开车带我去快餐店吃晚餐。我们的父母当天晚上有其他的安排。丹尼斯和我面对面地坐在富美家（Formica）餐桌前，大嚼着汉堡和薯条。我一直很喜欢炸薯条，小时候经常把薯条留在最后慢慢享用。哥哥狼吞虎咽地吃完后，不耐烦地等着我。

他最后把手伸向桌子对面，把我剩下的薯条一把抓了过来，塞进嘴里，然后一溜烟地跑出餐厅，钻进车里。我怒不可遏。

我一边倒掉自己的垃圾，跟着他来到了停车场，一边竭力装出居高临下的样子，构思最具有杀伤力的羞辱言辞，在"我唾弃你"和"我鄙视你"之间犹豫不决。当我走到玻璃门前的时候，我看到丹尼斯坐在车里的方向盘后，脸上挂着幸灾乐祸的笑容。我隐约意识到附近还有一辆车，车里有个男人坐在前座上吃着外卖。我满腔怒火，尽力让自己的话里充满最为轻蔑的语气。

"你唾弃我！"

丹尼斯和附近车里的那个人同时迸发出了笑声。我感到窘迫极了，脸颊烧得通红。我迫切地想收回刚才说出的话，重新来过。我想逃回餐厅。

然后，我也开始放声大笑。

从某种角度来看，比如，在附近那辆车的司机看来，我的话真的很好笑。那孩子人小鬼大，词汇量不少，一心想装出居高临下、满心鄙夷的态度，反而一不小心让自己出了洋相。

与丹尼斯和司机一起大笑时，我让自己远离了羞辱，让自己更能忍受那种感受。这是大多数人都会用来控制羞耻感的手段。

我要用百老汇经典音乐剧《玫瑰舞后》(*Gypsy*)的女主角路易斯的一句话来为本章结尾。在最后一幕中，母亲罗丝嘲笑路易斯总是虚荣做作，假装自己是上流社会的人："你，不过是个滑稽舞剧的女王，讲着一口蹩脚的法语，只看过书评就假装自己饱读诗书！对于他们来说，你不过是个哗众取宠的小丑。"

路易斯看着母亲，粗暴地告诉她："闭嘴。没人在笑我——因为是我先笑的自己！"

SHAME

第三部分
从羞耻感到自尊

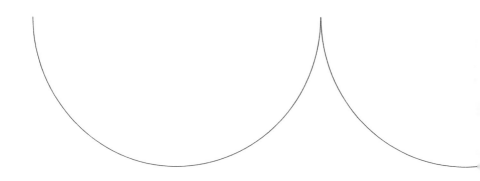

接下来的四章讲述了从让人无力的羞耻感中复原的基本要素。不是所有人都会经历反抗羞耻感的阶段，但是我们每个人都需要培养"羞耻感弹性"（shame resilience），这样我们才能成长。我在本书中始终强调，遭遇羞耻感是我们日常生活中不可避免的事情，一旦我们过度地回避、否认或控制有关羞耻感的体验，我们就会变得脆弱、戒心重重，无法成长，而不能以坚忍不拔的态度面对生活的情绪挑战。成功地经受羞耻感的考验，能使我们对自己未来的应对能力心怀自信；通过取得成就来培养自豪感，并与重要的人分享我们体会到的喜悦，能促使我们的自尊不断发展。

第三部分并不会教你如何逐步超越羞耻感和培养自尊，不过附录 B 中的一系列练习能给成长旅途上的读者提供一些指引。我将在这一部分阐述我所理解的真正自尊的核心要素，我的理解来自自己的职业和个人经历，以及其他在该专业领域著述颇丰的研究者的智慧。布琳·布朗的畅销书中包含了许多培养羞耻感弹性的练习。纳撒尼尔·布兰登（Nathaniel Branden）就自尊的主题写过十多本书，他的书中也包含了大量关于建立自尊的练习。

第19章

反抗羞耻感和狭隘的身份认同

许多年前，在网络色情和色情女主播出现之前，我曾治疗过一位年轻女孩，她以跳钢管舞为生。尽管凯茜立志要成为一名兽医，但当时她既没有名牌大学文凭，也没有技术能力。她白天在社区大学上课，晚上在数家"绅士俱乐部"工作，薪资不菲：在支付了所有账单、学费和治疗费用之后，她每月仍然能够省下几百美元。有时她在一家舞蹈夜总会工作，但从未有过性交易。

当凯茜在我们治疗的早期谈论自己的工作时，她经常说自己并不感到羞耻；相反，她坚持说自己感到很自豪，因为她很擅长自己的工作。她在小时候学过体操和舞蹈，长大后她身材保持得很好，精心编排舞蹈动作，确保满足顾客对她的期待。她很擅长与男人打交道，让他们放松下来。她是那些夜总会的独立合约员工，她总是准时上班，以职业化的态度与管理层打交道。

如果在聚会上，碰巧有另外一个客人询问她的工作，凯茜会很不客气地说自己是个舞女。凯茜可能穿着暴露，但不会在男人对她抛媚眼的时候脱掉自己的衣服。她并没有向他人准确描述自己的工作（舞者），反而用了一种有挑衅意味的表述（舞女），希望让对方感到震惊。

"我是个舞女，而且我干得很好。"这话听上去像是一个挑战："我谅你也不敢评判我。"

尽管凯茜会很自豪地运用自己在舞蹈和体操方面的训练成果，

但实际上,她并不为自己身为一个钢管舞者而自豪。在内心深处,她觉得跳钢管舞是一份有失体面的工作。她的顾客通常把她当作一个幻想的对象,而非一个真实的人。夜总会里没有窗户,烟雾缭绕,让她觉得很肮脏。她在无意识中(有时是有意识地)感觉到自己也是一个同样肮脏的女孩。凯茜从小与她的单亲妈妈在一间加宽的活动房屋里长大,她妈妈交往过许多男朋友,但每段关系都只会持续几个月。她怀疑母亲在经济困难的时候会出去卖淫。在凯茜的成长过程中,舞蹈的美感和体操的优雅为她提供了一个庇护所,让她得以暂时逃离家中的丑恶生活。

我认为凯茜在聚会上的行为是一种对自身羞耻感的反抗,那不是真正自豪的表现。她的回答带有挑衅的态度,向听者发起挑战,让对方来评判自己。弗朗西斯·布鲁切克将这种行为称为一种"反向形成"㊀,即"用夸大的傲慢、自吹自擂、不加掩饰的低俗,以及露阴癖的行为来代替被否认的羞耻感"[1]。

我把它叫作"反抗羞耻感"。

我并不是在说凯茜应当感到羞耻,或者在"绅士俱乐部"工作本身是件丢人的事情。出于一些复杂的原因(有些来自社会,有些来自她不幸的童年),她的确为自己作为一个钢管舞者感到羞耻,而且这种羞耻感非常深重。她本来可以让羞耻感压垮自己,隐瞒自己的工作性质,或回避那些可能会加深自己羞耻感的人;相反,她反抗那种羞耻感,大胆地说了出来。

反抗羞耻感不涉及达成真正的目标,因此它不代表真正的自

㊀ 一种心理防御机制,即把无意识之中不能被接受的欲望和冲动转化为意识中的相反行为。——译者注

豪。你可以把它看作迈向复原之路的不够充分的努力：在培养真正的自豪之源以前，先挣脱羞耻感的枷锁。对于那些在成长过程中遭遇童年创伤、背负深深的无价值感或自卑感的人，或者蒙受污名、被社会排斥、终生遭受歧视的人，反抗羞耻感通常是复原的第一步。

残疾与反抗羞耻感

伟大的社会学家欧文·戈夫曼说："社会确立了对人分类的标准，以及个体应当具有哪些属性，才能感觉自己是这些分类中正常和自然的一员。"[2] 那些不符合分类标准的人会蒙受他所说的"污名"，我也将其称为"羞耻感"。在历史上，不仅不符合常规的性别认同或性取向会带有污名，而且偏离人体生理发育的一般状态，也会蒙受污名。

在历史上，聋人、盲人、肢体残疾或畸形的人、肢体缺失的人、过高的人、过矮的人，乃至任何与众不同的人，都承受着社会强加的污名。从这个角度来看，污名代表了一种对于"正常的身体形态"的"落空的期待"。社会对于人们应当如何行事，以及应当有何种外表有着成文和不成文的期待。那些过于偏离常规的个体会因遭受排斥而感到羞耻。只要他们的"与众不同"吸引了他人的注意，他们就会感到"非自愿的暴露"带来的羞耻感。

戈夫曼撰写并收集了一系列论文，重点关注人们如何应对污名所带来的羞耻感。对于戈夫曼所说的"受损的身份认同"（spoiled identity）的管理，有多种不同的方式。那些偏离常规但又认可社会价值观的人可能会试图伪装自己——隐藏或掩饰自己的污名，并努力使自己在表面上符合社会规范。隐藏自己的同性恋取向正是这种策略的例子。隐藏同性恋取向的人接纳和内化了羞耻感，他们认为自己是不正常的，相信自己应该感到羞耻。把自己视为不完全属于人类社会的残缺之人，会带来极为孤独和痛苦的感受。

戈夫曼说，其他忍受这种社会羞耻感的人"会有一种团结起来，组成小型社会群体的倾向。这些群体的成员都来自（同一个）社会类别"，背负相同的污名。[3] 当你被一个与你相似的团体接纳的时候，遭受排斥的羞耻感就会烟消云散。聚集在一群相似的人中间，可以避免"非自愿的暴露"带来的羞耻感，这种羞耻感可能会在来自外界社会的人群面前出现。正如戈尔曼所说，以这种方式认同一个群体的人最终可能会将其看作"真正属于自己的团体，而自己也天生属于这个团体"，他们会拒绝加入任何更广泛、更多元的群体。[4]

狭隘的身份认同

安德鲁·所罗门在《背离亲缘》一书中，描述了那些在历史上蒙受污名的不同群体如何通过群体内的认同（或者用他的话说，通过"横向认同"）来减轻羞耻感。他在书中的各个章节中描写了患有软骨发育不全（侏儒症）的孩子、身患唐氏综合征或其他躯体异常的孩子、出生时或幼年时失聪的孩子、童年时患上自闭症的孩子，以及那些后来找到快乐、自豪的孩子，他们在那些跟自己有着同样的所谓"残疾"的人中找到了归属感。我之所以说"所谓"，是因为对于那些过去一直承受污名的人来说，要从羞耻感中获得解脱，需要学会将那些他人眼中的残疾看作多样性的一种表现形式，而不是一种缺陷。

"大多数听力健全的人以为,"所罗门解释道,"失聪就是丧失了听力。许多失聪人士不把失聪视为一种缺失的状态,而是一种存在的状态。失聪是一种文化和生活方式,是一种语言、一种美学,也是一种与众不同的身体状态和亲密关系。"[5]失聪运动倡导者卡罗尔·帕顿(Carol Padden)和汤姆·汉弗莱斯(Tom Humphries)说(所罗门引用):失聪文化"让他们不把自己视为听力不健全的人,而是在集体世界中彼此联系的文化和语言实体。"[6]失聪文化允许其中的成员通过与他人共享价值观和成就感到自豪。

与此同时,这样的文化可能会促成一种狭隘的倾向,对不严格遵从其价值观的成员施加"遭受排斥"的羞耻感。所罗门记录过几个这样的例子,一些年轻人因为不够"失聪"而遭受排斥,甚至霸凌。戴助听器,或者天生保留部分听力的失聪人士,会被怀疑不是真正的"失聪"。在某些失聪运动的倡导者看来,父母不应该让失聪儿童接受人工耳蜗植入手术。反抗羞耻感可能产生自豪感,也可能反映了一种防御机制,从而对其他感到格格不入的人施加羞耻感。

戈夫曼认为,有些"站在群体立场上的人,可能会鼓吹激进的路线。站在这一立场上,在与'正常人'的互动过程中遭受污名的人会赞扬自己这类人假定持有的特殊价值观,以及做出的贡献。他也可能炫耀某些他原本可以轻易掩盖的典型特征"[7]。尽管那些"特殊价值观"可能包含了真正的自豪来源,但是"炫耀某些典型特征"的冲动通常反映了惊吓、冒犯和羞辱他人的意图。

我并非在暗示某些人应该隐藏自己的典型特征,以免冒犯他人，但当某些人故意炫耀某些特征或行为，而这种特征和行为不是自然出现的时候，这种炫耀反映了一种努力反抗羞耻感的防御机制，而不是在表达真正的自豪，这就像凯茜在回答有关自己工作领域的问题时给出咄咄逼人的回答一样。这种对羞耻感的反抗通常包含着对他人价值观的轻视。虽未言明，但炫耀者想要让别人感到羞愧——为他们所谓的（通常也是真实存在的）不宽容和狭隘思想感到羞愧。

在最极端的防御形态下，对羞耻感的反抗通常依靠反向羞辱的手段。从更广泛的社会学层面上看，我们的时代具有两种典型趋势：一方面，越来越多的人开始反抗所有形式的社会羞耻感，或者支持历史上蒙受污名的群体的权利；另一方面，尤其是在社交媒体上，总是有庞大而直言不讳的群体坚称，某些不宽容的人或其他群体应该感到深深的羞耻。

反向羞辱

当我在写这本书的时候，我对某些与我主题的相关搜索关键词设置了 Google 快讯⊖，尤其是那些出现在网上报刊中的关键词：羞耻感、羞耻、无耻，以及类似于"我不感到羞耻"和"应该感到羞耻"这样的短语。我很好奇这些词句会在何时以及如何出现在大众媒体上，而这些关键词的点击量和它们被使用的方式却让我吃了一惊。在这项研究的基础之上，我最终写了一篇题为《羞耻感与我无

⊖ Google 快讯是 Google 的一项内容更改检测和通知服务，当服务找到与用户的搜索词匹配的新结果（例如网页）时，该服务会向用户发送电子邮件。——译者注

关》(Shame Is for Other People)的文章。

许多被 Google 快讯标记的文章都有相似的特征。男男女女向世界宣称自己不为如下原因感到羞耻：体重、性取向、性别认同、离婚、堕胎、与成瘾的斗争、遭受强奸或性虐待，或身患精神疾病以及各种肢体残疾。这些都不让我感到意外。我们的时代倡导"反羞耻感的精神"：现在许多不同年龄的人都把社会羞耻感视为一种压迫的力量，应当予以抵制。

让我始料不及的是，有更多的文章坚称他人应当感到羞耻。Google 快讯日复一日地向我发送文章链接，其中的许多作者在愤怒地指责狭隘的人、厌恶女性的人、仇视外来者的人、羞辱患者的医生、贪婪的实业家、无耻的逃税者、冷漠无情的政客、毫无悔恨的罪犯、不负责任的父母等。我们经常通过让他人感到羞耻，来表达自己对于宽容、同情、公平和社会责任感等价值观的支持。

近年来，羞耻感越来越多地被政界人士用作武器。处于分歧两端的政客谴责政治对手的无耻，坚称对方"应当为自己感到羞耻"，因为他们持有这种或那种主张。政治评论员和许多给报社编辑写信的人会坚持认为，某个政党的成员应当为持有与作者不同的观点而感到极大的羞耻。这种指责含蓄地（有时是明确地）支持了作者所重视的价值观。这些文章通常有着刺耳的、自以为是的语气。那些为受社会羞耻感压迫的受害者辩护的人，有时也会以同样自以为是的方式表达自己的观点。

从个体心理学的角度来看，一旦对羞耻感的反抗与引发他人羞耻感的做法结合起来，通常会折射出一种虚假的自豪："我感到很自豪，因为我和你不一样。"这与找我治疗却很快离开的野心治疗师凯莱布（第 12 章），或者我的长程来访者妮科尔（第 13 章）所用的自恋策略颇为相似，他们为了消除自己的羞耻感，强迫他人感到羞耻。在最极端的防御形态下，对羞耻感的反抗会用指责和鄙夷来代替真正的自尊。过于依赖反抗羞耻感和反向羞辱的人，可能会在反抗自己难以忍受的羞耻感的过程中，变得更加孤立、自以为是和苛责评判。

莱莎的故事

莱莎和许多我在本书中描述过的人一样，成长于一个很不理想的环境中。她的成长细节不太重要，但可以肯定地说，她在成长的过程中，内心背负了沉重的包袱，深深地感到自己是丑陋的，我在本书中一直将这种现象称作"核心羞耻感"。在 20 多岁的时候，她和一些对她很不好的男人谈过几段不长不短的恋爱。尽管那些男人从未在身体上虐待过她，但他们会在朋友面前羞辱她，几乎不论她做什么都会遭到他们的贬低，并且要求莱莎以堪称侮辱性的方式来取悦他们。从某种意义上说，这些关系带有"施虐—受虐"的性质，将其看作对羞耻感的控制方式，是最为恰当的理解。

在莱莎 30 岁出头的时候，她意识到了"有害的羞耻感"这一概念。她读了约翰·布雷萧的书，认识到了自己之前的恋爱关系是不健康的，以及羞耻感在那些关系中发挥的作用。她最终对羞耻感发起了反抗，发誓再也不让任何一个男人像前男友那样羞辱她。正如塞雷娜（我在第 1 章描述过的激进的女权主义者，她会对任何不尊重的暗示感到愤怒）一样，莱莎从那一刻起坚称自己"自尊过剩"，再也不会屈服于那种虐待。

莱莎是个多才多艺的女人。她是一个极具创造力的厨师、半职业合唱团的成员，还是一个陶艺家。她一边靠当律师助理养活自己，一边追求自己的创作兴趣。当她接近40岁的时候，她似乎为自己创造了令人满意的生活，拥有许多关心她的好朋友，包括几对已婚夫妇。但是，她一直未能建立持久的恋爱关系。她总是在和男人约会数次之后就与对方分手。

莱莎每次在拒绝潜在的恋爱对象时，都有着充足的理由，但这些理由通常被归结为她感觉到对方有不尊重她的迹象。他可能忘了及时回电话，或者以在她看来不够充分的理由取消约会。他可能在吃饭时谈论自己太多，提问太少。她给人的感觉有些自以为是，她会坚持对朋友说，她的自尊要求自己必须和对方分手。莱莎不会给人第二次机会，也不会向他解释自己为什么拒绝他。

在开始反抗羞耻感之前，莱莎经常自我贬损：她给朋友制作精美的礼物，但认为那不值一提；如果与朋友之间有了误会，她就会责备自己；如果有人责怪她，无论那种责怪有多温和，她都会拼命道歉，直到让人感到不舒服。尽管她有一种活泼的幽默感，但她倾向于自嘲。

在之后的反抗羞耻感的阶段里，一旦他人表现出批评的轻微迹象，莱莎都会生气，并反过来指责对方。如果她的女性朋友建议她也许该再给那些约会对象一次机会，莱莎就会说朋友不够支持她，连续好几周都不跟这位朋友讲话。如果莱莎和朋友有了分歧，她就会觉得这是对方的责任。当一对夫妇邀请莱莎吃晚饭，后来因为孩子的学校事务而临时取消聚餐时，她可能会当面告诉这对夫妇她能理解他们，但会在背后批评他们的失礼。

莱莎变得越来越严厉和挑剔。被她视作密友的一对夫妇决定离婚的时候，她给丈夫发了一封尖刻而轻蔑的电子邮件，差不多在说他是个卑鄙小人，并切断了和他的联系——尽管离婚的决定是双方共同做出的，而且妻子也没有对丈夫心怀如此的恨意。莱莎也和其他朋友断绝了关系，因为她感觉到对方的怠慢，或者不赞成对方的生活选择——例如，他们决定继续做一份糟糕的工作，而莱莎认为他们应该拿出自尊，换一份工作。渐渐地，她离开了大多数老朋友，把自己的社交生活限制在几个单身女性和男同性恋者之中。

尽管莱莎意识到了羞耻感在她生活中的影响，并对其最为消极的影响做出了反抗，但莱莎的反抗导致她的生活变得越来越狭隘。她不但没有让自己面对约会对象潜在的拒绝和羞辱（无回应的爱），反而她先拒绝了他们。她逐渐减少与所有已婚夫妇的来往，并最终彻底和他们断绝了关系，因为他们总是让她想起自己有关伴侣和子女的未实现的愿望（落空的期待）。与其被他人排斥，她先将其他人排除在自己的生活之外。

莱莎逐渐变得严厉和挑剔，她开始运用"否认羞耻感"的策略，我在前面的章节提到过这些策略。她感到任何对自己不敬的迹象，就会大发雷霆。如果他人不同意她的观点，或者行为不符合她对于自尊的观念，她就会责备对方，而且她经常以一种充满优越感的轻蔑态度对待他们。渐渐地，为了减少与各种形式的潜在羞耻感的接触，她的生活方式变得极为受限。

有些人像莱莎一样，陷入对羞耻感的反抗，不再更进一步了。他们躲避在狭隘的身份认同中，这种身份认同使自己尽量减少与羞耻感家族中的情绪接触，这种反羞耻感的防御性认同代替了真正的自尊。这种狭隘的身份认同也让这些人难以发展真正的亲密关系，因为亲密关系在本质上要求个体冒险面对潜在的羞耻感（无回应的爱、落空的期待）。在培养真正自尊的道路上，反抗羞耻感代表了一种必要但不充分的进步。

在更为开放的生活中，遭遇羞耻感是一种不可避免的经历。因此，如果我们要持续地成长，就必须学会承受羞耻感所带来的痛苦，而不是坚持认为我们没有理由感到羞耻（但他人应该感到羞耻）。要想将羞耻感转变为真正的自尊，我们需要超越"个体对羞耻感的狭隘反抗"，培养布琳·布朗所说的"羞耻感弹性"，这是下一章的主题。

第20章
培养羞耻感弹性，扩展身份认同

因为我的观点源于自己作为心理治疗师的经历，所以本书的许多内容都集中在羞耻感的临床表现及其早年根源上。我在本书第二部分描述的大多数来访者终生深受羞耻感的困扰，其原因在于早年间家庭养育的严重失败——照料者的心理问题让他们无法提供孩子所需的同理心和共享的快乐氛围。一旦人类对于爱和联结的内在需求得不到满足，或者父母的教养与温尼科特对正常教养方式的描述相去甚远，这会导致一种深刻的"落空的期待"：我们的基因遗传倾向于让我们期待获得情感调谐，一旦这种期待落空，核心羞耻感就会在我们的心中生根发芽。

即使我们当中那些没有核心羞耻感的人，也必须面对并学会应对羞耻感家族中的情绪。当我们所爱的对象没能回应我们对其的好感时，我们可能会感到"无回应的爱"带来的羞耻感。如果我们没能加入某个心仪的团体，我们可能会感到受人"排斥"带来的羞耻感。在日常生活中，我们因"非自愿的暴露"而感到羞耻的风险随处可见——从暴露某些我们宁愿隐藏的身体功能，到某些无意间的失礼行为。一旦我们没能达成自己的目标，或践行自己的价值观，我们就可能会面对"落空的期待"带来的羞耻感。

培养羞耻感弹性意味着，学会承受这些不可避免的经历，而不必对他们严防死守，也就是说不用限制我们的生活来回避羞耻感，或者坚持认为我们没有理由感到羞耻（但他人应该感到羞耻）。

除此之外，外部的社会力量可能会刻意让我们感到羞耻。我在第2章中讨论过社会利用人类感受羞耻的内在能力，将其作为一种推行其价值观的方式。有时这种羞耻感有助于减少必定会损害社会结构的行为——例如儿童性虐待，以及对弱势群体或无助者的无情剥削。社会羞耻感可能会给人强加一系列过于狭隘的期待，只要我们没能满足这种期待，社会羞耻感就会让我们感到自己没有价值。

培养羞耻感弹性意味着，学会识别并应对社会羞耻感不可避免的影响——这就是布琳·布朗的研究重点。我对这个话题的观点基本上与她一致，但我对于羞耻感的理解范畴比布朗的更广，而在她几本助益良多的著作的基础上，我将羞耻感弹性的概念进行了拓展。

布琳·布朗和羞耻感弹性

在揭露和挑战社会羞耻感的压迫力量方面，尤其是涉及其对于女性外貌、感受和行为方面苛求完美和相互冲突的要求，没有人比布琳·布朗的贡献更大。这些要求经常是自相矛盾的，布朗称其为"社会-群体期望"（social-community expectations），并描述了这些期望为女性施加的、不可能遵循的约束：

- 要苗条，但不要对体重过于执着。
- 要完美，但不要对自己的外貌大惊小怪。在追求完美的过程中，不要忽视自己对于家庭、伴侣或工作等的责任。只要悄悄地变得完美即可，这样你就能看上去很棒，而我们也不必为此费心。

- 做自己就好——只要你足够年轻、苗条、漂亮……没什么比自信更性感。[1]

布朗认为，女性想要满足这些期待时，会不可避免地遭遇失败，因此她们会受困于"羞耻感的网"中，这会导致孤立自身，从而失去与他人的联结。

培养羞耻感弹性，始于发现支持系统，找到在你讲述自己的经历时，能给予你共情回应的人，这些人能够理解你的经历，因为他们也知道被羞耻感击垮是怎样的感受。我的有些来访者，通过与那些经历相似的人产生联结，从羞耻感中得到了解脱。在加入帮助性成瘾者摆脱羞耻感的支持性团体之后，诺亚（第9章）的情况就出现了转机。当诺拉（第15章）不再在舞台上与即兴表演剧团的其他成员抢戏时，她的自我感觉更好了。当我们与那些认同、接纳我们的经历，并与我们有着相似经历的人产生联结之后，我们就会变得更具羞耻感弹性，而不会让羞耻感孤立我们。

当我们把羞耻感视作一个情绪家族时，培养羞耻感弹性也意味着学会容忍这些情绪，而不是像我在第19章中描述的那样，简单地反抗或拒绝感受它们。纵观全书，我已经表明羞耻感是不可避免的，即使他人没想过让我们的自我感觉变差，或者并不涉及完美主义的"社会-群体期望"的时候，依然如此。在生命中的某个时刻，我们可能会遇到"无回应的爱"带来的羞耻感。只要我们感到被冷落、被遗忘，我们就会感到受人"排斥"的羞耻感。"非自愿的暴露"总会引起羞耻感。如果我们没能达成目标，或违背了我们自己的价值观系统，我们就会感到"落空的期待"带来的羞耻感。

尽管这些经历很痛苦，但培养羞耻感弹性意味着学会忍受这样的经历，而不强行用防御方式应对它们。一旦我们用孤立自我的方式回避、否认或控制羞耻感，我们就无法形成布朗所说的"关键联结"。

勇气的作用

在布朗的作品中，她强调了勇气在促进个人成长中的作用——具体而言，它是我们在一个要求完美、不断让我们觉得自己不够好的社会里，对他人敞开心扉、陷入脆弱境地的勇气。在《脆弱的力量》（Daring Greatly）一书中，布朗用研究对象的一系列回答，描绘了这种脆弱的表现。她要求所有研究对象补全这个句子："脆弱是＿＿＿＿。"我从她的汇总中特别挑选了一些有代表性的答案，并重新组织了一下。脆弱是：

- 离婚后的第一次约会。
- 先说出"我爱你"，而不知道自己是不是能得到同样的回应。
- 分享一个不受人欢迎的观点。
- 向全世界分享自己的工作成果，但没有得到回应。
- 在公共场合健身，尤其是当我不知道自己在做什么，身材也不好的时候。
- 承认自己害怕。
- 获得晋升，但不知道自己能否胜任。
- 被解雇。[2]

在上述表达中，前两项反映了关于"无回应的爱"的焦虑：在第一次约会时，受你青睐的人是否会做出同样的回应？你爱的人会对你说"我也爱你"，还是他会让你陷入尴尬的境地？分享一个不受人欢迎的观点，或者发现公众认为你的工作成果毫无价值，可能会引起关于"排斥"的痛苦。在公共场所健身，或公开承认自己的恐惧可能会导致"非自愿的暴露"。担心自己可能在升职后的工作会不顺利，或者真正遭到解雇，这都涉及真实或潜在的"落空的期待"。

尽管布朗没有明说，她的研究中有一个隐含的结论，即让自己陷入脆弱的境地，通常意味着可能遭遇羞耻感家族中的情绪：脆弱让人害怕，因为它让我们敞开心扉，面对尴尬、羞耻和内疚中深层的、痛苦的自我觉知。勇于面对羞耻感家族中的情绪（不被羞耻感打垮，或采用防御策略）能够促进个人成长，帮助我们与他人产生联结，找到归属感。

对于我的来访者，培养羞耻感弹性也意味着，他们要有勇气变得脆弱，要勇敢面对可能带来羞耻感的经历。虽然社交焦虑让莉齐（第7章）寸步难行，但她鼓起勇气从杂货店那里买了一个橙子，最终加入了一个作家交流小组，从而与其他作家交流学习。迪恩找到了自己的勇气，摆脱了自己用冷漠打造的羞耻感监狱，回到了大学，融入同龄人群体（第8章）。诺亚（第9章）在情绪上冒着极大的风险，挑战了以羞耻感为基础的性瘾，在诊所的支持性团体中找到了一席之地。

在治疗中，这些来访者勇敢地挑战了孤立他们的羞耻感，培养了羞耻感弹性。在此过程中，他们也对自己的勇敢感到自豪。正如我将在下文中讲的，勇气能帮助我们培养自豪感，让我们得以与最重要的人分享自己成功的喜悦。

幽默的价值

极端自恋者有许多共同的特质，其中包括无法自嘲。为了逃避难以忍受的羞耻感，这些人觉得必须捍卫理想化的自我意象，因为这种自我意象，能反驳自己无意识中的缺陷感和无价值感。他们时刻警惕着任何可能威胁自己膨胀的自我意象的挑战，不能忍受任何形式的批评。如果有人开他们的玩笑，或者用幽默的方式让他们泄气，他们就会把这种行为当作攻击，并以牙还牙。当然，他们从不拿自己开玩笑。

根据我的经验，从不自嘲的人往往会逃避无法忍受的羞耻感。

在第 18 章中，我描述了一种自我贬损的幽默，那是一种控制羞耻感的方法。从那个意义上讲，幽默感是一种防御策略，但自嘲的能力也能让我们与他人建立联结，摆脱羞耻感的禁锢。我们没有隐藏"非自愿的暴露"或"落空的期待"带来的羞耻感，而是设法从我们的所作所为中看到幽默，并与他人分享。只要我们与自己信任的人一同自嘲，羞耻感就没那么可怕，也不会让我们变得孤立无援。一旦他人在我们嘲笑、讽刺的行为和特质中发现了自己的影子，我们就会通过幽默感产生联结。

布朗把自我贬损的幽默感视为单纯的防御手段，即一种"我们有时用来掩饰自己的痛苦笑声"。相反，她提倡"会心一笑"，这种笑不是防御性的，而是"来自我们对于共同经历的普遍性认识，这些经历既包括积极的，也包括消极的"。[3] 这种笑声帮助我们与他人联结，而不会让我们远离他人。

我相信，即使是自我贬损的幽默，也可以引发众人的"会心一笑"，帮助我们与他人联结。

我亲爱的岳父沃尔特，口齿伶俐、知识面广，喜欢夸夸其谈（家人都这么说他）。他经常在一大段独白之后微笑，然后说："我现在跟你讲的，比我实际知道的都多。"他有时会这样描述自己："经常犯错，但从不质疑自己。"他偶尔会给我留下自以为是或固执己见的印象，那时他会让我觉得自己只是一个学生或安静的听众，而他自嘲的方式总会让我发笑，让我们重新回到了平等的地位。

像路易斯·C. K. 这样自我贬损的喜剧演员，不仅用自己的羞耻感做笑料，也让观众能够在他的问题中发现自己的影子，从而摆脱羞耻感。我想很多他的观众都暗自以暴饮暴食或其他强迫症状为耻，也为自己总是缺乏自控力感到羞愧。当路易斯·C. K. 开自己的玩笑时，他在含蓄地告诉我们："你看，你并不孤单。"我们没有因为自己的羞耻感而孤立无援，而是如释重负地一起大笑。

在所有被"MeToo"运动⊖曝光的男性中，路易斯·C.K.是唯一做出了看似真诚、充满羞愧的道歉的人，考虑到他与自己的羞耻感有着密切的联系，这似乎不足为奇。

尽管我的来访者诺拉最初依赖幽默的自我嘲讽来控制羞耻感，而且在我们治疗中漫长的中间阶段，有时会通过讲笑话来与我保持距离，但她后来的"会心一笑"拉近了我们的距离。她很了解自己丈夫的心理问题。曾经在一次治疗中，她分析了他们的某次争吵，理性地将责任归咎于丈夫，她当时看上去并没有太多的防御或指责，但让人觉得有一点太过理性，她对丈夫性格的控诉都以事实和理解作为支撑，有些太过合乎逻辑。

⊖ 美国女演员针对好莱坞制片人性侵多名女星的丑闻而发起的运动，呼吁遭受性侵犯的女性站出来说出自己的经历。——译者注

然后她停下来，用她像歌唱一般的滑稽嗓音说道："或者，从另一方面看，我可能完全在骗自己！"我们都笑了，然后继续讨论她在夫妻争吵中承担的责任，以及在她的合理化⊖背后，又有什么深层的原因。尽管我没在那次治疗中说出来，但我意识到，我自己有时也会用充满洞察力的合理化解释对自己撒谎，把婚姻中争吵的责任推给我的前妻。自我贬损的幽默并不总会转移话题，在开玩笑的人和听者之间产生隔阂。有时，在这种拉近距离的笑声中，尴尬和羞耻感会变得好受一些。

唐纳德·内桑森认为："喜剧与暴露有关，这种暴露会引发尴尬，而尴尬可以被加工为笑料。那些我们希望隐藏的个人特点是羞耻感的源泉，都可作为笑料的来源。"在内桑森的整个职业生涯里，他对脱口秀喜剧演员巴迪·哈克特（Buddy Hackett）深表钦佩，哈克特以黑色幽默、对内心世界的坦率以及让观众尴尬的癖好而闻名。"他愿意暴露一般人会隐藏或保密的东西，迫使我们进入一种共鸣、信任和开放的状态，"内桑森写道，"与这样的人在一起时，我们不太会担心自己的秘密，这就是他艺术中最突出的特点。"内桑森相信，任何像哈克特一样的人都会"有意识地减轻他人的痛苦，因此他们就是医者、治疗师"。[4]

在我对来访者后期的治疗中，当来访者变得更具羞耻感弹性时，"会心一笑"经常起到重要的作用。我相信，带着关爱的自嘲能力是情绪健康的标志。"我就在那儿，做着那件尴尬或羞耻的事情，而且我已经做过很多遍了。承认这一点并不像我想象中那样糟糕，甚至

⊖ 合理化（rationalization）是一种防御机制，即以自己能接受的方式解释自己的行为，以免受焦虑的痛苦。——译者注

还有些好笑。"海伦·刘易斯认为:"笑声是对羞耻感的矫正或释放,当患者能对自己(的问题)发笑时,他就摆脱了羞耻感。"[5] 能够自嘲的治疗师也会让来访者感到安全,这就像巴迪·哈克特欢迎自己的观众进入"共鸣、信任和开放"的状态一样。

在写这一章的时候,我恰好发现自己在和一位挚友聊天时开了一个关于自己的玩笑。凯特每年夏天都会来科罗拉多州,这一年夏天也不例外。一天晚上,我跟凯特讲在不久之前,我和兰迪就某个政治问题进行了激烈的讨论。我经常和兰迪谈论政治,他做了很长时间的政治说客和"华盛顿圈内人"。我们的大多数观点都一致,但有时会以相互尊重的方式表达不同意见。和兰迪一样,我喜欢和那种用事实说话、愿意倾听反对意见的人争论。

但我有时会变得有点过于好斗,以至于兰迪的妻子劳拉离开了餐桌,去了另一个房间。兰迪看上去从来没有受到冒犯,但事后的几天里,关于我们争论的记忆总是不断地浮现在我的脑海里。我后来把这件事告诉凯特,我觉得我对自己信念的坚持又回来了——再度感觉自己当时是对的。

然后,我停了下来。

我借用了最喜欢的电影《广播新闻》(*Broadcast News*)里的一句话:"你知道吗?作为整个房间里最聪明的人,我总是比其他人懂得多,这真是太难了。"

我们会心一笑。凯特有时也会在说话时固执己见、过度自信。在我们长达 30 多年的友谊中,我们都曾在聚餐或其他社交活动后打电话,为自认为的一些不当行为道歉或澄清误会。将自己与兰迪和劳拉的尴尬经历告诉她,我感到很安全。当我们一起发笑的时候,我感受到了彼此的爱。

"笑声本身，"迈克尔·刘易斯写道，"可能在生理上对羞耻感有拮抗作用。"[6] 换句话说，当笑声响起时，羞耻感就会消散，尤其是当我们与关心的人一起发笑的时候。

向羞耻感学习

我讲这件事，不仅是因为它表明了在一个安全的人面前自嘲能缓解焦虑，拉近你和朋友之间的距离，也是因为它体现了我所认为的羞耻感弹性中最重要的方面：倾听羞耻感的声音，并从中学习的能力。当我和兰迪争论的记忆不断在接下来的几天内浮现在我脑海中的时候，这说明我的确对那天晚上自己的行为感觉不舒服。你可以管它叫内疚、后悔或尴尬，这些反复出现的回忆表示，我正在体验到羞耻感家族中的某些情绪。

我最后不得不承认，我因为争论得比平时激烈而让自己失望了。因为我总是努力做到尊重他人，不伤害他人的感情，我对兰迪咄咄逼人的态度让自己尴尬（落空的期待）。我最终承认了自己的感受之后，我向劳拉道歉，因为我让她不得不离开了房间。我后来给兰迪打了电话，正如我所料，他并没往心里去，反而相当享受我们之间的对话，但不管怎样，我违背了自己的准则和价值观。

我在第 6 章讲述了在孩子 1～2 岁时，非创伤性的羞耻感能帮助他的大脑正常发育，并且让孩子通过达到父母的期望来逐步建立自尊。在后来的生活中，羞耻感一直在自尊的建立过程中发挥相似的作用。当我们体验到羞耻感家族中的情绪时，通常会知晓一些关于自身的事情——我们的某些弱点、我们珍视的价值观，以及理想中的自己。羞耻感会指出我们仍需努力的方面——对我来说,是控制我过于自信的一面。羞耻感(具体表现为内疚)能让我们知道何时应该道歉,何时应该向我们可能伤害到的所爱之人做出补偿。

相反,如果我们反抗羞耻感,并做出防御,我们可能会失去成长的机会。

解除防御

像否认、投射或合理化这样的心理防御机制,是我们用于回避痛苦的策略,我们都会在不同程度上使用这些防御机制。暂时否认羞耻感来应对难以承受的哀伤是正常而普遍的,这通常能帮助我们承受情绪危机,直到我们有足够的力量面对痛苦。相反,随时随地、持续地否认我们需要面对的现实,会使我们无法从自己的经历中学习,尤其是会使我们错过羞耻感中蕴含的经验教训。

从羞耻感中学习,取决于发现并解除我们对于痛苦的自我觉知的防御,这种自我觉知是羞耻感所固有的。本书第二部分中的个案记录,以及其他讲述我们回避、否认和控制羞耻感的日常方式的章节,能够帮助你识别自己偏好的心理防御机制(如果你做了附录 B 中的练习,那么效果会更好)。培养羞耻感弹性意味着面对有关自己的现实,认清自己采用的防御机制,当它们阻碍个人成长时,放下这些自我保护的手段。

对羞耻感的防御通常表现为否认、合理化,或推卸责任并指责他人。我的来访者妮科尔(第 13 章)在开始治疗的时候会讲述和丈夫的争吵,她愤怒地指责丈夫应当为争吵负责,为自己的行为辩解,用合理化的解释说明为什么丈夫活该挨骂,并且否认自己在挑起争吵时的责任。在本章前面的部分里，我也讲到了诺拉如何以不那么明显的方式使用否认和合理化。

在与朋友或所爱之人争吵后的几天里，你是否会反复回想起你们俩所说的话，不断在脑海中重演争吵的痛苦细节？如果你不断地在事后为自己辩解，请停下来问问自己，你是否说了什么或做了什么，让自己产生了羞耻感。在大多数的争吵中，双方都负有一定的责任。如果你坚持自己是无辜的，而把责任全推给对方，你可能在否认自己的羞耻感，因为你觉得太难承受这种感觉。

面对羞耻感，倾听羞耻感的声音并从中学习，能成为自豪的来源。我一生都在进行自我反省，这种反省有时颇为痛苦。多年以来，我一直在否认自己的羞耻感，但我已经成了一个面对现实、承认错误，并且尝试做得更好的人，我对此深感自豪。超越"个体对羞耻感的狭隘反抗"、培养羞耻感弹性是建立真正自尊的重要阶段，这能帮助我们践行自己的原则，达成自己的目标，培养自豪感。我会在下一章继续讲述这些主题。

第21章

培养自豪感

在本书的前几章里，我概述了在为孩子培养真正的自尊时，父母大致需要先后面对的两个任务。第一个任务是在孩子一岁前的时期，让孩子感到自己对于父母的情绪来说是最为重要的，感到自己是漂亮的、有价值的，能为父母带来莫大的快乐，按照我们的话来说，就是给予孩子无条件的爱。如果孩子在一岁前一切正常，那么沉醉于天伦之乐的父母经常会觉得，在人类历史上，从未有人像他们一样见过这样的奇迹，从没有父母像他们这样爱着自己的孩子。

请回忆一下无表情实验视频中母婴互动的开始阶段：母亲和婴儿在共享的快乐体验中情感调谐，他们的目光交流非常类似于恋爱中的痴迷——"你太棒了，太完美了，我喜爱你的一切。"在孩子的婴儿期，偶尔出现情感不调谐或共情失败是不可避免的，非创伤性的痛苦和沮丧经历能帮助孩子的大脑正常发育，但总的来说，婴儿生长在一个自我感觉良好的世界里，这一切仅仅是因为他的存在。

第二个任务是在孩子生命的第二年里，父母巧妙地运用温和可控的羞耻感体验，开始促进孩子的社会化，向孩子传达自己对于可接受行为的期待，并教他如何生活在一个充满他人的世界中，在这个世界里，他人的需要和感受也是重要的。尽管无条件的爱仍然非常重要，但此时必须为有条件的赞许腾出空间："我爱你，但并非你做的每件事都是对的。要想赢得我的赞许,你必须学会遵守人类共存的规则,必须学会尊重家人的感受,以及你可能在未来遇见的孩子和大人的感受。"

通过满足父母合理的期待,孩子会感到自豪,赢得父母的赞许,再度与父母恢复情感联结,并感到由衷的快乐。

在后来的生活中建立真正的自尊也遵循同样的模式。即使你像我的来访者一样,深陷某种核心羞耻感之中,你依然能学会自我接纳,"拥抱真实的自己"[1]。你可能永远不会找到那种绝对的自信,它来自生命早期慈爱父母的无条件的爱,但通过努力和真诚的自我评价,你可能会培养出自我关怀,甚至自爱的情感。你可以通过设置现实的目标,达成自己的期待,来培养自己的自豪感,并与最重要的人分享自己成功的喜悦。

在过去的几十年里,自尊运动倾向于同化和混淆自尊发展中的上述两个阶段。儿童教养专家和自尊激励大师提倡对孩子做的每件事给予毫无限制的赞扬,因为他们相信任何批评都会伤害孩子的自尊。这忽视了合理期待的作用,也忽视了这种期待能够帮助自尊蓬勃发展:当孩子学会了社交行为规则并满足他人和社会期待的时候,他们会成功感受到自豪,父母给予的表扬会强化这种自豪。一旦孩子学会关心他人的感受,他们就会放弃自己作为"宇宙中心"的地位,但他们赢得了"归属感":他们在家庭社区中拥有了一席之地。

在流行心理学领域里,许多依靠认知技术的心理自助类图书声称能帮助读者通过无条件的"自爱"来建立自尊。它们用积极的自我肯定和自我对话来改变有破坏性的思维模式,以此来增强自信并帮助读者取得成功。特别是对于那些终生都在与羞耻感斗争的人来说，这些技术对他们建立真正的自尊毫无帮助，其原因很简单：自尊只有在人际情境中才能发展。当我们与人联结并感到他人的爱意时，才会自我感觉良好。我们对于成就的自豪感，在我们与重要的人分享喜悦之时会变得更为深刻。

布朗的著作主要关注同理心和情感联结，她指出了一条切实培养自我接纳的道路，而这种自我接纳通常是我们在生命的第一年里形成的。虽然比起增强自尊来说，她更关注培养羞耻感弹性，但她简述了一组练习，读者可以照做，以创造条件，最终感到自己足够好。你们中间那些在培养自我接纳方面有困难的人，能在布朗的著作中找到温暖的关怀和帮助。

学会自我接纳，感到自己足够好，是培养真正自尊的必要但不充分的条件。除此之外，我们还必须通过设置并达成目标来培养自豪感。我们必须努力践行自己的价值标准。当我们以这种方式培养自豪感时，我们就能通过积极反馈循环来增强自我接纳，让我们在面对其他挑战时满怀信心和勇气，坚持不懈地追求自己的目标。

自豪的来源

弗朗西斯·布鲁切克将最早的自豪称为"效能感"（efficacy）或"胜任愉悦感"（competence pleasure）。[2] 即便是 4 个月大的婴儿，他的行动也是有目的的，例如伸手去够自己想要的东西，或试图翻身。当他们成功时，即达成自己的目标时，他们会有明显的愉快表现。他们会面露微笑，发出开心的声音。看上去他们感觉自己很棒。

胜任愉悦感为我们建立了一生自豪的发展模式。唐纳德·内桑森认为，胜任愉悦感涉及三个要素：目的性的、目标导向的活动；目标的成功达成；取得成就的喜悦。"在我们的一生中，"他解释道，"任何个人效能感与积极情绪相结合的体验都能产生自豪感。"[3] 尽管我们在竭尽所能时也会产生自豪感，但我们通过成功所获得的愉悦才会让我们感觉自己很好。当你为重要的事物付出长久而艰辛的努力时，当你终于达成自己的目标（也许你之前屡败屡战，忍受了许多挫折）时，你所产生的自豪感和愉悦感会让你终生难忘。

请回忆一下最让自己自豪的成就。我想，你的回忆一定是不同寻常的，其中充满了细节，可能你能够回忆起当时的所有感受。当我的出版经纪人给我打电话说，圣马丁出版社已经出价，打算购买并出版这本书的时候，我正在纽约参观修道院艺术博物馆。我放下电话后，转身走出了博物馆，在一把公园长椅上坐下，沉浸在这个好消息给我带来的喜悦中。我现在仍然记得公园里初秋的树叶是什么颜色，以及远方雾蒙蒙的哈德孙河和新泽西州的山崖。对于当时光影的质感和徐徐的微风，我仍然记忆犹新。

自尊运动在很大程度上忽略了成就带来的自豪。它关注不加限制的赞扬和鼓励，提倡无条件的爱，而不是通过满足期待、践行价值标准来赢得有条件的赞许。在我们的早年岁月里，父母、老师和其他重要的权威人物会对我们抱有有条件的期待。在最理想的情况下，他们会鼓励我们付出努力，并表示相信我们一定会成功。当我们成功时，他们会用赞许来表扬和奖励我们，此时我们会备感自豪。

从某种角度上讲，我们的部落所持有的期待，尤其是有关社区标准和价值观的期待，会持续地影响我们的一生。但是作为成年人，我们必须决定自己想要取得什么成就，形成自己的价值标准，决定自己想要成为什么样的人。当我们达成那些目标，并践行自己的价值标准时，我们就能感到成就的喜悦。我们会为自己感到自豪。

自豪是羞耻感的解药，尽管不能完全治愈羞耻感，但它是将羞耻感转化为真正自尊的基本情绪要素。当我们逐渐培养起自豪感时，羞耻感就会变得不那么重要和普遍，不再具有决定性。终生与核心羞耻感做斗争的人总会在一定程度上感觉到它的持续影响，尽管如此，他们也可能通过达成目标，按照自己的标准和价值观来生活，培养出真正的自尊。

通过多年的共同努力，我在本书中提到过的大多数来访者都找到了面对羞耻感、为目标努力的勇气，而不是采取防御策略。用大学辍学的迪恩（第 8 章）的例子来讲，这趟旅程有时意味着第一次设想自己的雄心壮志，设定目标，而不是躲避在冷漠的外表背后，然后为那些目标付出努力。心理治疗帮助其他来访者实现了长久以来的梦想，例如莉齐成了一名作家。诺拉最终找到了方法，通过成就把自己的极具控制力的古怪幽默感转化成自豪的来源。在治疗的过程中，如果情况允许，我就会鼓励来访者分享他们成功的喜悦。

与那些真正关心我们的人分享喜悦和自豪，会强化并巩固我们在发展之中的自我尊重。我会在下一章再次讲到这个主题。

个人责任

在 20 世纪七八十年代，纳撒尼尔·布兰登是最杰出的自尊研究专家，他在自己的职业生涯里写了 10 多本书。与许多其他心理自助类图书的作者不同，他强调个人责任在建立自尊过程中的作用。布兰登认为："关于生命的每一条价值准则，都要求人们做出并维持或享受某种行为……这决定自尊水平的因素是个体在自身的知识与价值背景下所做的行为。"

简而言之，正如我经常对来访者说的，自尊必须是靠努力赢得的。自尊是一种成就，而不是一种权利，终生都需要我们细心的关注。布兰登认为，关于"我们一旦接纳了真实的自我，就必须认可自己的一切"的说法是一种谬误。[4]

为了赢得自尊，我们必须明确自己的目标，为自己的行为负起责任，而不是通过指责或扮演受害者来逃避责任；我们必须有意识地选择自己赖以生存的价值观。当然，我们选择的目标和价值观可能大相径庭。有的人想要在自己选择的职业上获得成功，赢得同事的尊敬；其他倾向于社群主义价值观的人会投身于帮助更为不幸的人。很明显，你的选择取决于你是谁，而培养自豪感就始于更好地了解自己。

自省的生活

在近期的一次治疗中，我的长程来访者雷切尔说她自己仍然是个半成品。她的话带着几分轻蔑，好像她经过这么多年的治疗，我应该把所有问题都解决了。在那次治疗中，我帮助她接纳了她的"半成品状态"，将其作为一种她自豪的来源。多年以来，雷切尔花费了相当多的金钱，克服了诸多不便，投身于自我反省。她在治疗中以过人的勇气和毅力接纳了许多令人痛苦的领悟，并最终很好地将其付诸实践。她也对在未来进一步了解自己保持开放的态度。我告诉她："你应该为自己感到自豪！"我十分钦佩她的努力，而且她也值得被人尊敬。

我也把自己视为一个半成品。我的分析师曾经跟我说，一旦我能独自前行、继续努力，他对我的治疗就结束了。言下之意是，我们的成长永远不会结束。尽管在分析治疗结束之后，我多年以来都在否认自己的羞耻感，将受过分析治疗的自我当作高人一等的面具，躲在这种面具背后寻求庇护，但我后来逐渐接受了这种羞耻感。在大多数日子里，我都在和羞耻感影响我的方式做斗争，即使已经60多岁了，我依然能学到更多关于自己的事情。对我来说，内省是一种生活方式。

我尊重雷切尔把自己视为半成品的看法。尽管很痛苦，但我也一直在努力面对真实的自己，赢得自尊。我为我们两个人感到自豪。

除了凯莱布（那个处处与人竞争的实习治疗师）之外，本书中讲到的所有来访者都下了很大的功夫来提高自我觉知。尽管瑞安过早地中断了治疗，但他一直想要增进对自己的了解。我们的治疗结束了，我希望也相信他会通过其他途径继续探索自我。虽然许多人对自己需要心理治疗而感到羞耻，但承诺过一种自省的生活最终会成为自豪的来源。心理治疗需要付出辛勤的努力和经济的代价，也需要面对所有可能出现的痛苦的勇气，能够做到这些的来访者会在这个过程中赢得自尊。

许多人无法负担高额的心理治疗费用，但依然想要更好地了解自己。虽然大多数心理自助类图书提供的建议非常肤浅和过于简化，但布琳·布朗和纳撒尼尔·布兰登能为读者的心灵打开了解的大门，让读者深受启发。我们有许多不同的方法来提高自我觉知，但如果我们承诺要过自省的生活，如果我们带着勇气和真诚去面对有关自己的痛苦现实，我们就会产生自豪感。

选择的作用

自我觉知能帮助我们做出更好的选择。如果你不知道自己是谁，自己想从生活中获得什么，你就无法做出明智的选择。我的来访者安娜为了赢得完美父母的认可，为成为理想的自我而努力，她选择了一个让她不开心的职业。最终当她了解到真正的自我时，她放弃了法律事业，成了一名瑜伽教练。她和丈夫的生意非常成功，给他们带来了自豪感与喜悦感。

有时，我们做出糟糕的选择，是因为我们缺乏所需的信息，包括对于自己的了解和领悟。就算我们知道不该如此，也会时不时地做出糟糕的选择，就像娜塔莉希望自己能准时上班，但她选择多看两集《国土安全》，而不是早早睡觉，所以她睡过头了。她做了一个糟糕的选择，让她对自己感觉不好。即便我们知道有更好的做法，仍会时不时地做出糟糕的选择。承认自己做了糟糕的选择，并从中学习经验教训，为自己的选择负起责任，下次做出更好的选择，我们就能产生自豪感。从过去的经历中学习的能力，会对个人的成长起到关键的作用。

要求我们尊重自己的价值观和目标，并不意味着我们必须是完美的。布兰登和布朗都对完美主义的危险发出了警告——它可能会让我们寸步难行，隐藏真实的自我，要么沉浸于羞耻感之中，要么否认羞耻感。许多人陷入了我的分析师曾提到过的"罪与罚的循环"：他们做出让自己满心羞耻的选择，然后因为失败而痛斥自己。在私密的个人想法中，或者在与朋友的对话中，他们因为自己的不完美而残酷地指责自己。最终，一旦这种自我惩罚结束了，他们会淡忘相关的记忆，继续前行，并再次做出同样糟糕的选择。

完美主义让我们无法从过去的经历中学习。当然，承认自己有成长的空间，就意味着接受自己并不完美。期待自己永不犯错，让你无法获得个人成长；对所犯的错误负责，必须与自我关怀结合起来。即使知道有更好的做法，我们所有人都会偶尔做出糟糕的选择：我们只是普通人。我们能做的最好的事情，就是承认自己的错误，而不苛待自己，从错误中吸取教训，并努力在下次做出更好的选择。

对成就的需求

内桑森写道："能够做事的自我就是最好的自我，因为这个'自我'与兴奋和喜悦紧密联结在一起。"[5] 从出生后的几个月起，人类就是有目的的。即使婴儿也会有意识地采取行动——他们想要做事情，而且当他们成功的时候，会从中得到快乐。在人类生命的每个阶段，没有目的和意图的生活会让人感到无聊，这会阻碍自豪感的形成。

努力达成目标不意味着敦促自己去实现某些远大的愿望，例如变得极其富有，或创办一家规模足以匹敌 Google 的公司（我曾有一位来访者希望自己能做到）。我们设定的目标必须是现实的，与我们的能力相符。以我当前的年龄，如果我立志赢得奥运会的金牌，我肯定会失败。让人感觉良好的积极思维告诉我们，如果我们敢于伸手向天，就能摘得星星，要敢于做"伟大的梦想"，要对自己的能力有信心。但是，如果你对自己的期望过高，你就会剥夺自己达成更为合适的目标的机会。

我们的文化崇拜名人，充斥着这样的观念——美丽到难以置信的人们过着荣华富贵的生活。这让我们难以重视平凡的抱负和成就。

布朗描述了我们这个时代所特有的恐惧和羞耻感：做一个平凡的人。这种恐惧和羞耻感是由我们身边的完美意象所导致的。[6] 她认为，如果我们想要感到满足，我们必须设法拒绝那些意象，赞颂平凡。

这并不意味着承认生活没有目的和意图。要产生自豪感，我们必须设立目标，哪怕是很小的目标，然后努力达成目标。如果娜塔莉如愿按时赶到办公室，她就会对自己感觉更好。如果她信守对室友塞莱娜的承诺，履行了自己打扫公寓的责任，那么她也会赢得些许自尊。

当我们对成就有需求时，这并不意味着我们要设立无法达成的远大目标。这涉及谦卑的自我觉知，以及对自我的了解——了解我们的优势和局限性，然后明确我们能够切实达成和满足的目标与期待。当我们达成自己的目标，践行自己所选择的价值观时，我们就会对自己感觉更好。如果我们对自己毫无期待，过着没有目的和意图的生活，我们就会失去培养自豪感的机会。

自恋 vs. 真正的自豪

极端自恋者把人类分为互相排斥但又相互联系的两类人，即赢家和输家，他们对自尊持有一种"定量馅饼"的看法：自尊的"总量"是有限的，只有让你（输家）对自己的感觉不好，我（赢家）对自己的感觉才能变好。对于极端自恋者来说，建立自尊就是这样的零和游戏。他们时刻保持警惕，提防那些他们认为可能通过伤害他们来赢得胜利的竞争对手。一旦残酷的竞争心态占据了上风，胜利意味着对失败的对手进行轻蔑的嘲讽，此时总有这种自恋的内驱力从中作祟。

真正的自豪能允许他人自我感觉良好。我能获得想要的东西，培养自豪感，但不损害你的自尊。换句话说，真正的自豪让人对自尊持有"不限量馅饼"的看法：每个人都有足够的空间来设置并达成目标，践行自己的价值观，进而提升全世界的自尊"总量"。事实上，因为我们"天生渴望联结"，正如布朗不断强调的那样，当我们与那些支持我们努力实现目标的他人亲密交流，而且我们也支持他们时，我们的自我感觉会变得比以往更好，而此时我们所有人将一同取得成功。

与自己关心的人分享成就带来的喜悦会巩固自尊。分享喜悦是建立真正自尊的关键一步，也是下一章的主题。

第 22 章

分享喜悦

在 2016 年的秋天，我在纽约的西 80 号大街转租了一间公寓，租期为两个月。当一天工作结束时，如果天气允许，我通常会步行到附近的中央公园，再穿过公园，来到大都会艺术博物馆。我周末在公园散步的时间更长，我会向北深入峡谷区和北林区，然后再穿过第五大道附近的温室花园。

在 2016 年 11 月 6 日，星期日，当我走到纽约上东城的时候，听到了一阵意料之外的欢呼声，这声音变得越来越大。很快我就弄清了这到底是怎么回事。在那个秋天，即使对长跑毫无兴趣的人也没法不注意到商店橱窗上、建筑工地的胶合板墙上贴满的公告：纽约马拉松开始了。我在第五大道上找了一张长椅，坐在那里观看这场马拉松比赛。

大街两旁的观众面带笑容，许多观众举着明显是自制的标语，人们挥舞旗帜。"汤姆之友。加油，艾莉森！我们和你在一起，萨拉！坚持到底，比尔！"在比赛的最后阶段，运动员经过人群的时候，有些人在慢跑，有些人在三三两两地走着或跛行，还有一个有着粗壮手臂的男人在奋力推着自己的轮椅，旁观者奋力为他们呐喊助威。志愿者在分发饮用水，为素不相识的运动员鼓劲："干得好！你就快到了！你能做到的！"

人群中洋溢着喜悦的氛围。我坐在长椅上，也感到很快乐，我发现自己不禁露出了微笑。

在那之前，我从来都不理解马拉松的魅力。为什么要让自己承受如此严酷的考验，忍受不可避免的痛苦和疲惫？这有什么意义吗？坐在第五大道的长椅上，愉快地分享着纽约马拉松的盛况，我终于理解到，当你和朋友一起训练，参加马拉松比赛，而家人和支持者为你加油时，这完全体现了我所相信的理念：培养自豪感与分享喜悦在真正的自尊发展中的作用。

纽约马拉松的参赛者，必须曾参加过马拉松比赛，并达到一定的时间标准。在真正比赛那天前，他们通常要训练数月之久。为这种比赛做准备需要长时间的艰苦努力，才能锻炼出必需的力量和体能。运动员在几个月前就知道比赛日期，并且在训练过程中日益增加跑步里程。有时他们会通过长距离的骑行，或在健身房进行力量训练来锻炼自己的耐力。除非你打算走完全程，否则你不可能只在马拉松当天到现场，还希望自己能完成比赛。

当运动员冲过终点时，尽管疲惫不堪，但他们的喜悦溢于言表。为达成目标付出的艰苦努力和你在成功时感到的自豪，能让你对自己的感觉很好。当你和亲朋好友分享这种喜悦时，当你们为你的成就一同庆祝时，这种感受会变得更加深刻。当天下午晚些时候，我返回上西区时，发现沿着哥伦布大道，在餐馆的路边座位上，坐满了欢庆的亲友，他们中的许多人仍穿着跑步的衣服。

培养自豪感，并分享喜悦——这就是我们让自己感觉良好的方式。

那一天，我也想起了第 17 章中的来访者詹姆斯，他也曾积极地训练，参加马拉松。当詹姆斯跑完比赛的时候，他很难感到自豪。尽管他身边有许多其他的参赛者，但他总是孤身一人跑完比赛。他从来不会停下来享受当下的时刻，总是在比赛结束后收拾行囊，独自回家。谢琳曾经和詹姆斯一起训练并参加过一次马拉松，但她嫉妒詹姆斯比她跑得更快。她怨恨詹姆斯身体更好，比她付出的努力更多，时间更长。他们无法在一起分享喜悦。

当然，只有一个人能赢得马拉松比赛的冠军，也只有世界级的精英运动员才渴望获得这项荣誉。其余的参赛者并不因为自己没有第一个冲过终点，就觉得自己是失败者。恰恰相反，他们对自己的感觉很好。他们设立了一个目标，努力为之做准备，然后完成了他们打算做的事情。可以说，这就是胜任愉悦感。他们也和自己所爱的、当天为他们加油鼓劲的人分享了自己成功的喜悦。

当他们冲过终点的时候，这些完成比赛的运动员相互拥抱，拍着彼此的背。他们打开水杯，把水倒在彼此的头上。他们一同欢笑，有时也一同哭泣。真正的自尊让我们想要其他人也自我感觉良好。

嫉妒、羞耻感和竞争

找到他人来分享自己成功的喜悦并不总是容易的。竞争性强的人可能会因为你的成功而感受到威胁，好像你的胜利就意味着他们的失败。与核心羞耻感做斗争的人、没有找到方法培养自豪感的人，可能会对你的快乐做出狭隘的个人化反应："你获得了某些我想要但没有的东西。"因此他们可能会嫉妒你。

当我的来访者莉齐听说她的另一篇短篇小说被一家文学杂志接受，准备发表的时候，她把这个好消息分享给了自己的作家交流小组。尽管大多数其他作家都为她的成就鼓掌，但有一个作家讽刺道："嗯，虽然不是《纽约时报》，但好歹也算不错。"这句评论让她在那次集会后的好几天里耿耿于怀，而她忽视了其他愉快的祝贺。这个嫉妒心强的作家毁掉了莉齐的快乐，至少暂时如此。

即便你并不想因为自己成功的喜悦而让其他人难过，他们依然可能会在你谈到自己的成功时嫉妒你。嫉妒和竞争的感受是人类的本性，是社交生活中不可避免的事实。有时嫉妒能让我们看到自己想要的东西，帮助我们为之付出努力。有时嫉妒也会让我们想要打倒别人，正如讽刺莉齐的那个作家。把自己的成功讲出来，可能是一件危险的事情。即使你没有洋洋得意，或者用自恋的方式讲述自己的成功，有时也会让其他人感到不适。

谦虚和分寸感能帮助我们在讲述自己的成功时减少风险。这不意味着我们必须对自己的成功轻描淡写，或者以自我贬损的方式来讲述，相反，谦虚会防止我们过度吹嘘，或对此喋喋不休。分寸感对此也有帮助。莱昂·维尔姆泽将分寸感描述为，理解他人何时会感到羞耻的能力。[1] 对于听者可能会觉得遭受贬低的分寸感意识，能让我们得以在讲述自己的成功时避免在无意中让他们感到羞耻。有时这意味着不与他人分享自己的成功。为成功感到自豪和喜悦有时可能是一种孤独的体验。

加入一个和你相似的群体——他们能支持你培养自豪感，并与你分享成功的喜悦，与他们为伴可能会减轻这种孤独感。

归属感

诺拉极具控制力的幽默感让她在舞台上孤立无援。当她收敛自己，为剧团的其他成员留出表现优异的空间时，她对自己的感觉更好了。在拥有共同目标的演员群体中找到了归属感，能够与他们一起庆祝成功，加深了诺拉的自尊。尽管莉齐身处的作家交流小组中有一两个嫉妒心强的成员,但这个小组给了莉齐与志同道合的人联系的机会,而这些人能尊重她的成就,与她分享喜悦。

安德鲁·所罗门曾在书中描写过一些父母,为了身患自闭症或唐氏综合征等疾病的孩子而挑战社会污名的孤立。有时这些父母会努力让自己的孩子留在普通的学习和班级里,好让他们能够参与更为广阔的普通世界;这些父母也会确保自己的孩子找到与他们拥有相同缺陷的群体。虽然让孩子留在普通班级能让他们避免进入特殊班级,受因于特殊班级在本质上是对他们的侮辱和孤立,但找到经历相似的群体,对于建立自尊来说更为重要。

一位母亲曾建议:"虽然要坚持与普通世界融合在一起,但也要坚实深入唐氏综合征社群,你的孩子最真挚的友谊将来自那里。"[2] 尤其在青春期,当患有唐氏综合征的孩子的不同之处变得越发明显时,暴露在普通人面前可能会让他们痛苦地意识到自己不具备的能力,以及永远无法企及的成就——来自"落空的期待"的羞耻感,可以说这种期待是由患儿身边的普通人所设立的。与唐氏综合征社群中的人交往能重新定义这种期待,从而为培养自豪感提供更好的机会。拥有相同疾病的人更能全面地理解彼此的目标,并在有人取得成就时表达喜悦。

正如布琳·布朗经常说的,人类"天生渴望联结"。每个人都需要归属感。因为我们在很大程度上通过人际关系来建立身份认同、定义自己,所以我们需要找到同类群体,他们能够与我们的经历产生共鸣,理解我们在为目标努力时所面临的挑战,并且在我们成功时,与我们一同庆祝。加入唐氏综合征社群,或参加作家交流小组是许多选择中的两种。

在工作中归属于一个有凝聚力的高效团队，参加排球联赛，或在社区剧院中表演能为我们提供培养自豪感和分享喜悦的机会。还有许多其他选择，这取决于你独特的目标和兴趣。当然，并不是所有的社会关系都与培养自豪感和分享喜悦有关。从浪漫伴侣和亲密的朋友那里找到无条件的爱，也能让我们自我感觉良好。培养自豪感并分享喜悦能让自尊变得更为深刻。

羞耻感、自豪和喜悦

一篇名为《欢迎来到荷兰》（Welcome to Holland）的文章在网上被分享和转发了成千上万次。这篇文章的作者，埃米莉·珀尔·金斯利（Emily Perl Kingsley）是一位唐氏综合征患儿的母亲。这篇文章运用比喻手法，讲述了一位希望怀上普通孩子的母亲却生下并抚养一个残疾孩子的经历。

我将这篇文章放在这里，因为它也可以作为一个忍受核心羞耻感，并且让它与自豪和喜悦共存的例子。

人们经常让我描述一下抚养一个残疾孩子的经历，来帮助那些未曾经历过这种独特经历的人去理解它，并想象那种感觉。这就像……

当孩子即将降生时，这就好像计划一趟梦幻般的旅程——前往意大利。你会买一堆旅行指南，然后开始做着美妙的计划：斗兽场、米开朗基罗的大卫像，还有威尼斯的贡多拉船。你可能还会学一些实用的意大利语。这太激动人心了！

经过数月的期盼之后，出发的那天终于到来了。你收拾好行囊，然后出发上路。几个小时后，飞机成功着陆，乘务员却上前问候："欢迎来到荷兰。"

"荷兰？！"你说，"你说荷兰是什么意思？我要去的是意大利啊！我应该到意大利。我这一辈子都梦想着去意大利。"

航班计划改变了。飞机降落在了荷兰，而你必须待在那儿。

重要的是，他们没带你去可怕、恶心、肮脏以及充斥着瘟疫、饥饿和疾病的地方。这只不过是一个不同的地方。

所以你必须出门去买新的旅行指南。你必须学习一门全新的语言。你还会遇见一群从未见过的人。

这只不过是一个不同的地方。这儿的生活节奏比意大利更慢，也没意大利那么光鲜亮丽。但是，只要你在这儿待上一段时间，喘口气，向四周望去……你会注意到荷兰有风车……荷兰有郁金香，荷兰甚至还有伦勃朗的画作。

然而，你认识的每个人都在匆忙地往返于去意大利的旅程……他们都在夸耀自己在那儿度过的美好时光，而你在今后的人生中，总是会说："是的，我本来也想去那儿。那原本是我的计划。"

这种痛苦永远不会消失……因为失去梦想是一种非常重大的丧失。

如果你一生都在为自己没去意大利而感伤，那么你可能永远都无法获得自由的心境，去享受所有关于荷兰的独特而又极为可爱的地方。

有些痛苦（例如父母不爱你的痛苦），会持续终生。一旦核心羞耻感在生命最初的岁月里生根发芽，或者由后来不可预料的意外创伤所致，都会为你留下终生的伤害。

我相信，培养羞耻感弹性、培养自豪感并分享喜悦虽然能帮助我们疗愈自己，但永远无法完全治愈我们。在阿兰·舒尔对新生儿大脑发育的 MRI 研究（第 5 章）中，他对生命早期的几个月和几年内的发育关键期做出了描述，如果婴儿没能获得所需的情感调谐和共享的快乐，他们的大脑就会呈现出这种缺失的影响，并且终生都会感到这种丧失的痛苦。

我并不是想说这种早期缺陷会阻碍我们在重要的方面茁壮成长。近年来，神经可塑性获得了许多关注，几乎每天都有科学家发现大脑能以多种方式更新其神经连接。但是，神经可塑性有其局限性。如果大脑的可塑性是无限制的，那脑损伤就会像其他损伤一样，是能够自愈的躯体创伤，因此就无关紧要了。随着媒体对诸多新发现的炒作，神经可塑性的新闻已经把它视作了一种奇迹般的治愈力量，夸大了它的潜能。

我相信在人一生中的所有阶段，心理和情绪的成长都是可能的，但我也相信这有时是有局限性的，尤其是当核心羞耻感在童年生根发芽的时候。只要我们心怀勇气，做出努力，就可以过上有意义的人生，收获满满的自豪，与他人分享喜悦，前提是我们不否认或忽视羞耻感，以及它经常教给我们的经验教训——一方面关于理想自我的价值观和标准，另一方面关于我们的局限性。

佩格·斯特里普讲述了许多女儿的故事，令人动容，她们由不爱自己的母亲抚养长大。母亲贬低她们，羞辱她们，通常是因为母亲自己的嫉妒和自恋。斯特里普建议读者不要再问，如果他们有一个不同的母亲，会成为什么样的人，不要再幻想得到完全的治愈。"我认为我们思考和谈论疗愈的方式是无效的，我们期待自己能够复原，成为一个'完整的人'、某个曾经深受关爱的人。坦白地讲，这是不可能的。"当我们的伤口被某件事情、某种经历重新撕开，或者我们以旧的、熟悉的模式行事，而令自己失望时，这种期待会助长我们对自己的不耐烦。这种期待促使我们不断地自我批判。[3]

斯特里普认为，有意义的成长是可能的，即使对于那些与"缺乏爱心的母亲"一同长大的女性来说也是如此，只要她们不对完全的治愈怀有理想化的期待。[4] 我赞同她的观点。

当我把核心羞耻感比作身体残疾时，读者有时会表示反对。如果你是个志存高远的截瘫患者，你可能会坐着轮椅参加纽约马拉松，但你不会期待自己站起来跑步。身体的残疾和缺陷以某种方式限制了我们能够取得的成就，但不会阻止我们设置和达成这种限制内的目标。我们仍然能在取得成就时与他人分享喜悦。这种限制和可能性，也适用于核心羞耻感。我们可能终生都会带着童年创伤，但这不意味着我们无法感到深刻的自豪和喜悦。

请容我说得再清楚一些：我并不认为这些人应该感到羞耻，但他们会不可避免地感到羞耻。

所罗门讲述了一个身患唐氏综合征的男孩的故事，男孩的父母为保护他免受社会污名做出了令人钦佩的努力：他们为他创造了一个充满刺激的环境，教他同龄的普通孩子会学的东西，帮他通过取得成就和分享喜悦来建立自尊。这个孩子根据自己的经历，与人合著了一本书，做演讲，上电视节目，并且在《芝麻街》(*Sesame Street*) 中扮演了一个常驻角色。

一天晚上，当男孩的母亲为他盖好被子时，他说："我讨厌自己这张脸。有没有商店能卖给我一张新的脸、一张正常的脸？"还有一次，他对母亲说："唐氏综合征太讨厌了，我受够了。我什么时候才会好起来？"[5] 他身边有很多普通人，他深受无情期望的折磨。尽管他赢得了数百万人的喜爱，但他依然会因为自己与那些有着普通面孔人不同而感到羞耻。然而，尽管他患有疾病，他依然过着令自己和父母都满怀自豪和喜悦的生活，"落空的期待"带来的羞耻感并没有毁掉他的生活。

我那个自我伤害的来访者妮科尔，在她前来寻求治疗的时候，是一个有许多困扰的年轻女士，如果没有治疗，她的生活可能会很不幸。经过多年的努力，她有了极大的成长，成功地结了婚，开创了事业，生了孩子。为了阻止自己毁掉婚姻，她学着不再否认自己的羞耻感，接纳"边缘型妮科尔"，接受自己的不完美。她需要承认，尽管自己在许多方面都很有才干，但当她肩负过多责任时，她的状况就会恶化——在情绪崩溃时恢复指责他人的行为模式，产生有关蜘蛛的幻觉，或者被脑海中不断循环播放的歌曲所折磨。

当妮科尔与自己的羞耻感亲密接触，努力工作和生活，但不假装自己是女超人时，她就能保持事业与婚姻的平衡，并且为自己的孩子做一个足够好的母亲。只要她重视自己的局限性，不反抗羞耻感，她就能源源不断地感到自豪，并与家人、朋友和其他音乐家分享这种自豪。正如埃米莉·珀尔·金斯利告诉我们的，欣赏和享受荷兰生活中的可爱之处是可能的，只要你不再执着于去意大利。

简而言之，羞耻感和自尊不是对立的。对于我们有的人来说，获得现实的成长，培养自豪感，依赖于尊重核心羞耻感为我们设下的限制。对于每个人来说，这意味着当羞耻感告诉我们未能满足有关理想自我的健康期望时，要倾听羞耻感的声音，并从中学习。

羞耻感的原野横亘在通往真正自尊的必经之路上，寻求自尊的旅人永远不会完全走出这片原野。

附录 A　调查问卷评分及讨论

在调查问卷中，每种频率类别对应的得分是："从来没有"计 0 分，"很少"计 1 分，"有时"计 2 分，"经常"计 3 分，"非常频繁"计 4 分。请将你的答案换算成分数，并把各项得分相加。

我初次制成该调查问卷后，所测样本的平均分是 27 分，68% 的得分在 11～42 分之间。如果你的得分处于这个区间内，那么你产生的羞耻感家族中的情绪水平与多数人在日常生活中的体验类似。请记住，我们讨论的是羞耻感家族中的情绪，而不是有害的羞耻感。这项测验关注的是社交生活中让人产生尴尬、内疚等情绪的熟悉情境，而不是病理性的情况。

总体而言，调查对象给出的答案集中在"很少"（36%）或"有时"（34%）这两类。这起初看上去好像意味着羞耻感并非那么常见，但如果你仔细思考，平均下来，有 34% 的调查对象有时会遇到调查问卷中的 16 种情境，这样一来，羞耻感似乎就显得更为普遍了。如果我有时会听到有关自己的流言蜚语，有时会在观点迥异的群体中感到孤独，剩下的 14 个情境也是如此，那么我肯定会经常感受到羞耻感家族中的某些情绪。

36% 的调查对象说自己经常没能实现自己的新年计划，这应该不足为奇。27% 的人说他们经常在观点迥异的群体中感到孤独。

11%的人说他们经常在公共场合出丑，13%的人承认自己经常在聚会上喝多，并在第二天觉得自己很糟糕。根据我的经验，这些都是很常见的经历。

如果你的总得分落在样本的平均范围之外又会怎么样呢？这次调查的目的并不是探索原因，而是帮助你了解哪些日常行为透露着羞耻感家族中的情绪。如果你的得分比平均分低，那么你可能非常幸运（或受到了过度保护），生活保护了你免于经历这些常见的事情。你可能过着孤独的生活，与他人没有多少接触。换一个角度看，你可能在很大程度上在产生羞耻感的情境里采取了防御手段，因为你难以承认和忍受羞耻感。我在本书的第二部分中讨论了典型的防御策略，人们用它们来回避、否认或控制羞耻感。你可能会在那一部分中找到自己的情况。

如果你的得分高于平均分，那么羞耻感在你生活中的影响就大于多数接受该问卷调查的人。你可能出于多种原因，而对羞耻感非常敏感，例如父母过度地利用羞耻感来纠正你的行为，或者你在童年时期遭受了创伤，或者父母的养育出现了重大的问题。在整本书中，我都在讨论这些童年早期事件的影响，以及它们如何让孩子产生缺陷感、无价值感等核心羞耻感。该调查问卷中的16种情境对应了我在第3章和第4章中讨论的4种羞耻感范式。

附录 B　练习

在你开始做这些练习前，我建议你花些时间，让自己的目标聚焦一些。因为我们通过达成目标来培养自豪感，在未能满足期待时感到羞耻，所以知道应该对自己有什么期待是很重要的。你可以先通读下文，以便了解练习内容，决定是否做这些练习。尤其是在后面的一些练习中，我会推荐你做一些可能引发焦虑的事情，要完成这些任务需要一定的勇气。

你的目标就算再远大，也不如认真设定目标并实现它们来得重要。

你可能会决定去阅读和思考这些练习，但仅此而已。

你可能会做得更多，决定在做练习的时候写日记或做笔记，我推荐你这么做。许多研究结果表明，手写相关的日记，而不是在电脑屏幕上输入文字，能让你的自助练习产生更深入和持久的益处。

你可能决定每次只专心做一个练习，然后再决定是否继续做下一个。

你可能会将自己的目标仅限于完成日记，而不主动采取我所推荐的行动步骤。

请了解并明确你对自己的期待。

在开始之前，我想为你提供一些指导，这样你会更有可能完成自己的目标，并最终培养自豪感。如下标题代表了自尊发展中的关键问题，因此这些标题会在后面的练习中再度出现。

避免完美主义

如果你读过心理自助类图书，而没有做他们的练习，那么这次也不要笃定能做完本书中的所有练习。如果你确立了一个自己不太可能实现的期待，那么你注定会让自己面对羞耻的经历。考虑一下自己其他的承诺：你能在这些练习上实际投入多少时间？如果你已经被生活的要求压得喘不过气来了，就不要给自己设定一个雄心勃勃的目标。

如果你开始做某个练习，就不要在觉得太过困难时严苛地对待自己。相反，你可以将其作为一个自我探索的机会。是什么情绪问题在阻碍你完成练习？你是否因为害怕而在回避某种可能产生羞耻感的情境？你怎样才能在下次做得更好？

培养自尊不是要做到尽善尽美，而是涉及成长和自我探索的过程，并且这个过程能持续一生。

负起责任

如果你承诺去做这些练习，就要让自己负起责任，不论自己承诺做到什么程度，都要坚持到底。除非你在练习过程中学到某些有用的东西，否则你会对自己感觉更糟。

让自己负起责任并不意味着你必须完美地完成每个练习，但如果你确实在完成自己的目标时遇到了困难，试着去理解是什么阻碍了你。不要合理化，也不要给自己找借口。不要放弃，你可以跳过这个练习，继续做下一个。如果某个练习难住了你，那么你可能在它的相关领域内对羞耻感尤其敏感。你能从中学到什么？你可以暂时放下这个练习，当你更有信心时再尝试一次。

换位思考，人际互动

因为培养自尊是一种人际互动的经历，所以如果你能设法在自己前进的过程中与他人联结，那么你将获得最大的益处。早期的练习涉及通过想象去理解羞耻感如何影响自己的朋友和家人，并尝试对他们的体验感同身受。后期的练习会要求你主动寻找他人，并与精心挑选的人一起分享自己的体验。

当你通过成就培养自豪感的时候，与最重要的人分享喜悦是非常重要的。真正的自尊也要求你尊重他们的成就，不是所有事情都是关于你的。

作者的回忆

你可能难以面对羞耻感，或者在培养自豪感的过程中感到孤独，而知道其他人也在与相同的问题做斗争，或许会对你有所帮助。我会时不时地在这些练习中分享一些我的奋斗经历，我希望这会让你觉得自己并不孤独，我不是一个遥不可及的完美专家，而是某个像你一样的人，必须应对生活中不可避免的羞耻感。

我认为我现在做得更好了，但在我的大半辈子里，如果我读到关于如何做这些练习的建议，我会毫不犹豫地忽略它。我会直接冲出去给自己买一本新的日记本，我最喜欢我们大学里用的线格主题日记本，然后立即开始做前两个练习。我会既兴奋又充满热情，投身于这件事情里，没有明确的期望，却充满了信心，相信自己能从中获益并成长。

我可能会完成第三个练习，但我可能在做第四个练习时就中途放弃了。连续几天忘记写日记之后，我可能会把日记本放在书架上，不再翻开。几个月后，当我再翻开这本被遗弃的日记本时，我会把它扔掉，以此来应对"落空的期待"带来的羞耻感。

不要重蹈我的覆辙！

练习 1：羞耻感家族中的情绪

请回忆一下自己感受到如下情绪的时刻。不要关注他人明显故意伤害你，或让你尴尬的情境。让自己努力回忆起尽可能多的细节。

请尽你所能地描述以下各个方面：①你所注意到的身体感觉或其他感受（例如，身体发热，脸部刺痛，感到无地自容）；②你有此感受的缘由（你是否犯了错，是否暴露于众目睽睽之下，是否受到监视）；③这种感受持续了多长时间，或者你接下来做了什么来寻求解脱。

请描述当你有如下感受时的情境：

- 在公共场合感到尴尬。
- 对自己的外貌感到难为情。
- 为自己说过的话和做过的事感到内疚。
- 遭受冷落或排斥。
- 对自己的表现感到失望。

换位思考，人际互动

请回忆某个你认识的人看上去在公共场合感到尴尬、难为情、内疚、被冷落或因为未能取得成就而失望的情境。请运用你在这个练习中注意到的东西，想象这个人会有何感受。你可以把自己放在这个人的位置上，尝试理解他此时的痛苦感受。

练习2：羞耻感范式

在提醒过你要做什么，不要做什么之后，这个练习列举了羞耻感范式，以及第3章和第4章的羞耻感词汇。虽然记住这些词语并不重要，但运用这个练习来扩展你对于羞耻感的概念，超越我们通常对它的狭隘定义很重要。那些章节对典型的羞耻感情境的描述无疑会引发你的回忆，其中许多回忆还相当痛苦。深入那些回忆，并探索那些感受给你带来的影响。

当你发现某个范式的词语也适用于其他的范式时，不要担心。第3章和第4章的重点不是定义界限分明的范式类别，而是使用这些范式来说明何时以及为何我们每个人都可能会体验到羞耻感家族中的情绪。

避免完美主义

回答后面的问题可能会引发某些针对自己的严苛感受。重点关注过去的羞耻感经历可能会增强自我批判，请记住这些是每个人日常都会有的普遍体验。感到羞耻并不意味着自己有缺陷或没有价值。这意味着你是个普通人。

换位思考，人际互动

你在做完这个练习之后，再复习一下羞耻感词汇，并且尝试回忆你认识的其他人看上去感到被拒绝、被冷落、愚蠢、无能等时候的情境。你能回忆起的人和情境越多，你就越不会感到孤独。每个人都会经常体验到羞耻感。

无回应的爱

尝试回忆你产生如下一种或多种感受的时刻：

- 受伤、被拒绝、被蔑视
- 不讨人喜欢，或不值得被爱
- 丑陋（不够光彩夺目，或不够健美）
- 缺乏男子汉气概（缺乏女人味）
- 丢脸
- 多余（不受重视，或没人关心）
- 不被理睬，或被怠慢
- 不重要、被忽视、被遗忘

排斥

在群体中，你是否感到自己：

- 像个局外人
- 很孤独
- 格格不入
- 不受欢迎
- 被冷落、被排斥
- 很古怪、很怪异

- 不够好、不重要
- 被回避
- 被忽视、被遗忘

非自愿的暴露

在公共或社交场合，你是否曾做过某些事，让自己：

- 很尴尬
- 很害羞、很拘束
- 暴露在众目睽睽之下
- 很滑稽
- 像个蠢货、傻瓜、混蛋
- 很窘迫
- 成了大家的笑柄
- 很愚蠢、很无知
- 很难堪、很无能、很笨拙

落空的期待

请回忆当你想做某事或取得某种成就，但未能达成目标的时候，你是否感到：

- 失望、伤心、泄气
- 挫败、灰心
- 沮丧
- 垂头丧气、一蹶不振

或者，你是否感到自己：

- 不够好
- 既懦弱，又没用
- 笨拙、弱小，缺乏行动力
- 无能、不称职
- 像个失败者，一事无成
- 很软弱、不自律，缺乏决断力

练习 3：童年的面孔

第 5 章和第 6 章可能会勾起你的某些童年及亲子关系的回忆。下面的问题会帮助你探索这些回忆，并理解快乐与羞耻感在你的成长中发挥的作用。这些问题更多地关注面部表情，而不是可能说过和做过的事。

1. 你对于童年最早的记忆是什么？当时你几岁？你还记得当时的感受吗？你能回忆起记忆中其他人的面部表情吗？

2. 你觉得自己能为父母双方带来快乐吗？回想起来，想象他们对你微笑是容易还是困难？你能否回忆起，当他们看到你时，脸上是否会露出喜悦的神色（例如，当你放学回家时，或当他们下班回家时）？如果你有相关的记忆，那么现在回忆父母快乐的面孔会给你什么感受？

3. 你能否回忆起在他们脸上看到愤怒、厌恶或鄙夷的情况，尤其是针对你可能说过的话或做过的事？那些表情是温和的，还是严厉的？你能想起当时他们的表情是否让你对自己感觉糟糕吗？如果你有相关的记忆，那么现在回忆父母的面孔会给你什么感受？

4. 如果你有童年的相册，就花些时间翻翻看。因为你们通常会摆出造型，露出刻意的表情（"大家微笑"），老照片并不一定会记录下真实的情绪，但你可能会找到某些偷拍或抓拍的照片。请关注其中人的面部表情。谁在笑？有人看上去悲伤或受到冷落吗？有谁看上去不高兴或生气？即便那些表情是刻意做出来的，但那些摆拍照片里人们的表情让你感到真实吗？

5. 你能否给童年里的某些重要人物带来快乐？也许你有个喜欢你的老师，他会在你来上课时对你微笑，或者你有个宠爱你的祖父母。请找到那个从你的存在中获得最大快乐的人，并尝试回忆他给你的感受。

换位思考，人际互动

只要你感到安全或合适，就去找一个你信任的、能公开谈论这个话题的人，问他相同的问题。你可能会找个兄弟姐妹或者亲密朋友，询问在他童年里，来自父母的快乐和羞耻感对他有什么影响，以及他关注到哪些来自父母的面部表情。完成这个与他人分享的练习，你学到了什么？你有没有记录下某些真实情绪的照片，能给朋友和亲人看？

作者的回忆

我最早的记忆可能是一段想象，也依然包含了某些事实。当时我可能还不满一岁，不能自主移动，坐在厨房柜台上的婴儿座椅里。我抬头看着淡绿色的橱柜和天花板，我孤身一人。

我的母亲可能在我出生后患上了产后抑郁症。我是第三个孩子，是意外怀孕的结果，她已经因为做母亲而不堪重负了。当我尝试回忆她的笑容时，我只能回忆起她把目光移开，幸灾乐祸地笑，通常她在用生硬的讽刺腔调说完所谓的玩笑话后会露出这种笑容。

练习4：你在回避什么

我们大多数人都会时不时地回避让我们产生过度自我意识的情境。我们可能会拒绝参加没有熟人的聚会。我们宁愿吃外卖快餐，也不愿单独在餐厅吃饭。我们在一群陌生人中可能会保持沉默。

请找出一个你通常会回避的类似情境，选择那种明显涉及某个羞耻感范式的情境。

现在想象自己身处于那个情境中。请尽可能详细地描述你自己的感受。你是否害怕自己某些有损形象的事情被人发现？请尽量具体些。如果旁观者发现你在那个情境中，他们会有何想法？

仅仅想象这个场景是否会引起你的不适或焦虑？这个练习是否让你不再想写日记，或是想要拿起手机查看Facebook网站上的最新动态？请尽量不要跳过这个练习。

避免完美主义

请留心观察自我评价中的任何严厉态度。你的想象中可能充满了鄙夷的情感基调——不论是你自己的想法，还是你想象中他人对你的想法。对抗这种严厉和完美主义的方法是，询问他人的相关经历。

换位思考，人际互动

你可以选择一个值得信任的朋友或其他安全的人，问他是否会回避相同的情境。比如，许多人（即便不是大多数人）都不愿意在餐厅单独吃饭；我们大多数人都不喜欢参加没有熟人的聚会。尝试与有相似感受的人沟通，把这些经历想得"正常"一些。

作者的回忆

多年以前，我曾尝试单独在餐厅进餐，而此前我一直害怕这样做。我下意识地不看向他人，因为表达与他们沟通的兴趣会让我体验到潜在的羞耻感。我尝试不带感情色彩地目视前方，不看向任何人，或者扫视餐厅里的各种物品。忍受了几分钟这样的不适后，我掏出了自己的手机，感觉就好多了。

我觉得没必要在这种情境中变得更具羞耻感弹性，我的感受可能是完全合理的，甚至是正常的。我不愿意在餐厅单独吃饭，如果我不想，我就没必要这么做！

负起责任

也许你倾向于回避具有潜在羞耻感的经历，这会阻碍你达成重要的目标。例如，你可能不在工作中发表意见，从而你的同事不会发现你很有创意、善于思考。如果你不喜欢自己以潜在的自我挫败的方式回避某些情境，那么可能最好不要放过自己。如果你遇到这种情况，就在日记中记录下来。在后面的练习中，你会关注目标设定，以及如何逐步培养羞耻感弹性并达成目标。

练习 5：道歉的艺术

我们每个人都会时不时地做一些或说一些需要道歉的事情，无法道歉反映了对羞耻感的否认。我们经常会将自己的行为合理化，为自己找借口，或者因为自己不顾他人感受而指责他人。我们可能会坚持说这没什么大不了的，我们不需要道歉。我们越用这种方式防御羞耻感，就越会远离他人。只要我们拒绝承认自己的错误，就无法从自己的经历中学习。

负起责任

请找出某个被你伤害过的人。那可能是一件小事，比如忘记了对方的生日，也可能是一件大事，比如恋爱关系里的不忠。你在很久以前可能做了一件令对方耿耿于怀的事情，但不要告诉自己已经过去这么多年了，可能对方已经完全不记得了，让这件事就这么算了。

- 你到底说了什么，或做了什么，你觉得这对他人有什么影响？
- 你理解自己当时的动机吗？请尽量对自己的理由坦诚一些，用尽可能准确的语言来给出自己的回答。
- 这种做法或疏忽是否违背了你对自己的期待？你认为自己应该怎么做？

可能你的行为或疏忽让对方产生了羞耻感家族中的某些情绪。试想，如果你们的处境交换一下，你会有什么感受？尝试回忆你有同样感受的另一个情境，是什么让你有如此感受的？

现在请写下你的道歉。不要使用像"如果"或"但是"这样的词，例如"如果我伤害了你的感受，那么我很抱歉"，或者"虽然我放了你的鸽子，但我是有原因的"。请为自己的行为或疏忽承担全部的责任，不要找借口或推卸责任。你要允许自己感到内疚。

避免完美主义

尽管我们可能心怀好意，但我们所有人都会时不时地犯错，或做出不顾他人感受的行为。不要因为冷落了别人而苛责自己，相反，考虑一下你能从这种经历中学到什么。你怎样才能在以后不犯相似的错误？

换位思考，人际互动

当面对他人道歉。提前把道歉的话写下来很有帮助，这样你就知道自己该说什么了。关注受伤的人可能会有哪些感受，如果对方在你道歉后表达自己的受伤或愤怒，那么你不要变得有防御性。说自己很抱歉，但不应要求对方立即原谅你。给对方留出空间，让他根据自己的情况来选择何时以何种方式原谅你，要表现出真诚的悔意。

请留心自己的防御心态。如果对方承认自己感到愤怒，你是否也有愤愤不平的冲动，而埋怨他为了这种微不足道的事情大惊小怪。

"听着，我已经说了对不起了，好吗？"

你是否想要因为对方可能做过的事而指责他？

"我说了我很抱歉，但你总是……"

你是否感到鄙夷之语正在涌出你的喉咙？

"现在我真希望自己从没提起过这件事。你总是对每件事都那么敏感！"

像多数人一样，你可能会发现，承认错误以及"落空的期待"

带来的羞耻感会激起自己的防御机制。换一个角度来看，如果你成功地完成了这个练习，毫无保留地道歉，控制住了自己的防御机制，那么你会为自己的勇气和负责任的态度感到自豪。

练习6：当我们不想要其他人说这些时

这项练习需要长期的自我观察。你需要仔细倾听你可能会对朋友或同事说的任何自我贬损的评论——不是那种明显的严厉的、批判性的评论，而是那种微妙的、常见的，以至于经常被你忽略的评论。

比如，许多人为了预防可能让自己感到羞耻的反应，他们会在说出自己的意见前说一些类似的话："这可能是个坏主意，但是……"因为他们不想要别人说他们的主意不好（落空的期待、非自愿的暴露），所以他们自己提前说出这个问题。在这样的防御手段背后，通常隐藏着不安全感或自我怀疑：

- 我够聪明吗？
- 我能提出有趣的想法吗？我是个有创意的人吗？
- 其他人会重视我的意见吗？

如果你注意到自己发出类似的自我贬损的评论，就将其作为一个探索某种特殊的羞耻感弹性的机会。人们通常关注的领域包括自己的身体外貌、智力、受教育水平（学识）、性吸引力。

避免完美主义

当你开始倾听这些自我贬损的评论时，你可能也会开始注意到某些非常严厉的想法，那些想法可能会让你对自己的感觉更糟。你可能会因此想要放弃。与之相反，你可以尝试留心其他对自己有类似评论的人，跟他们谈谈。

换位思考，人际互动

在做这项练习时，你可能会发觉其他人也会这样自我贬损。这很常见。思考其他人的评论反映了哪种特定的焦虑。他害怕被拒绝吗？他害怕自己的建议不成熟，或不会完全起作用吗？他们担心自己不够有吸引力吗？如果你发现自己有相同的担忧，而且觉得足够安全，那么你可以和对方就此谈一谈。发现你在这些问题上并不孤独，你可能会觉得松一口气。如果你选得合适，对方可能就会对我们所有人试图控制羞耻感的方式很感兴趣。

练习7：每日关注

练习1～6应该能提高你对于日常生活中的羞耻感情绪家族的意识，让你对自己可能尝试回避、否认或控制羞耻感的方式提高警惕。练习7～10会帮你建立培养自尊所需的思维模式。这4个练习不像前面的，它们不是做完之后就一劳永逸的。每个练习都需要你不断地付出努力，它们能一起帮助你养成有助于持续成长的心理习惯。

培养和保持自尊是一个持续的过程，我们永远不会大功告成——这就像需要日常照料的花园。你不需要时刻关注自己的花园，但每天你都需要在某个时刻去留心它。在我们这个纷扰的时代（Facebook、短信、iPod、电视，以及社交生活，更不用说工作和家庭的要求），我们很容易忽视自己的期待，陷入当下的困境，忘记自己想做的事，好几天后才会重新想起。这个练习要求你每天留出一定的空间，养成习惯，在练习时集中注意力。

抽出一定的时间（少则 5 分钟），承诺不让这段时间受其他事情的打扰。把手机放在另一个房间里。找个地方单独待着，关掉电视和音乐。在后面的 3 个练习中，你会拓展自己日常的关注点，将具体的目标和期望包含在内，但请先问自己几个简单的问题：

- 我今天有想要完成的具体事情吗？考虑到我要做的其他事情，我在多大程度上能实际指望自己完成这件事？
- 我昨天有想做但没完成的事情吗？我今天能继续做吗？
- 我需要联系我的朋友或家人吗？是否需要维持我的重要关系，好让他们知道自己对我很重要？

这些日常询问自己的问题会让你聚焦在自己的目标和期待上。它们也会让你想起重要的人，这些人影响了你的自我感受。培养自尊是一种人际互动的经历，与重要的人保持联结是很重要的，因为缺乏联结的成就毫无意义。

这些问题仅仅是建议（它们是我问自己的问题），但我相信它们至关重要。你根据自己的需要，添加或替换其他的问题，只要你能每天坚持练习。

负起责任

请尽量每天问自己这些问题。不论你有多忙，即使你偶尔也难免会忘记，你总能在每天的 24 小时里抽出 5 分钟来关注自己。如果你打算做完剩下的练习，你就需要做出这种承诺。

避免完美主义

不要对自己期望过高，也不要因为自己未按期望行事而苛责自己。这个练习的目的是帮助你培养自我觉知，意识到自己是一个有着持续的目标和期待的人，而不是设立一系列你无法满足的僵化标准。如果你某天忘记了关注自己，就不要把它当作失败。只要下决心在第二天仍牢记自己的目标即可。也许你可以在冰箱门上贴一张纸条，或者在卫生间的镜子上贴一张便利贴来提醒自己。

作者的回忆

我起得很早，通常比家里其他人醒得早。我经常在端着第一杯咖啡时，查看自己的邮件，阅读手机上的新闻，然后在喝第二杯咖啡的时候放下手机，思考我的一天。

练习 8：从羞耻感中学习

当羞耻感并非一种有害的体验，或者并非来自内外部追求完美的要求时，它经常会教给我们一些有关自己的标准和价值观的信息——我们期待自己成为的人。这个练习会帮你养成一种对于真正自尊非常关键的思维习惯——倾听羞耻感家族中的情绪，并且有时能从中学习的能力。

在第 20 章，我描述过这样的经历。在我和朋友兰迪激烈争论后的几天里，关于我表达方式的记忆不断地出现在我的脑海中。一旦我卸下防御，检查自己的感受时，我发现我违背了自己的行为标准（落空的期待）。那种认识促使我道歉，并在下次不要那么咄咄逼人。

也许你也有过和我类似的记忆。有时你可能会想起自己说过或做过的事，这些事让你耿耿于怀。不论何时，只要你一想起这些事，你可能都会觉得需要在脑海中为自己辩解。

根据你所学的有关我们所有人尝试回避、否认或控制羞耻感的方式，找寻防御的迹象。你是否经常为自己的行为辩解，也许经常表现为心理斗争？你是否认为他人应该为你的行为负责，或者对自己的行为轻描淡写？你是否辱骂、苛责自己，好像自己犯了罪，而必须遭受惩罚？这些对羞耻感的防御反应会阻碍你从羞耻感的体验中学习。

羞耻感能教给你关于自己的哪些信息？不是所有与羞耻感有关的经历都值得学习，但多数情况下，它们反映了一种针对自己的合理失望。你能将那段记忆与你可能有的其他类似经历联系起来吗？你可以尝试发现其中的羞耻感范式。记住保持谦虚：我们所有人都有缺陷、弱点或有待改善的地方。你会如何使用自己学到的东西在下次赢得自尊？

避免完美主义

这项练习的目的不是让你对自己感觉糟糕。每个人都会犯错，我们都会时不时地做出自己并不自豪或违背自己核心价值观的事情。如果你严厉地斥责自己，或者为自己的过错惩罚自己，你就无法从这种经历中学习。不要做出不切实际的保证，比如再也不犯同样的错误。你可以试着发现自己人格中的趋势或倾向（它们不会消失），承诺下次至少做得再好一点。

负起责任

前面的练习能让你对羞耻感家族中的情绪变得敏感起来。从此以后，要留心那种蕴含经验教训的羞耻感。这些经历比你想象的更为常见。当我们让自己失望，或未能满足合理的期待时，我们都会有羞耻感。如果我们能倾听羞耻感的声音而不防御，我们就能学到有关自己的标准和价值观的信息。羞耻感有时能让我们聚焦于自己的意图，可能会帮助我们更好地达成自己的目标。

从羞耻感中学习的能力是培养自尊的基本技能。

练习9：培养自豪感

设定并达成目标让我们得以培养自豪感，而自豪是真正自尊的核心元素。这项练习能帮助你明确并达成现实的目标，这将有助于你感到自我尊重。

避免完美主义

如果你过去为自己设定了一系列目标，但未能达成，那么可能是因为你把标准定得过高，而且抱有完美主义的期待。回顾自己过去的失望经历，然后问自己：我的目标是否脱离实际或过于严苛？不带过多批评地评估自己的优势和局限性，然后再设定新的目标。

从小事做起

这些练习的目的是帮助你培养有益于自尊的心理习惯。你应该从设定简单的目标做起，然后在此基础上继续前行。如果你有更为长期的目标，可以把它们分解为更小的步骤，这样你就能一步步地达成目标。完成每一步的目标都能为你带来自豪，让你有信心下次再努力一点。想参加马拉松的人不会在训练计划的第一天就尝试跑26英里（约41.8千米）。运动员通常会制订一个长达数月的计划，并设定一个短期内可达成的目标。

为挫折做准备

如果你发现自己无法达成某个目标，你就会不可避免地感受到"落空的期待"带来的羞耻感。然而，与其苛责自己的失败，不如将这种经历作为自我探索的机会。这是个不切实际的目标吗？是什么情绪或心理问题阻碍了你的成功？也许你应该退后一步，将自己的目标分解为更小的步骤。

尽管许多自尊领域的鸡汤文鼓励你要有宏大的梦想和高远的目标，但我建议你为更小的成就感到自豪。我并不是说你应该总是退而求其次，或满足于小目标，而是说如果一开始就为自己的未来制订假大空的计划，那么你肯定完成不了。

负起责任

我们无法达成自己的目标，经常是因为期待过于模糊，或者自己想要达成的目标不够明确。要明确自己的目标，把它写在自己的笔记本上定期查阅可能会有帮助。如果你设定了更为长期的目标，并将其分解为不同的阶段，请为每个阶段设置实际的时间节点。要弄清自己的目的，以及自己想要获得的东西。

你也需要养成自律和反思的习惯，这是成功的关键。变得更为自律和专注是每个人都应当努力达成的基本目标，这也是从小事做起的。当今所有让人分心的机会侵蚀了我们聚焦于其他重要问题的能力,所以你应该限制使用让你分心的事物,但也不必戒掉Facebook 或 Twitter。

你也可以考虑这个实际的目标:每天在完成练习 7 之前,你不会打开 Facebook 网站或查看邮件。你要准备好抵制习惯的力量——你之前习惯的每天早上第一件事就是拿起手机。你不可避免地会为自己找到借口(可以推迟到明天),要留心这些借口。你可能会允许自己在每天早上完成练习 7 前上网 10 分钟。

换位思考,人际互动

当我们与志同道合的人一起为目标努力时,有时我们会做得更好。你们可以在努力达成目标时互相支持,分享彼此一路上的沮丧与失望,并且鼓励彼此下次再努力些。就像那些纽约马拉松的运动员,如果身边有人给你加油鼓劲,那么你可能会跑得更远。你可能有些朋友在抱怨浏览社交媒体的习惯浪费了多少时间,如果你们一起努力,也许就能更有效地改掉这个习惯。

当然,你也需要做出谨慎的选择。不要与那些不太可能为共同目标努力的人一起练习,不要与会利用你不可避免的挫折满足自己优越感的人一起努力。

作者的回忆

因为我发现自己难以在日记中写个人的故事,所以把想要完成的事情记在笔记本里。有时我记下的事项极其简单,例如"给凯特打电话"——提醒自己维持亲密友谊,不要和朋友失去联系的愿望,因为我工作得太投入了。目标和意愿并不一定要宏大才配得上你持续的关注。

我大约每周会看一看我笔记本里的清单。我经常为自己忘掉了其中的很多事而惊讶。

练习 10：分享喜悦

当我们在生活中与支持我们的人分享自己的成功时，我们能巩固和增强自我尊重感。因为自尊在人际互动中才会发展，所以这个练习要求你去和谨慎挑选的朋友、家人、伴侣讲述令你自豪的事情并分享喜悦。关注那些小的成就，例如你在练习 9 中设立并达成的目标。你不需要分享过程中的每一步，但当你为达成目标而感到自豪时，设法与他人分享令你自豪的事。

换位思考，人际互动

请谨慎选择分享的对象。在之前的练习中，你可能已经找到了一些对你在本书中学到的东西持开放态度并且有兴趣与你讨论的人。你已日渐认识到羞耻感家族中的情绪在日常生活中的作用，找到对这种认识感兴趣的人尤其重要。这些人最有可能是关注心理成长的人，他们可能也很看重个人发展的目标，不会把自己的生活掩饰得很完美。

在考虑人选时，请问自己这个问题："这个人看到我的时候，脸上会露出微笑吗？"我并不是指过分的或理想化的样子，而是说看到你是否让他们很开心。选一个喜欢和你在一起，对你的生活有着持续兴趣的人是很重要的。依我所见，这样的朋友很少，而其他人都只是熟人。我也曾了解到，对自己的生活感到满意，并且在一定程度上达成了自己的目标的人，更能够尊重他人的成就。

关注你重视的人，以及他们在为取得什么成就而努力，也是这项练习的一部分。你也许有个朋友正在为职业发展而上夜校，为了好身材而努力养成去健身房的习惯，或者把某个爱好作为自己创造性的表达方式。你会怎样尊重他们的成就？有些人觉得很难将自己的成就说出口，但他们通常会在朋友注意到并认可他们的成就时感到非常愉快。

避免完美主义

不要对其他人期望过高。当我对信任的朋友讲述令我自豪的事情时，他们通常会微笑，说一些表示支持的话，比如："太棒了！我真为你高兴。"我希望你的朋友也能这么做。他们也可能会向你提问，这表现了他们对你在做的事情有着浓厚的兴趣，说明他们对你的成就也同样心怀喜悦，这能让人获得最大的满足。你可以模仿自己想要获得的反应，在朋友讲述令他们自豪的事情时，向他们提问，更深入地了解他们的目标。

作为成年人，我们不能期待其他人对我们的感觉就像沉醉于天伦之乐的父母对孩子的感觉，但是以拥有我们这样的朋友而自豪的人，才是最适合我们的倾听者。如果你从自己尊敬的人那里得到支持，而且你也尊重他们的成就，你就会感到更大的满足。然而，不要指望用你所取得的成就来赢得他们的认可。一旦我们的自我价值取决于他人的看法，我们就会用有条件的赞许破坏自己辛苦赢得的自豪感。

负起责任

讲出令自己自豪的事情并不容易,部分原因是社会提倡:人们要谨慎,但也要勇敢;人们要谦虚,但不要自吹自擂。请记住,不论你的本意如何,其他人都可能在你讲述令你自豪的事时感到羞耻。最好不要对某个在相似领域苦苦挣扎、未能取得成功的人讲述自己的成功经历。正如维尔姆泽所说,分寸感就是理解他人何时会感到羞耻。

不论何时,都要尽量尊重他人的成就,养成这样的习惯。当我所表扬的人愉快地微笑时,我也会自我感觉很好。慷慨大方也会增进我们的自尊。因为我们只能在人际互动的情境下培养真正的自尊,所以分享喜悦的行为必须是相互的。与自恋的行为不同,真正的自尊会让你想要其他人也自我感觉良好。

致　谢

时辰令昼夜消逝，作家使作品完满。

——克里斯托弗·马洛（Christopher Marlowe），
《浮士德博士的悲剧》(The Tragical History of Doctor Faustus)

我在18岁时第一次读到马洛的这句话，当时正在上文艺复兴戏剧课。上课的是著名的莎士比亚学者A. R. 布朗穆勒（A. R. Braunmuller），当时他处于职业生涯的起步阶段。这句话出自《浮士德博士的悲剧》的结尾。有一天，布朗穆勒在开始上课时把这句话大声地读了出来。

"这句话为什么会写在这儿？"他问，"作者在试图告诉我们什么？"

布朗穆勒才华横溢，有些急躁，看上去有些令人生畏，大多数同学都低头看着自己摊开的笔记本。我最终鼓起勇气，举手回答道："我觉得他似乎对自己所写的戏剧感到惊讶，好像整部剧最终比他预料的要好。"

布朗穆勒对我露出了略带讽刺的笑容。"尽管我不愿意鼓励你们对作者的心理状态进行解读，但我认为你可能说得有些道理，乔。"

我已经有几十年没有想起马洛在《浮士德博士的悲剧》中写的结尾了，但当我即将写完本书的时候，这句话再度浮现在了我的脑海中。本书让我感到惊讶。当我在研究和阐述自己关于羞耻感的理念时，其主题范围在不断扩大,最后我竟然在写一本书,而这本书似乎远比我最初设想的更为丰富、更有意义。在这漫长的"昼夜"即将消逝之际,我觉得本书比我最初想象的更好,我也希望事实如此。用我描述羞耻感和自尊发展的话来说,我这本书已经达到并超出了我的期待(并没有产生落空的期待)。

在我最初构思本书核心部分的来访者故事时,我希望它们能超越一般的干巴巴的个案报告——我想让它们更长,更生动形象,读起来更像引人入胜的小说。这些个案记录也出乎我的意料。在写作本书的时候,我允许自己自由地描述自己的经历——我在咨询室里与来访者交谈时的想法和感受,我在过去 35 年里积累的感悟。在写作过程中,本书成了某种我作为心理治疗师的回忆录。我为自己的工作感到自豪,并且对许多信任我的来访者心怀感激。

即使我们身处作家的群体之中,写作仍然可能是一种孤独的体验,因为我们通常在孤独中写作。和多数作家一样,我喜欢这样的孤独,但我曾经对我的朋友罗谢尔·戈尔斯坦(Rochelle Gurstein)抱怨过写作的孤独,当时她还是一名历史系的研究生。她在回答我的时候,描述了自己与自己所尊敬的学者之间的共融感。对于这些学者,她大多未曾谋面,其中有些人已经去世了,例如汉娜·阿伦特(Hannah Arendt)。她告诉我,写作历史学著作可能是一种孤独的经历,但如果你努力取得你所尊敬的成就,你就能把自己视为传统的一部分,你就能感到自己属于跨越几个世纪的思想家的行列。

我为本书做的研究,那些我读过的深刻著作,让我接触到了许多优秀的思想。我从没见过西尔万·汤姆金斯(他已经去世了)、唐纳德·内桑森和阿兰·舒尔,但我的内心已经与他们每个人及其著作都建立起了重要的关系。在阐述自己关于"不可避免的羞耻感",以及这种羞耻感如何与自豪感共存的理念时,安德鲁·所罗门,这位在羞耻感和污名领域笔耕不辍的作家,从未离开过我的脑海。我花了多年时间思考其他研究者热情地探寻了数十年的相同主题,我为自己能归属于他们的传统感到自豪。

我也为自己身为劳蕾尔·戈德曼(Laurel Goldman)每周四下午在教堂山的写作课程的一员感到自豪。我去上她的课已经18年了。当我在2015年搬离北卡罗来纳州的时候,我安装了一套视频通话系统,这样我就能继续通过Skype软件来参加我们的每周例会。在我写作本书的时候,我给劳蕾尔和同学们读过书稿中的每一个字,他们是我见过的最为体贴和最有见解的评论家。克里斯蒂娜·阿斯科尼斯(Christina Askounis)、安吉拉·戴维斯-加德纳(Angela Davis-Gardner)、彼得·法林(Peter Filene)和佩姬·佩恩(Peggy Payne)都帮我锤炼、润色过书稿的思想和文字。我对他们的建议和鼓励表示衷心的感谢。

在写作过程中,我的朋友和家人也读过本书的稿件,并给了我许多鼓励。山姆·布拉德伯里(Sam Bradbury)、威廉·布尔戈(William Burgo)、卡罗琳·费希尔(Carolyn Fisher)、阿纳斯塔西娅·皮娅塔金娜·吉尔(Anastasia Piatakhina Giré)、佩格·斯特里普、凯瑟琳·泰勒(Cathryn Taylor)都为我提供了支持,并为改进本书提出了建议。

我还要特别感谢我的同事苏珊·特施(Susan Tesch),她为我介绍了阿兰·舒尔的著作,敦促我为这本书打下坚实的科学基础。

我也要感谢卡伦·沃尔尼(Karen Wolny),圣马丁出版社的总编辑,感谢她相信我和我的作品,也感谢她为了改善书稿提出的建议。我还要感谢乔尔·弗蒂诺斯(Joel Fotinos),他在卡伦离职后接手了她的工作。

与我长期合作的经纪人吉莉恩·麦肯齐（Gillian MacKenzie）是少有的集写作技巧和商业头脑于一身的人，她对出版物的卖点了如指掌。她以敏锐的洞察力和营销头脑帮助我完善了选题策划书。

在我写作过半的时候，我开始相信本书能达到自己的期待，就在这时，我的老朋友休·贾雷尔（Sue Jarrell）和谢里·金劳（Sherry Kinlaw）来我家吃晚饭。由于我整天都在想分享喜悦的重要性，我决定将这个理念付诸行动。我感到有些尴尬，因为如此分享自己的自豪感是一件陌生的事，我跟他们说："我很高兴，因为我知道自己在写一本好书。"看见我亲爱的朋友脸上露出喜悦的神色，听到他们随后的提问中带着真诚的兴趣，我的自豪感变得更加强烈了。

书稿即将完成时，我的朋友凯特来看我。在我告诉她我与兰迪争论的尴尬故事之后不久，我也与她分享了我对本书的信心，以及我在职业和经济两方面取得令人满意的成功时感到自豪。在我分享的时候，我能看见她脸上的复杂情绪。因为我曾在多年前将凯特转诊给一个男治疗师，凯特接受了多年的心理治疗，所以我们的交流非常坦诚和有深度，这种关系是我和他人之间少有的。

"当我告诉你我感到嫉妒时，"她告诉我，"我知道你会理解这是一种好的嫉妒。我真的为你高兴，乔。我自己也想有同样的成就。"当时凯特正在面临人生中的一个重大决定，她想做出明智的选择，好让自己在几年后也达到和我相似的境地。很少有朋友会如此了解自己，以至于和你分享自己如此细微的情绪。我认识凯特将近30年了，我们的友谊能追溯到我们各自的婚礼、孩子的出生、离婚，以及后来的生活。如此深厚和持久的友谊是我们彼此的自豪和快乐之源。

注 释

前言
1. Nathanson, *Shame and Pride*, 21.
2. Bradshaw, *Healing the Shame That Binds You*, 30.
3. M. Lewis, *Shame, the Exposed Self*, 124.
4. Broucek, *Shame and the Self*, 7.

第 1 章
1. M. Lewis, *Shame, the Exposed Self*, 83.
2. Tangney and Fischer, *Self-Conscious Emotions*.
3. H. Lewis, *Shame and Guilt in Neurosis*, 30.
4. Tomkins, *Affect Imagery Consciousness*, 351.

第 2 章
1. Izard, *Psychology of Emotions*, 17.
2. In *Affect Imagery Consciousness* Tomkins holds that affects occur along a spectrum of intensity; he usually identifies them with a pair of names, one from each end of the spectrum—for example, shame-humiliation.
3. Tomkins, *Affect Imagery Consciousness*, 5.
4. Shields, "There's an Evolutionary Reason Humans Developed the Ability to Feel Shame." See also Sznycer et al., "Shame Closely Tracks the Threat of Devaluation by Others, Even Across Cultures."
5. Elias, *Civilizing Process*.
6. I have borrowed and simplified this analogy from Donald Nathanson, who uses it in *Shame and Pride*, pp. 26–29, to explain how the affect system operates.
7. Burgo, "Shame Has Fallen Out of Fashion but It Can Be a Force for Good."
8. Jacquet, *Is Shame Necessary?*, 26.
9. Cillizza, "Donald Trump Keeps Getting Things Wrong."
10. Lynd, *On Shame and the Search for Identity*, 20.
11. Twenge and Campbell, *Narcissism Epidemic*.

12. See, for example, Tangney and Fischer, *Self-Conscious Emotions*.

第 3 章
1. Winnicott, "Basis for Self in Body."
2. H. Lewis, *Shame and Guilt in Neurosis*, 16.
3. See, for example, McClellan, *Human Motivation*.
4. Nathanson, *Shame and Pride*, 220.

第 4 章
1. Broucek, *Shame and the Self*, 6.
2. Gurstein, *Repeal of Reticence*.
3. Lynd, *On Shame and the Search for Identity*, 31.
4. Ibid., 43–44.
5. M. Lewis, *Shame, the Exposed Self*, 29.
6. Brown, *I Thought It Was Just Me (but It Isn't)*, xxiii.

第 5 章
1. Schore, *Affect Regulation and the Origin of the Self*, 98.
2. White, *New First Three Years of Life*, 263.
3. Gianino and Tronick, "Mutual Regulation Model."
4. Schore, *Affect Regulation and the Origin of the Self*, 143.
5. Tronick, *Neurobehavioral and Social-Emotional Development of Infants and Children*, 173.
6. James Grotstein, foreword to Schore, *Affect Regulation and the Origin of the Self*, xxv.
7. Tronick, *Neurobehavioral and Social-Emotional Development of Infants and Children*, 173, 174.
8. Kaufman, *Psychology of Shame*, 79.

第 6 章
1. Power and Chapieski, "Childrearing and Impulse Control in Toddlers," 272.
2. Izard, *Psychology of Emotions*, 349.
3. M. Lewis, *Shame, the Exposed Self*, 110–11.
4. Schore, *Affect Regulation and the Origin of the Self*, 230.

第 9 章
1. Herek et al., "Correlates of Internalized Homophobia in a Community Sample of Lesbians and Gay Men."

第 10 章

1. Wurmser, *Mask of Shame*, 49, 82–83.
2. Broucek, *Shame and the Self*, 70.
3. Goffman, *Presentation of Self in Everyday Life*, 1–2.
4. Moran, *Shrinking Violets*, 41.
5. Ibid.
6. Wurmser, *Mask of Shame*, 50.
7. Moran, *Shrinking Violets*, 116, 133.
8. Nathanson, *Shame and Pride*, 356.
9. Wurmser, *Mask of Shame*, 29.

第 14 章

1. Broucek, *Shame and the Self*, 59.
2. Carnegie, *How to Win Friends and Influence People*, 5.
3. Malkin, *Rethinking Narcissism*.

第 17 章

1. As Broucek explains, "It is when one is trying to relate to the other as a subject but feels objectified that one is apt to experience shame." Broucek, *Shame and the Self*, 47.

第 18 章

1. Piers and Singer, *Shame and Guilt*, 26.

第 19 章

1. Broucek, *Shame and the Self*, 81.
2. Goffman, *Stigma*, 2.
3. Ibid., 23.
4. Ibid., 112.
5. Solomon, *Far from the Tree*, 62.
6. Ibid., 56, quoting *Inside Deaf Culture* (2005).
7. Goffman, *Stigma*, 113.

第 20 章

1. Brown, *I Thought It Was Just Me (but It Isn't)*, 22, 23.
2. Brown, *Daring Greatly*, 35–37.
3. Brown, *I Thought It Was Just Me (but It Isn't)*, 130.
4. Nathanson, *Shame and Pride*, 20–21, 391, 394.
5. H. Lewis, *Shame and Guilt in Neurosis*, 203.

6. M. Lewis, *Shame, the Exposed Self*, 131.

第 21 章

1. This quotation comes from the subtitle of Brené Brown's book *Gifts of Imperfection*.
2. Broucek, "Efficacy in Infancy."
3. Nathanson, *Shame and Pride*, 83, 84.
4. Branden, *Six Pillars of Self-Esteem*, 60, 100.
5. Nathanson, *Shame and Pride*, 84.
6. Brown, *I Thought It Was Just Me (but It Isn't)*, 204.

第 22 章

1. Wurmser, *Mask of Shame*, 285–286.
2. Quoted in Solomon, *Far from the Tree*, 175.
3. Streep, *Daughter Detox*, 212.
4. Streep, *Mean Mothers*.
5. Quoted in Solomon, *Far from the Tree*, 174.

参考文献

Bradshaw, John. *Healing the Shame That Binds You.* Deerfield Beach, FL: Health Communications, 1988.

Branden, Nathaniel. *The Six Pillars of Self-Esteem: The Definitive Work on Self-Esteem by the Leading Pioneer in the Field.* New York: Bantam, 1994.

Broucek, Francis J. "Efficacy in Infancy," *International Journal of Psychoanalysis* 60 (1979): 311–16.

———. *Shame and the Self.* New York: Guilford, 1991.

Brown, Brené. *Daring Greatly: How the Courage to Be Vulnerable Transforms the Way We Live, Love, Parent, and Lead.* New York: Avery, 2012.

———. *The Gifts of Imperfection: Let Go of Who You Think You're Supposed to Be and Embrace Who You Are.* Center City, MN: Hazelden, 2010.

———. *I Thought It Was Just Me (but It Isn't): Making the Journey from "What Will People Think?" to "I Am Enough."* New York: Avery, 2008.

Burgo, Joseph. "Shame Has Fallen Out of Fashion, but It Can Be a Force for Good," op-ed, *The Washington Post,* November 17, 2017.

Cain, Susan. *Quiet: The Power of Introverts in a World That Can't Stop Talking.* New York: Broadway, 2013.

Carnegie, Dale. *How to Win Friends and Influence People.* 1936. New York: Simon & Schuster, 2009.

Cillizza, Chris. "Donald Trump Keeps Getting Things Wrong. And There's Not Much We Can Do About It," *The Washington Post,* March 21, 2017, https://www.washingtonpost.com/news/the-fix/wp/2017/03/21/donald-trump-keeps-getting-things-wrong-and-theres-not-much-we-can-do-about-it/?noredirect=on&utm_term=.572550750478.

Elias, Norbert. *The Civilizing Process.* 1994. Malden, MA: Blackwell, 2000.

Erikson, Erik H. *Identity: Youth and Crisis.* New York: W. W. Norton, 1968.

Gianino, Andrew and Ed Tronick. "The Mutual Regulation Model: The Infant's Self and Interactive Regulation, Coping, and Defensive Capacities," in T. Field, P. McCabe. & N. Schneiderman, eds., *Stress and Coping Across Development.* Hillsdale, NJ: Erlbaum, 1988.

Goffman, Ervin. *The Presentation of Self in Everyday Life*. New York: Anchor, 1959.

———. *Stigma: Notes on the Management of Spoiled Identity*. New York: Simon & Schuster, 1963.

Goldberg, Carl. *Understanding Shame*. Northvale, NJ: Jason Aronson, 1991.

Gurstein, Rochelle. *The Repeal of Reticence: A History of America's Cultural and Legal Struggles over Free Speech, Obscenity, Sexual Liberation, and Modern Art*. New York: Hill & Wang, 1996.

Herek, G. M. et al. "Correlates of Internalized Homophobia in a Community Sample of Lesbians and Gay Men," *Journal of the Gay and Lesbian Medical Association* 2 (1998): 17–25, as quoted in the abstract of this article: http://psychology.ucdavis.edu/rainbow/html/ihpitems.html.

Izard, Carroll E. *The Psychology of Emotions*. New York: Plenum, 1991.

Jacquet, Jennifer. *Is Shame Necessary? New Uses for an Old Tool*. New York: Vintage, 2016.

Kaufman, Gershen. *The Psychology of Shame: Theory and Treatment of Shame-Based Syndromes*. New York: Springer, 1989.

Lewis, Helen Block. *Shame and Guilt in Neurosis*. New York: International Universities Press, 1971.

Lewis, Michael. *Shame, the Exposed Self*. New York: Free Press, 1992.

Lynd, Helen Merrell. *On Shame and the Search for Identity*. New York: Harvest Books, 1958.

Malkin, Craig. *Rethinking Narcissism: The Bad—and Surprising Good—About Feeling Special*. New York: Harper Wave, 2015.

McClellan, David. *Human Motivation*. Glenview, IL: Scott Foresman, 1983.

Moran, Joe. *Shrinking Violets: The Secret Life of Shyness*. New Haven, CT: Yale University Press, 2017.

Nathanson, Donald. *Shame and Pride: Affect, Sex, and the Birth of the Self*. New York: W. W. Norton, 1992.

Piers, Gerhart and Milton B. Singer. *Shame and Guilt: A Psychoanalytic and a Cultural Study*. Mansfield Centre, CT: Martino, 2015.

Power, T. G. and M. L. Chapieski. "Childrearing and Impulse Control in Toddlers: A Naturalistic Investigation," *Developmental Psychology* 22 (1986): 271–75.

Ronson, Jon. *So You've Been Publicly Shamed*. New York: Riverhead, 2015.

Schore, Allan. *Affect Regulation and the Origin of the Self: The Neurobiology of Emotional Development*. Hillsdale, NJ: Lawrence Erlbaum, 1994.

Shields, Jesslyn. "There's an Evolutionary Reason Humans Developed the Ability to Feel Shame," How Stuff Works, March 25, 2016, https://health.howstuffworks.com/mental-health/human-nature/why-humans-evolved-feel-shame.htm.

Solomon, Andrew. *Far from the Tree: Parents, Children, and the Search for Identity*. New

York: Scribner, 2012.

Streep, Peg. *Daughter Detox: Recovering from an Unloving Mother and Reclaiming Your Life.* New York: Ile d'Espoir, 2017.

———. *Mean Mothers: Overcoming the Legacy of Hurt.* New York: William Morrow, 2009.

Sznycer, Daniel et al. "Shame Closely Tracks the Threat of Devaluation by Others, Even Across Cultures," *Proceedings of the National Academy of Sciences of the United States of America* 113, no. 10 (March 8, 2016): 2625–30.

Tangney, June Price and Kurt W. Fischer. *Self-Conscious Emotions: The Psychology of Shame, Guilt, Embarrassment, and Pride.* New York: Guilford, 1995.

Tomkins, Silvan S. *Affect Imagery Consciousness, the Complete Edition.* New York: Springer, 2008.

Tronick, Edward. *The Neurobehavioral and Social-Emotional Development of Infants and Children.* New York: W. W. Norton, 2007.

Twenge, Jean M. and W. Keith Campbell. *The Narcissism Epidemic: Living in the Age of Entitlement.* New York: Atria, 2009.

White, Burton L. *The New First Three Years of Life: The Completely Revised and Updated Edition of the Parenting Classic.* New York: Fireside, 1995.

Winnicott, D. W. "Basis for Self in Body," *International Journal of Child Psychotherapy* 1, no. 1 (1972): 7–16.

Wurmser, Léon. *The Mask of Shame.* Baltimore: Johns Hopkins University Press, 1981.